U0254213

『十三五』国家重点图书出版规划项目

城乡规划
设计方法丛书

U

Urban
Conservation
Methods

历史城市保护规划方法

张杰 霍晓卫 张飏 等 著

中国建筑工业出版社

序

历史城市是人类文明的结晶，建筑文化遗产的宝库，与百姓生活密不可分，是文化传承的核心载体，未来文化发展的重要源泉。

中国历史城市源远流长，遗产极其丰富。我们既有北京这样整体历史格局完整的世界著名都城，也有像西安这样地下文物极为丰富的古都，还有像泉州这样风貌延续逾千年的海丝港口城市，亦有像平遥、丽江这样保存完整的世界文化遗产城市。近代历史的发展也在中华大地塑造了一大批极具特色的历史城市与片区，如厦门的鼓浪屿，青岛，上海，天津等。

自 1950 年代以来，中华人民共和国的成立掀开中国城市发展的新篇章，工业化的突飞猛进造就了一大批现代工业基地、城区和社区，给中国城市留下鲜明的时代印记，它们很多都成为工业遗产的重要组成。

梁思成先生是中国城市遗产保护的先驱，他的思想影响深远，成为世界城市与建筑遗产保护理论的重要组成部分。早在 1950 年代，我国的城市建设就开始探索避开老城、建设新城的途径，洛阳涧西工业区的建设就是一个经典案例，这种做法在 1990 年代苏州城市保护中得到进一步发展。

过去 40 年是中国城市快速发展的重要时期，中国城市遗产保护起步较晚，但发展很快，目前从理论到实践都与世界并肩而行，得益于大量的实践，有些领域还走到了前列。

张杰教授是我国遗产保护领域的知名学者、全国工程勘察设计大师，长期从事历史城市的保护与更新的教学、科研和实践，取得了可喜的成绩，他带领的清华团队在此领域耕耘不辍，硕果累累，成为全国行业内的排头兵。

这本书总结了张杰教授和他的清华团队过去 30 年间，在理论与实践方面的深入探索。价值研究对城市遗产保护至关重要。本书的第一章概括梳理了中国城市历史发展的脉络、城邑的主要类型与特征。作者没有重复一般中国城市史的内容，而是针对现有历史城市保护面临的关键理论与实际问题，重点研究了都城、州府县城、特殊职能的城市等的历史、格局、特征等，为后面章节对保护方法的讨论做了很好的铺垫。同样，对于不同历史街区、工业遗产的历史背景、遗存的格局、风貌、价值特征等的研究，也采取了类似的方法。

该书分章专门对历史城市的整体保护、历史街区保护、风貌环境整治、工业遗产保护等展开了深入研究，提出了系统的保护规划方法，是我国历史城市规划实践的一次理论升华。

历史城市的保护是一个实践性很强的领域，有效的保护离不开积极合理的利用。在过去 30 多年间，中国的历史城市在快速城市化过程中对保护与利用进行了很多创造性的探索，出现了不同的模式，它们对今天乃至未来历史城市的保护与利用都具有重要的启示。

同时，历史城市保护还是一项复杂的社会工程，法律、法规的健全至关重要。本书从保护规划与管理的角度，梳理我国历史文化名城保护制度的框架与关键内容，对深入理解我国城市保护的理论与实践，探索未来可持续的保护管理制度与模式具有重要意义。

该书理论结合实践，条理清晰，内容丰富，图文并茂，可读性强，实用性强，为我国城市保护领域的领导、专业工作者、学生以及关心遗产保护的人士提供了难得的读本。

金秋时节，张杰教授和清华团队历时 5 年的专著即将出版，我衷心为他们取得的成就高兴，为序以贺。

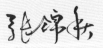

2020 年中秋，于西安

自
序

    这本书的主要内容是基于我和清华团队在过去近 30 年中，对中国历史城市遗产保护研究和工程实践的思考的总结。

    由于其历史过程、文化传统上的特点，从现在国际、国内城市遗产保护的理论与概念来看，中国的城市遗产保护呈现出更为丰富的层次，是对国际历史城市保护的理论和方法的重要贡献。在近 30 年间，我和团队在城市遗产保护领域的探索与中国城市保护的理论与事业发展同步而行。1992 年，我刚从英国回国，到清华大学建筑学院做博士后，在旧城改造大规模开展的背景下，我带领学生与北京市文物局、东城区区政府合作对国子监历史文化保护区开展了详细的调查研究，把当时大量列为三类的危房作为具有潜在保护价值的对象加以研究，因为它们构成了整个街区风貌的本底，并将其风貌、质量进一步细分为好、中、差三类，最后通过综合评价，提出拆、改、留的建议。保护规划提出了以院落为单位小规模、渐进式的更新思路。国子监的探索奠定了我和团队后来在历史街区保护方面的学术方向。国子监历史文化保护区保护规划的调研方法影响了后来北京 25 片历史文化街区的保护规划编制的技术思路。1990 年代中，我带领学生与济南市规划设计研究院合作对济南老城中的芙蓉街—曲水亭街片区开展了保护规划的编制工作，第一次将泉水文化景观与历史街区的保护联系起来，进一步发展了在北京国子监文化保护区保护研究中的理论框架。对文化景观的保护观念后来在济南泉城风貌带规划中得到了提升，"山、泉、湖、河、城"的提出使济南成为全国第一个明确将自然要素作为城市遗产的重要组成部分加以保护的历史城市，而且比 2005 年《维也纳保护具有历史意义的城市景观备忘录》的出现早了 3 年多。

    1990 年代末，我带领研究生与泉州市城市规划设计研究院合作开展泉州古城的保护规划工作。我几乎走遍了当时泉州古城保留较完整的所有街巷，进到所有能进的院落中，最后和研究生一起绘制出整个古城历史风貌较完整的老建筑的分布图，这些建筑总共涉及古城中1600多个门牌号。这是团队第一次对一个古城进行完整的建筑普查。当时我注意到了居民私房改建对历史风貌的重要影响，安排了研究生在这方面进行了深入的研究，并以此为基础申请了国家自然基金青年基金项目。泉州古城的系统研究使我深刻体会到历史城市所承载的文化的多元性，民俗传统在活态的历史城市遗产中的重要作用。

21世纪初，广州进入城市用地大规模扩张时期，为了预防由此可能对城市遗产与地区特色带来的冲击，广州市规划局审时度势启动了历史文化名城保护规划的编制工作，我带领清华团队与广东省城乡规划设计研究院作为联合体通过招标获得了这次重要的工作机会。在这次规划中，我们一方面结合广州发展史的深入研究和全面调查确定了广州历史城区的保护范围，一方面在整个市域开展了系统的遗产资源梳理，规划提出了"山、水、城、田、海"格局保护的战略目标，这是济南泉城风貌带文化景观保护理论在更大地域范围的应用与发展。随后这一理论在昆明历史文化名城保护规划中得到进一步丰富。这些探索推动了中国历史文化名城保护体系的完善。

文化景观的保护对于中国历史城市之所以重要，是因为它与中国古代的山水文化以及堪舆传统密不可分的。自1990年代以来，我和研究生在对传统建筑、园林、聚落、城市的研究中，逐渐发现了很多中国古代建成环境独有的空间特征，后来我通过大量的文献与实证分析，出版了《中国古代空间文化溯源》一书，并在2016年再版。这本书中的很多结论如"山川定位"等为学界普遍接受，书中对中国古代聚落的山水分析方法也被广泛应用于相关研究等，对中国山水文化与堪舆传统的不断认识，加深了我们对古代城市聚落与山水形胜在生态、空间格局、构图等方面存在的内在关系的认识，在此基础上，我们在理论上提出了历史城区周边环境的保护的概念，并将其应用于相关的实践中。

历史街区一直是我国城市遗产保护的难点，从 1990 年代末开始，我和清华团队先后与其他单位合作完成了三坊七巷、南京老门东、晋江五店市、景德镇老城区等一系列重要历史街区的保护实施工程，这些项目涉及了包括材料保护、消防、结构安全、市政设施标准、交通疏解等技术难题，为我们深入探讨适合中国国情的城市保护的技术原则和方案提供了重要的实践机会。我和清华团队还参加了国家《历史文化名城保护规划标准》《历史文化名城名镇名村保护规划编制要求》，包括北京在内的不同地方历史文化名城保护条例的编制或修编等一系列研究工作。这些工作都加深了我们对历史城市保护领域的内涵与广度的理解。

本书结合国内外历史城市发展的趋势和面临的一些主要问题，对篇章结构进行了相应安排。比如与现在国土空间规划相衔接的历史城市市域整体的遗产格局的保护的内容，还有城市山水形胜与文化景观呼应了目前日益受到关注的历史城市景观的方法、工业遗产的保护等。

历史时期是建成遗产的基本概念，如何界定中国的历史城市遗产的时间界限是本书面临的一个问题。对于中国古代、近现代的历史学划分已有定论，但近来我国城市遗产保护的时间标准越来越短，比如有的城市明确规定 50 年以上的建筑不得随意拆除，很多 1980 年代初的建筑也被列为受保护的对象。从成规模的街区的保护的角度，一些 1950 年代的小区已被划为保护区，如北京的百万庄小区等。同样，很多成区片的工业遗产的保护对象也涉及了大量 1960 年代以后的建成要素等。基于这一实际情况，本书第一章将中国近代以前的历史做了概述，对相应的国土开发、城邑在不同时期的总体特征等作了简要描述，作为铺垫。对于书中涉及的更晚历史时期的建成遗产的论述则结合相关内容在各章有针对性地作了相应的历史背景的补充。

由于涉及历史城市，在书的第一章有必要对中国历史城市的总体状况加以介绍。考虑到关于中国历史城市的研究成果已较多，如贺业钜先生的《中国古代城市规划史》、董鉴泓先生的《中国城市建设史》、吴良镛先生的《中国古代人居史》等，这一章没有简单概括已有的成果，而是从遗产价值挖掘、凝练的角度，有针对性地梳理了中国城市发展的历史脉络及特征，包括中国农业文明悠久的历史过程、古代城市的主要类型、城市总体格局的特点，并对这些内容结合我国历史城市的遗产的状况加以阐述，为讨论如何解决面临的问题作铺垫。比如，书中对封禅文化的阐释既是对泰安历史名城价值的再认识，也是对五岳文化的思考；又如对祀孔制度与曲阜城发展脉络的梳理有助于我们深刻地理解文庙在中国历史城市中的重要地位，更完整地把握曲阜这一文化圣城在世界文明中的独特性。另外，对像景德镇、泉州、日喀则等其他一些特殊类型的城市的历史线索的挖掘也是着眼于它们在中国文明发展史中的独特作用及其形态的关联。

对于中国传统城市形态特征的讨论，主要集中在最能反映其文化特征的方面，且今天尚有较多的遗存。其中包括城墙制度、寺庙、街坊、轴线等。其中，城市轴线与中国堪舆文化传统的讨论是要阐明这样一个观点，即中国的古代城市轴线在形态与文化内涵上都与西方城市轴线有着本质的不同。

由于历史城市遗产保护是一个实践性极强的学科，很多规划理论与方法都与实践密不可分，所以本书专门在第六章对自 1980 年代末到现在我国历史城市保护更新中面临的一些关键问题、政策的发展进行了分析，并特别将 1990 年代中期前后城市大规模改造时期出现的一些住宅更新的模式也纳入其中，试图从可持续整体管理城市变化的角度综合思考历史城市遗产的保护。

与实践性相关的另一方面就是对相关法律制度方面的研究，这方面的研究成果已经比较丰富，本书在第七章中以历史文化名城保护的行政管理与技术管理为两大线索，梳理了我国相关政策法规的发展，可以让读者对我国的历史城市保护的实践有一个更深层的理解。法律与法规既是指导实践的重要依据，也是社会实践的产物。我国历史城市保护事业的发展也有赖于相关法律法规的完善与社会治理的不断进步。

2020 年是难忘的一年，新冠疫情夺去千万人的生命，加剧了世界格局的改变。期间"深居简出"的作息方式使我和我的同事、研究生得以集中更多的精力完成本书的写作，中秋国庆双节之际，愿将此书献给所有热爱中国历史城市、关心遗产保护的人们。

2020 年秋，于清华大学荷清苑

目　录

历史城市保护
规 划 方 法

第一章

中国历史城市概况与特征

01

城市发展历史概况

1.1 中国区域开发简史

城市是社会生产力发展到一定阶段的产物，早期城市是文明时代特有的、与国家相应的高级聚落形态，是国家的物化形式。[1] 国内外学者一般从生产力、私有制和阶级的角度去考察城市起源问题。古代中国是以农耕文明为根基的社会，农业在国民经济中占据主体地位，并在世界上一直保持着领先的水平。中国古代城市不仅是农耕文明的重要组成部分，也是社会文明水平的主要象征，而且在促进政治、军事、经济、科技、文化等方面发展的过程中起着不可替代的基础性作用，取得了举世瞩目的辉煌成就。政治、军事、经济、交通以及文化等因素对城市的形成至关重要。[2]

中国古代城市从一开始就是作为政治和权力中心而存在的。"鲧筑城以卫君，造郭以居民，此城郭之始也"。[3] 公元前第三千年纪中叶前后，为保护部落首领的安全与财富，部落或联盟据点已经开始筑城。2007年确认的良渚古城（公元前2600—前2300年），由内而外逐次降低的建筑台基和台地，就体现出明显的政治特点和等级差异。

"城者，所以自守也"[4] 体现出城的防御和军事作用。考古发现的约公元前2500年的河南淮阳平粮台古城遗址、约公元前2070年的河南登封阳城遗址等证实中国原始社会后期已经开始修建夯土城墙等防御设施。在中国历史上，群雄争霸、战乱频发的时代一般也是城址林立的时代，如春秋战国。军事因素对城市的影响还体现在选址方面。可见，军事因素和政治因素一样，都是影响城市形成和发展的主导因素。

春秋战国时期，人口和经济快速发展，商品交换活动频繁。"城"的基本概念发生了变化，强调"城以盛民"[5]。"市"承担着商品交换和社会活动两项功能，成为"城"的重要组成部分。许多作为政治、军事中心的城市，渐渐同时发展成为工商业中心。城市的经济职能大幅度增强，经济因素开始成为影响城市形成和发展的重要因素。另外出于控制要求，在重要的经济资源周边也会布局城市。

交通也是影响城市形成的重要因素之一。在中央集权大一统的政治制度下，为了中央的政令能够顺利下行地方，地方赋税能够顺利上达国库，也为了区域经济的相互协作，古人不但建设了相对完善的水陆交通等基础设施，还在中国大地上形成了层级分明、国野一体的城市网络体系。在水陆交通要冲上发展出一座座城市来。

综上所述，政治、军事、经济、交通为主的诸多因素，从早期的萌生、基本形态与功能到选址布局等方面影响着城市的形成与发展。

中国地域辽阔，在五千多年历史中，各区域的开发有先有后。黄河中下游早在数千年前就成为稳定的农耕区，其影响后扩展到长江流域、珠江流域乃至云贵高原、东北平原等地。[6] 各区域开发基本符合"人口迁徙——土地垦殖——城池修建——商贸发展——文化繁荣"的内在逻辑，这一进程也是中华文化、华夏文明扩展和融合形成的过程。

黄河中下游是中国开发历史最久的区域，仰韶文化、龙山文化以及中国历史上最早的三个朝代夏、商、周的统治中心都集中分布于此。春秋战国时期，关中地区"膏壤沃野千里"，以物产丰饶、商贾众多而著称。[7] 秦汉时期，中国实现大一统，定都长安、洛阳，黄河中下游成为全国经济最发达的区域，而且也是全国的政治与军事中心。从西晋八王之乱后，北方少数民族混战中原，黄河中下游历经战乱，数百年间大批百姓南徙，史称"永嘉南渡"（图 1-1）。

"永嘉南渡"带来的人口和技术使江南逐渐摆脱了落后面貌，成为又一重要经济区。唐中叶"安史之乱"后，全国经济中心开始南移，江南成为北方漕粮的主要供给地。至北宋末期"靖康之难"，第三次北方人口大量南迁，中国古代经济重心完成南移，谚语云"苏湖熟，天下足"，江南的丘陵山区也被迅速开发。

南宋时期，福建沿海、江西、两湖平原、川中、川东、粤北、桂北成为优先开发的地方。南宋时期福建沿海平原地区开发殆尽，泉州、福州成为人口稠密的海港城市。江西由于抚河流域和鄱阳湖平原的农业发展，成为南宋仅次于浙江的第二大粮食供给区。两湖平原得到初步开发，开始出现垸田。川西成都平原从战国时期开始就步入经济发达地区行列，至唐代已有"扬一益二"的美誉，但川中、川东、川北开发程度都较弱，至宋代才有较大规模的开发。岭南的全面农业开发比黄河流域、长江流域晚得多，虽然早在秦代就设郡置守，并有大量戍卒从事屯垦，但仅限于珠三角地带。岭南的整体开发起步于南宋初期，成熟于明清。

元明清时期，最显著的是对边疆地区的开发，包括云贵、岭南、东北、内蒙、新疆、

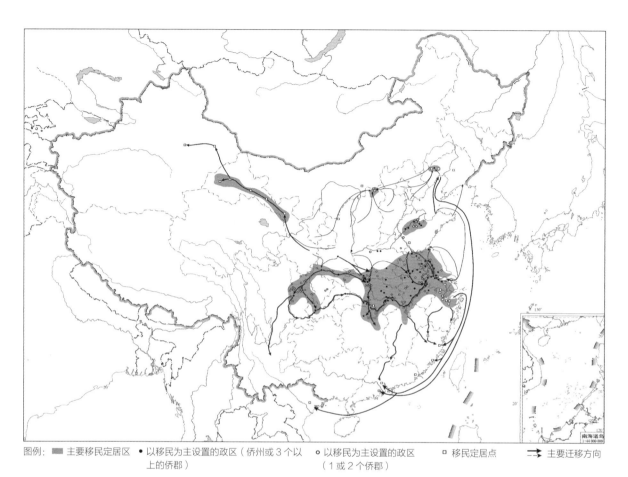

图例：　■ 主要移民定居区　● 以移民为主设置的政区（侨州或 3 个以上的侨郡）　○ 以移民为主设置的政区（1 或 2 个侨郡）　□ 移民定居点　➡ 主要迁移方向

图 1-1　公元 4—6 世纪汉族向南方和北方迁徙

台湾等地。云贵高原在元代之前实施羁縻统治，开发较弱，元代设军屯、明代设卫所、清代改土归流，随着军队和汉人的不断涌入，云贵高原才得到极大开发。元末明初"江西填湖广"，湖南才得到迅速发展，出现"湖广熟，天下足"的谚语。明清时期粤北和桂北出现人口二次南迁，岭南人口南多北少的格局彻底形成，珠三角出现并普及"桑基鱼塘"。

　　辽金和清代是东北区域开发最重要的两个时期，清代"闯关东"带来的移民彻底改变了东北的落后面貌。内蒙以及陕西、河北北部作为中原王朝与草原政权争锋之地，明代设置长城九边重镇，开发进入显著发展期，清朝"走西口"的移民更是极大地促进了长城以北地区的开发，清代山西全省前往口外耕商人数达 1300 万众。

　　新疆地区（西域）早在西汉就纳入中央王朝，但开发力度非常有限，天山南北麓的全面开发是从清代开始，清政府实行"屯垦开发，以边养边"的方针，乌鲁木齐、伊犁迅速崛起成为重要的屯垦中心。台湾的开发也始于明清，17 世纪荷兰人占领台湾后，以农业垦殖为目的招徕闽粤农民上岛，是台湾农业开发历程中的一个重要转折时期，此后经郑氏、清代、日据时期以及国民政府迁入台湾后，农业垦殖空间一步步扩展。

1.2　秦汉及以前

商周时期是中国早期城市的形成时代，春秋战国随着大规模筑城运动的展开，城市在数量、规模和功能上都有了快速发展。到了秦汉，伴随着郡县制地方行政体系的建立，地方城市建设层级网络被确立，城市大多为方形轮廓，都城以宫殿为主体，市民居住的闾里和商业市场被正式纳入城市中[8]，城墙的军事防御作用明显。这一时期的中国古代城市初步奠定了相关的建制体系。

仰韶时代后期到龙山时代前期，农业最为发达的黄河中下游和长江下游的大汶口文化、庙底沟二期文化和良渚文化等中的部分先进部族已开始出现初期城市形态。[9] 如建于约公元前 3300 年至公元前 2300 年的良渚古城，包括由宫殿区、内城、外城组成的核心区、外围水利系统和城外聚落，是同时期世界规模最大的城市系统之一。此时，长江中游的屈家岭文化、老虎山文化、石家河文化等也在慢慢发展和壮大。到龙山时代后期，上述各区域已是城址林立。

文献和考古资料表明，夏文化的中心分布区大体在洛阳盆地和晋南运城盆地一带，商文化的中心区位于洛阳、郑州、安阳为中心的伊洛平原和华北平原的中西部，西周文化的中心区西起关中平原的"宗周"，东至河、洛地带"成周"，东西长达千里以上，广袤的中原地区成为夏、商、西周控制其疆域的基地。[10] 迄今发掘的有代表性的商代城址有河南偃师商城、郑州商城、安阳殷墟、湖北龙城、四川三星堆古城等。[11]

西周推行"分封制度"，城邑数量、规模、等级秩序明显，这既提高了中心城市的地位，也推动了多级城邑的发展，[12] 形成了中国历史上第一次城市建设高潮。西周时代以关中丰、镐两京及黄河洛河平原王城、成周两城为核心的城镇结构，为后期的城镇体系发展奠定了基础。

到了春秋战国，随着大规模筑城运动的展开，城市在数量、规模和功能上都有了快速发展。据统计，春秋战国时期 35 个国家的城邑共 600 余个，其中，已公布考古材料或见于报道的将近 500 座，如山西侯马晋都新田、河南洛阳东周王城、山东曲阜鲁国故城、易县燕下都等。若加上未统计者，春秋战国时期中国大地上所有城邑当有千座之多。[13] 不但城市规模扩大，既有布局结构也发生了变革，两城制的城郭布局开始盛行。

进入秦汉时期，全国的统一将先秦发展起来的相对分散独立的城邑进行联结，中国独特的城市建设体系、建设理念和管理制度在农耕文明逐步演进的大背景下发展壮大而趋于成熟。秦代在辽阔的疆域[14]建立了强大的中央集权及郡县制度，形成"都城—郡城—县城"的三级行政结构。虽然县城以下已不是严格的城市，但是通过县一级政府，乡、亭、里等得以有效地纳入统一的管理体系之中。秦代全国设郡 50 个，县接近 1000 个。[15]按每一郡县各有一座城市来计算，考虑到一些县附在郡城之中的情况，城市总量应当达到 1000 座的水平。

汉代是秦统一各国以来第一个农耕文明的高峰，人口达到 6000 万。[16]汉长安城在当时是世界上最大的城市，也是国际大都市。汉武帝时代疆域空前辽阔，东抵日本海、黄海暨朝鲜半岛中北部，北逾阴山，西至中亚，西南至高黎贡山、哀牢山，南至越南中部和南海。[17]汉代改郡县制为郡国制，元始二年（公元 2 世纪）共有郡国 103 个，1587 个县和侯国，城市总量达到了 1600 座的水平（图 1-2）。[18]

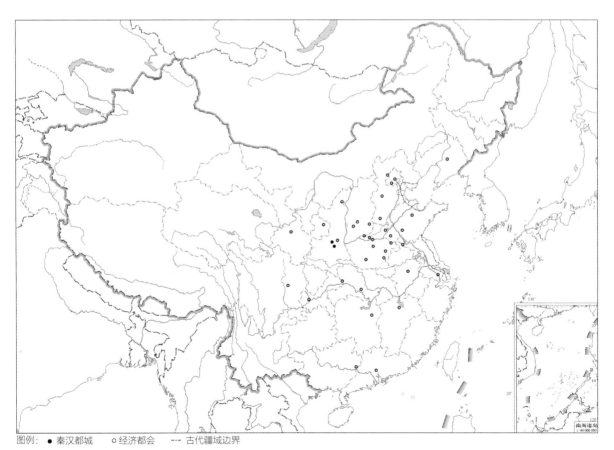

图例： ● 秦汉都城 ○ 经济都会 --- 古代疆域边界

图 1-2 战国秦汉时期经济都会分布图

1.3 魏晋至隋唐

秦汉两朝随着大一统国家的建立，初步形成了城邑制度与体系，但从城邑规划建设来看仍处于摸索阶段。曹魏邺城标志着中国古代都城规划新阶段的开始。受长期社会动荡影响，北魏至唐代前中期盛行封闭的里坊制度，把居民和商业活动限制在高大的坊墙内，城市商业活动不发达，同时方形的里坊把城市的轮廓约束成整齐的方形，街道直线相交，城市呈现棋盘格式形态。

魏晋南北朝时期，汉族统治的中原王朝疆界南缩，而北方各族统治范围有所南扩。[19]城市发展总的趋势表现在北方中原地区城市的残破以及江南和周边地区城市的崛起。[20]在三国与两晋时期，州正式成为一级政区，开始实行州、郡、县三级制。三国共有155郡，其中曹魏郡约90，吴郡43，蜀郡22；共有县1200左右，魏县700余，吴县313，蜀县100余。[21]但这一时期，由于战乱给社会经济和城市造成极大破坏，战国以来城市发展的上升趋势被打断。

十六国时期的诸国都城，除了曾经是大城市的长安、成都、邺等少数城市有一定的城市基础外，大多数都城是在原中小城市的基础上建设的。这些城市由于成为都城得以优先发展，有的都城一度发展成为规模宏大、人口众多的城市。

北朝得到重建和发展的城市有洛阳、长安、邺、晋阳。由于人口南迁，特别是"永嘉南渡"给南朝的城市迅速崛起提供了契机，建康（今南京）、京口（今镇江）、云阳（今丹阳）、山阴（今绍兴）、余杭、荆州、扬州、广州等一批南方城市迅速崛起。

隋唐时期全国有州350余，县1500余，共设15个监察区（道），后期又形成了45个方镇，考虑附郭县的可能，城市总量在1500—1800座之间。隋唐的城市行政体系为都城—州郡城—县城三级构架，首都长安和东都洛阳是全国的政治、经济中心。[22]

隋文帝建大兴城，大兴城由宫城、皇城、郭城三部分组成，规模宏大。唐代长安城基本继承隋大兴城的格局，总体保留了其街道、坊、市的布局和设施，并扩建兴庆宫和大明宫，成为中国古代史上规模最大的城市。大批外国使者、学者、商人、僧侣等来到长安，长安也有"世界首都"之称。[23]隋炀帝开大运河，新建东都洛阳城，洛阳也由宫城、皇城、郭城三部分组成，又建含嘉仓城，是全国最大的粮仓，整个洛阳城人口曾达百万。唐代武则天时期曾定都洛阳，至唐中后期，洛阳在经济上取代了长安的趋势，成为当时世界上人口规模最大的城市。[24]

大运河的开凿沟通了南北交通，繁荣了商业，运河沿线一些重要城市随之大发

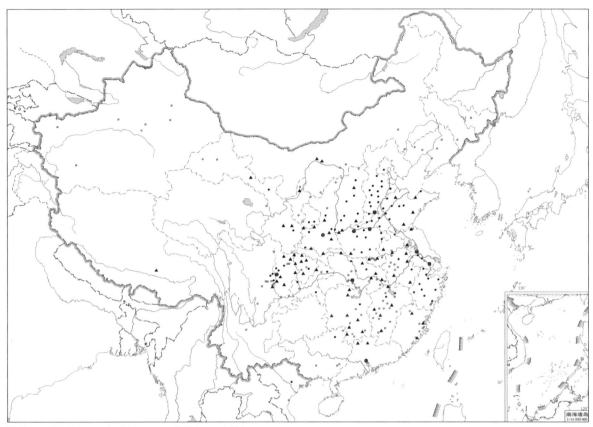

图例： ● 重要都市　● 次要都市　▲ 一般都市　● 小都市

图 1-3　唐中期都市分布图

展，如淮安、扬州、苏州、杭州当时被认为是运河沿线四大都市，成都、汴州（今
开封）、宋州（今商丘）、睢阳、泗州（今泗县）等也是重要的商业城镇。此外广州、
扬州、泉州成为唐代重要的通商口岸，所有海陆贸易以首都长安为中心（图 1-3）。[25]

　　唐代后期，城市集市得到普遍发展。到唐末，不仅在水、陆交通要道发展起来
一些集市，还在长江一带和北方有草市，在南方有墟。草市和墟本是农村集市，唐
末已开始向镇市发展了。[26]

1.4　宋至清末

　　宋朝是中国古代城邑的变革时期。在城市经济自然增长的推动下，市场不再局
限于封闭的市坊内，封闭的里坊制逐渐被开放的街巷制取代。发达的经济不仅使城

镇数目激增，对后来城市制度与体系的发展也产生了直接影响。

北宋疆域较唐代小，但府州军监合起来也有 300 余个，县 1200 多个，城市行政架构为都城—府（州军监）治—县治三级。唐末、五代时期，长安和洛阳两大都城遭到毁灭性破坏。两宋时期，经济的繁荣使开封和杭州迅速崛起为新的特大城市，唐代 10 万户以上的城市只有 10 多个，至北宋增加到 40 多个。[27]

北宋东京开封是北方漕运的枢纽，商贸繁荣，开封是世界性的特大城市。以士大夫为主体的市民文化生活空前繁荣，张择端的《清明上河图》有生动的反映。城市中的里坊制度变为厢坊制，唐代封闭的里坊被打开，出现了临街店面。南宋的临安（今杭州）虽然偏安一隅，但城市的繁华不在汴京之下。两宋时期，由于全国经济中心进一步南移，长江下游城市和东南沿海城市发展很快。除杭州、苏州、广州、扬州之外，泉州、明州、钦州、廉州、密州、秀州、温州、江阴等城市均成为重要的外贸港口。市镇的兴起和发展是宋代城市的另一特征，由于商品经济的发展，在各交通要道、码头口岸、大城市四周兴起许多市镇。[28]

辽、西夏、金是由我国北方三个游牧民族契丹族、党项族、女真族建立的国家，长期与宋王朝对峙。辽国推行"投下军州"制度，极大地促进了境内城市的发展，并设有上京临潢府、中京大定府、东京辽阳府、南京幽州府、西京大同府，共五京，形成独特的都城体系。西夏辖地很多原来是宋朝的州县，治所均建有城池，西夏都城兴庆府（今银川）是其最大的城池。金国的城市多是在辽和北宋城市的基础上发展起来的，新城较少，上京会宁府城为新建城市的代表，中都大兴府和新都南京开封府则是在旧城市基础上大规模改造而成。

元朝版图规模空前，行政架构分为行省、路、府、州、县五级。其中，路 185，府 33，州 59，县 1127。[29] 元朝在金中都的东北建元大都，是当时世界上规模最宏大、最壮丽的城市。元朝重新疏凿大运河并"裁弯取直"，促进了东部地区运河沿线城市的繁荣和发展，如淮安、徐州、德州、天津等地。元朝的海上对外贸易发展迅速，七处市舶司分别设在泉州、庆元、上海、澉浦、广州、杭州、温州，它们是元朝的重要港口城市。[30]

明清时期城市的经济职能明显增强，各级治所的工商业发展突出，形成了南京、杭州、苏州、松江等纺织业及其交易中心，开封、常州、荆州、南昌等粮食交易中心，济宁、东昌、德州、直沽等南北商业交易中心，大同、开原、洮州、河州等边城及各族茶马交易的中心，福州、泉州、广州、宁波等沿海外贸港口。[31] 明清是市镇迅速发展的时期，尤以江南地区突出。明代中期，苏州、松江、嘉兴、湖州四府

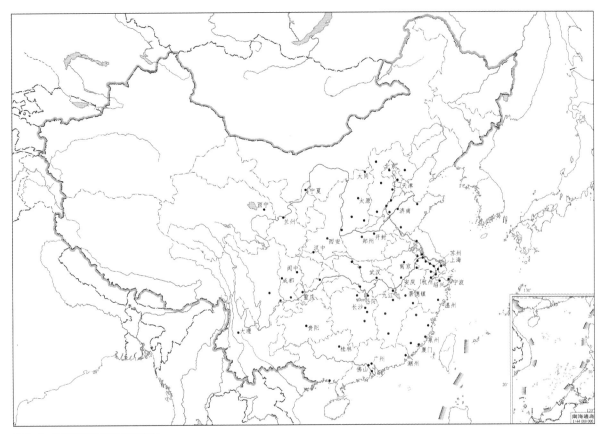

图 1-4　明清时期主要城市分布图

已有 130 个镇，清代仅松、湖、嘉三府就有 132 个镇。[32] 清光绪三十年，全国人口已达到 43 000 万，城市总量在 1500 座左右（图 1-4）。[33]

此外，明清时期还出现了以中心城市为核心的区域经济网络，如以天津、临清、济南、淮安、扬州、杭州等大城市为中心的三大经济区域：华北平原区、中原经济区、江南经济区；以成都、武昌、汉阳、荆州、芜湖、无锡、苏州等大城市为中心形成四川、湖广经济区；而以宁波、福州、漳州、广州为中心形成沿海经济区。[34]

1.5　近代

鸦片战争前，我国古代城市可根据在封建统治中所处的地位、经济条件、地理位置等的不同分为都城、地区行政中心、一般府县、工商业城镇等。鸦片战争以后，中国逐渐进入半殖民地半封建社会，城市发展呈现相当不平衡的状态。由于近代工业的出现和外来资本输入及政治控制等，一方面在重要的矿产地和口岸催生了一批新的工业和商贸城市，如唐山、焦作、蚌埠、青岛、哈尔滨、上海、天津、汉口等；另一方面，部分城市由于本国资本发展而逐渐兴起，如南通、无锡、自贡等。此外，很多传统的城市也在新的工商业的发展下局部被改造，呈现出近代城市的功能、设施、道路与文化等特征。

1921 年，中国诞生了"市"这一主要管理城市区域的新型行政区划单位，凡是工商业发达、并具有一定人口数量的大型聚落，经过政府批准，得以设市。民国时期共设立 151 个市。[35] 据统计，1933—1936 年，人口规模 200 万以上的第一大城市是上海；100 万—200 万的特大城市有北平、广州、天津、南京；50 万—100 万的大城市有汉口、杭州、青岛、沈阳。以上这 9 个市中有 8 个位于沿海省份，只有汉口位于内地省份。由此可以看出当时人口众多的大城市主要分布在沿海省份。[36] 1940 年代后期，中国 12 个最重要的大城市中，上海、天津、重庆、广州、南京、青岛、哈尔滨、沈阳、汉口、大连等 10 个大城市均是通商口岸城市。[37]

由于这一时期历史的特殊性，西方列强及外来资本通过沿海口岸入侵，加之民族资本聚集，近代生产技术、城市设施等率先在商埠城市落地，城市功能和结构布局也发生了质的变化。最突出的表现是租界，其一般独立于旧城体系之外，强行打破城墙边界向外拓展城区，并设置分区管理制度，彻底改变了传统城市结构布局，上海、广州、天津、福州、宁波、青岛、大连、哈尔滨等城市均属此类。这类城市在公共设施建设方面也提早向现代城市迈进，在外国主导的城市规划中，公路系统、排水设施、地下电缆、绿化隔离带等现代市政工程往往被植入应用。随租界统治一起输入的还有欧美近代城市规划思想，这在近代长时间由俄国与日本人实际控制并主导规划建设的东北城市中体现尤甚，长春、大连、哈尔滨等城市均可见"环形 + 放射形"路网和建筑体块完全围合地块边界的肌理，应是直接或间接地受到 17—19 世纪彼得堡、巴黎、巴塞罗那等规划的影响，这种城市形态与留存的古代城市肌理差异明显。

对内陆城市而言，现代交通对工商业及城市发展影响巨大，尤其是工业革命的代表产物——铁路。1911 年，中国 9600 多公里铁路中 93% 受外资控制 [38]，铁路枢纽、沿线的城市能够更直接、充分地接触到资本和人力输入，迎来了变革性的发展契机，石家庄、郑州、长沙、济南、唐山、徐州、蚌埠等均是因交通运输的便利获得了较快的发展。这些城市人口和资本激增，一般沿铁路站点和工业区周围逐渐形成城市新中心，矿产资源丰富的城市还会在矿场周边形成生活片区，城市规模迅速扩大。如清末的唐山还只是诸多村落，1928 年市区范围已发展至 21 平方公里，1940 年发展至 74 平方公里。[39] 交通的便利催化了煤矿、电力、水泥、钢铁、陶瓷、纺织等现代工业迅速发展，繁荣的工商业也给城市经济注入新的血液，城市地位一时凸显。

　　城市是社会经济的载体，古代封建制度下形成的传统城市在这一动荡时期也开始向现代城市过渡转变，城市风貌出现了中西糅杂的现象。如南京这座古都，在新的政治、经济形势下，开展了一系列新的城市规划建设，柏油公路、林荫道、公共交通、水电系统等近现代市政工程和商场、银行、剧院、医院等公共设施应运而生。即使像北京这样近代经济相对落后的大城市也在局部地区开展了近代的城市建设，很多省会一级的古城也有类似发展，它们共同形成了中国城市现代化的开端。

传统城市的特征与影响因素

2.1 城市建制与格局 [40]

礼是中国古代文化的核心，[41] 礼制是中国古代一套完整、严格的社会规范，是中国文明的重要模式，贯穿中华数千年的文明史。[42]《周礼》"分别从土地资源规划、王侯分封、都鄙、室数之制、农业、水利、税收、社会组织的空间体系设计，祭祀、墓葬制度等进行了周详的规定。"大小、高低、色彩、数量、规格、样式、方位、顺序等都是礼的基本内容。[43]

《周礼·考工记》明确记载："匠人营国，方九里，旁三门。国中九经九纬，经涂九轨，左祖右社，面朝后市，市朝一夫。"[44] 按照礼制，不同级别的城邑应具有不同的格局等特征。秦汉以后，以儒教为主导的大一统的封建制度建立，《周礼》的很多规定通过国家行政的力量进一步影响了中国古代的都城、郡府、县城的建设。[45]

中国古代设立中央与地方不同级别的行政机构。明初设承宣布政使司或称"省"，后在全国设置南北两京、13 布政使司、16 都司等。明末有府、州、县、卫、所五级地方行政机构[46]，其中沿海岸几千里部署的众多卫所共同构成了防御倭寇的军事体系。虽然卫所体系在清朝不复存在，但作为既有城邑系统的重要组成部分多被延续下来，转为他用。明朝这一行政体系及其相应的城镇设施等对清朝城镇布局产生了直接影响。

按照《大清一统志》，清朝的行政结构架构为畿辅、盛京、直隶，此外设 17 省，外加蒙古新、旧二蕃，西域新疆、西藏蕃属。清朝的畿辅是按照周礼王畿制度建立的护卫和服务于京城北京的区域，由直隶布政使直接管理畿辅地区，下辖众多府、州、县等（图 1-5、图 1-6）。[47] 比如山西省总领九府十州，分治 96 州县，布政使司设在山西省城太原。[48] 其中汾州府统一州七县，平遥县又有一城、五堡、二寨、

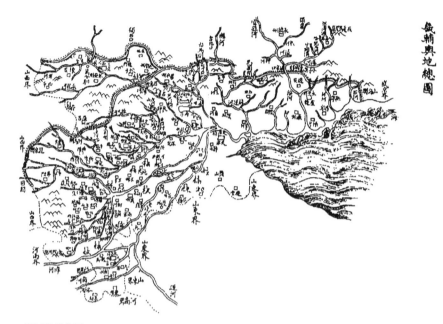

图 1-5　畿辅舆地总图

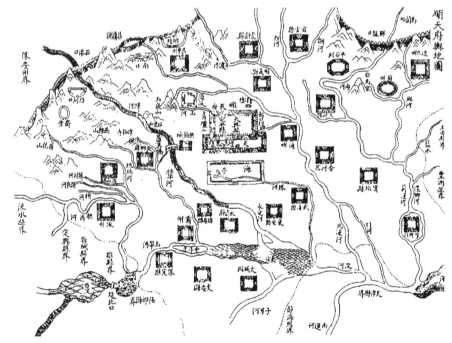

图 1-6　顺天府舆地图

七镇、209 村。五堡二寨为平遥县城防御体系的一部分。城中八市主要服务于城
中的百姓，城外七镇则为平遥县辖区内广大的农村地区提供了生产物资及生活用品
（图 1-7—图 1-10）。[49]

图 1-7　山西全省图

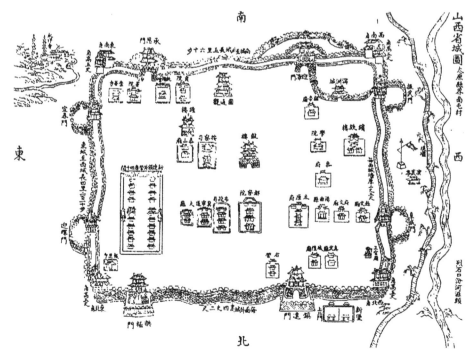

图 1-8　山西省城太原府图

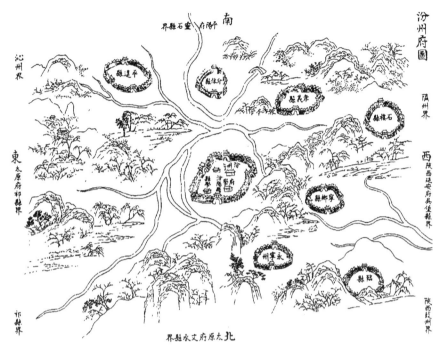

图 1-9　汾州府图

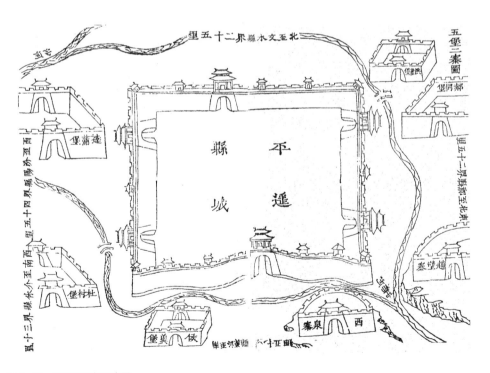

图 1-10　平遥县五堡二寨图

古代州县的城垣规模都有严格的制度规定。一般的方形县城,边长约为1—2里,其城周规模约为4—8里。州城与府城的规模或略大于县城,都城的规模不小于《周礼·考工记》中"方九里"的规制(表1-1)。[50]

历史城市规模　　表1-1

城市	等级	规模(城周)	城门数量
北京	都城	四十里(内城,另有外城二十八里)	门九
南京		九十六里	门十三
奉天府	府州城	九里三百三十二步	门八
永平府		九里有奇	门四
汾州府		九里十三步	门四
福州府		十里	门七
云南府		九里	门六
孝义县	县城	四里十三步	门四
桐城县		六里	门六
嘉善县		六里有奇	门四
宁海县		七里	门五

都城即国都,既有独一无二的规模,也代表最高水准的防御能力、礼制要求与城建艺术创造,对同时期其他城市影响广泛。按礼制传统,历代都城多为方形,如秦咸阳城、汉长安城、曹魏邺城、北魏洛阳城、唐长安城等。明北京城是中国古代都城的集大成者,其布局继承和发展了历代都城的精华。由于地处广阔的华北平原北部,北京城布局方整,由外城、京城、皇城、紫禁城四重城组成。京城(内城)"周四十里,高三丈三尺五寸,门九",外城"长二十八里,高二丈",皇城"周十八里有奇,缭墙袤三千三百四丈有奇",紫禁城(宫城)"周六里,缭墙南北各二百三十六丈二尺,东西各三百二丈九尺"。[51]

都城由于为天子所在,礼制的另一重要载体——坛庙数量多、形制高,但在不同时期制度也有所变化。比如《明一统志》载,明成祖初期将北京城原天坛改为天地坛,设于正阳门东南。嘉靖时期仿南京将天、地二坛分置,以寓阴阳之别,并在原天地坛东西设四坛,以祀日、月、星、辰;大祀门外东西列有20坛,以祀山川神祇等,共计24坛之多。[52]到了清代,《大清一统志》载,京师有"九坛八庙"。[53]

中国是世界上最早进行造园活动的国家之一,皇家园囿就是最早的园林形式,其多依托于天然山水环境，也是都城格局的重要组成部分。周朝的灵台、汉代的上林苑、唐代的大明宫都是典型代表。对于清北京城来说，西郊皇家园林是清廷不可分割的一部分，"三山五园"地区外围以山为骨架，村落、军营散布，其水系与内城相通，构成了京师最具特色的文化景观地区（图 1-11）。

与明清北京相比，明都城南京受历史及用地条件的限制，总体大致呈"品"字形布局，也分外城、京城、皇城、宫城四重。京城"周迴九十六里，门十三"[54]，按都城礼制配置。宫城区在城东紫金山麓下，布局方正。市肆区集中于鼓楼以南直至秦淮河一带，是六朝旧都所在地。城西北延伸至长江南岸，借地势较高之地设屯兵军营。三个不同功能的城区交界处设鼓楼，为都城的制高点。以传统的堪舆视角看，行政区紧接紫金山，后领市肆区，再后接西北军事用地，这种顺序与明北京的总体功能布局是一致的。明南京主要的十庙列于鸡鸣寺山前（图 1-12）。[55]

在明清两朝行政体系下，各级地方政府按礼制设置规格相当的城邑。两朝制度大致相近，分为直隶府州城和一般县城两类。其中，府州城一般是省下一级的行政中心，县城是基层行政中心。由于政治、军事、经济等历史沿袭的原因，个别城市规模比同等级城池较大，比如清朝时的苏州府城周四十五里、西安府城周四十里、杭州府城周三十五里有余、开封府城周二十里有余。[56]就一般城市而言，明清的府城和直隶州治城市一般城周在九里以上，大的可到十几里；散州和县治

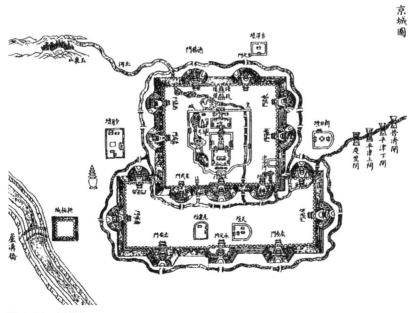

图 1-11　京城图

图 1-12　明南京城平面图

城市的规模则在六、七里之间，小的只有三、四里。如昆明，至元代正式成为全省行政中心，在明代为云南府城，"拓基周九里三分"[57]，古城轮廓基本控制在以五华山为中心一公里圈层范围内。除此之外，由于自然地形及经济基础等综合原因，就同等级的城市而言，经济发达的江浙一带的城市规模一般大于北方及内陆等经济较弱地区。

　　按照国家的统一制度，府、州、县城市均仿照都城格局，在城内大致居中的位置一般为主要行政机构，其他机构按照重要性依次布置在其周围。当然也有少数因自然或历史等特殊原因，将衙署偏于一侧设置，如山西祁县。县城格局一般相对简单，尤其是规模较小的，主要为典型的"十"字街、"丁"字街结构。相比之下，府城情况则复杂得多，其中府治、县治的关系对城市布局影响较大，如明清济南府城、绍兴府城都是府、县同城，城内按级别配置府署、县署等；福州府城甚至包括了闽县、侯官两县，城内形成多个行政中心。

　　城邑的格局不但受用地规模、地形、地貌的影响，城墙及其相关设施也是关键要素，同时，它们还是联系城内外交通、军事与景观等关系的纽带。对城内来说，如果城市发展历史相对较短，或在一个固定的城墙范围内长期发展，城内的主要道路格局会相对稳定，多呈棋盘式布局。而城池范围在不同的历史时期有较明显变化的城市，由于受先前城邑主要格局的影响，最后形成的道路会较为复杂，但仍存在原路网及城墙的痕迹，如泉州古城、明清福州古城、广州古城等都有类似的特点。总的来说，城门及城上的地标性建筑与城内的主要道路、官署、庙宇等公共建筑、地貌、水体等构筑起了一个城市的骨架与整体格局（图 1-13—图 1-17）。

图 1-13　山西平遥古城墙及城内民居

图 1-14　江西赣州古城墙

图 1-15　常州青果巷历史街区传统街巷风貌

图 1-16　北京妙应寺白塔及周围民居

图 1-17　山西平遥民居合院

2.2　城市格局要素

　　轴线是中国古代城市的重要特点之一，其源头可以追溯至远古的敬天文化与山川崇拜。《系辞上》曰："以制器者尚其象"。[58] 孔颖达《正义》说："大则取象于天地"。[59] 古代城邑、聚落与其他礼器一样表达对天地的敬畏，所以象天法地是中国古代城邑、聚落的基本特征。

　　"天地之轴"与"中"是中国古代敬天文化中两个基本概念。在此基础上，中国古代聚落空间衍生出特有的轴线文化与形式。古人认为，天像磨盘一样围绕天极旋转，大地上的山对应着天上的星辰。[60] 古人用山脉确定的轴线就象征着天地之轴，这应是五岳崇拜的原始含义。南、北二岳象征天地两极。南、北二方位在古代立竿测影观测体系中占有重要地位，它们分别由冬至、夏至观测的北极和日中的方位确定；春、秋分日出、日落的方位则确定了东、西；四个方向的交汇点即"中"。用代表星辰的山为坐标定位出"中"，就是先确定城邑、聚落周围四个方向的山峰或"四应"，它们两两连线的交点即堪舆术所说的"天心十字"或"中"。在这一系统中，山峰成为统领空间的要素，所以《前汉书·艺文志》说："形法者，大举九州之势，以立城郭室舍"[61]。

　　中国古代聚落空间的轴线可分为两类：一是概念性轴线，二是感知性轴线。概念性轴线一般建构于宏观尺度的空间环境中，空间的主宰者通过具有象征意义的山川要素确定其城邑、建筑的空间定位，以此表达自身权力、地位由天地赋予的正统性和权威性。如元大都、明北京城的轴线，它的南北轴线可以跨越上千公里，东西也有几百公里。只有这样，才能表达天子"四方之极"的崇高地位。古人借助系统的月食观测可以实现这种超大尺度的方位确定。[62]

　　由于概念性轴线需要在大尺度空间中寻找山川坐标与参照，所以其定位也较粗略，只能大致满足确定整体轴线的要求，沿轴线的主要建筑朝向的确定还需要根据周边可感知的山川要素更精确地推敲，由门、建筑、院落等构成的具体的轴线（有时不一定是南北方向）要由两极形式较为理想的山峦确定。虽然通常轴线的外在空间特征为直线型，但在多山的环境下，中国古代的城邑轴线会充分尊重地形、地貌景物等，巧妙结合环境，形成有机形态的轴线。这是中国古代空间轴线文化精髓所在（图 1-18）。

　　汉代以前的城市的轴线与主要建筑的轴线是分开的，如西汉的长安城，其主要的宫殿区域分置于城市轴线的东西两侧。北魏时期，洛都皇城的轴线与城市的轴线重合，这一特征在隋、唐长安城中得到强化，元、明、清北京城延续了这一传统。但是，据现在的资料显示，在明清城邑中，除了北京、曲阜、泰安、海南省的崖城外，鲜有城市轴线与主要建筑轴线重合的城邑。崖城镇在南北朝时为崖州，宋至清一直为历代的州、郡、县治所在，也是我国现存最南端的古代县治，崖城的城市轴线与城内的文庙重合。其他三个城市的轴线所对的都是国家最高级别的礼仪建筑，它们分别是太和殿、大成殿和天贶殿。一般府、州、县城的重要衙署的轴线一般不正对城门，统领城市轴线或主要大街的多为钟楼、鼓楼，如平遥县城、济南府城的南门正对城内北侧的市楼和钟楼（图 1-19）。

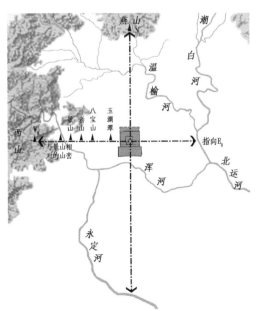

图 1-18　明清北京城轴线分析图

图 1-19　平遥县城轴线——南门正对城内北侧市楼

　　在古代封建社会，作为礼制的载体，坛庙建筑是城市建设中必不可少的要素。《大清一统志》京师图一卷中专列"坛庙"章节，详细记载清北京的"九坛八庙"及祭祀制度[63]，它们是都城所独有的祭祀天地、日月、社稷、先贤等的国家级祭祀场所。对于一般城市而言，文庙、城隍庙等庙宇也与官署同列，是城市功能和布局的标配。

　　中国自古有祭拜先圣、先师的传统，旨在"报本、反始、崇德而劝学"[64]。作为先秦重要的思想家和教育家，孔子在早期国家教育体系中就占有极高的地位，汉高祖刘邦曾亲自到阙里孔庙祀孔子[65]；唐代韩愈处州《孔子庙碑》载"自天子至郡邑守长，通得祀而徧天下者，唯社稷与孔子为然"。到了明清时期，孔子地位再次被提升，国家诏令天下通祀[66]。清顺治帝钦定"大成至圣文宣先师"尊号，[67]康熙皇帝赐御书"万世师表"匾额。[68]作为古代城市中祭祀孔子的礼制建筑，孔庙（文庙）有相应的标准配置，包括堂、斋、宅、舍、泮池、射圃等，祭奠孔子的主要建筑为大成殿，泮池又称"泮宫"。就功能性而言，孔庙与官学相连。国家设立学田制度，为教育筹措经费，从而使孔庙、官学、学田等教育设施在明清时期的府、州、县城中占有重要地位。如明清时期，济南府、县同城，内设府学、县学。府学在巡抚衙署西北，位于大明湖南、百花洲西，环境清雅，与关帝庙（武庙）东西相对；县学在府治东北（图1-20—图1-22）。

　　正如天地、社稷崇拜一样，城隍信仰也是中国古代祭祀文化的重要组成部分。《说文解字》说"城，以盛民也……隍，城池也。有水曰池，无水曰隍"。[69]"城"即土筑高墙，"隍"即环城沟堑。城隍（水庸）是《礼记·郊特牲》中蜡祭八神之一，专守卫城池。[70]中国古代对城隍的祈报之礼可上溯至西周时期，《周易·泰卦》载"城复于隍，勿用师"。[71]唐中期之后，各州郡相继设立城隍

图1-20　北京国子监琉璃牌坊

图1-21　北京国子监辟雍

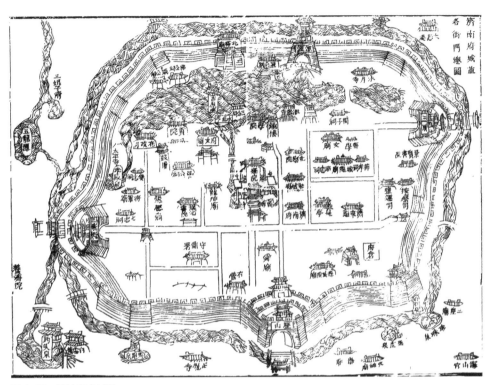

图 1-22　清济南府城图

祠。宋代，城隍祭祀"祀遍天下"。[72] 到了明清时期，城隍之祀甚至盛于社稷之祀。《五礼通考·社稷》"城隍"一节载："祈报之祭达于王公士庶"，"京国、郡邑"处处可见城隍庙。[73] 清代地方志书的城池图中标注的重要建筑物一般均包括城隍庙。作为城市的标配，明清时期省、府（州）、县三级治所都置有城隍庙，如明清济南城有督城隍、府城隍和县城隍三座庙。

　　除了以上讲到的坛庙外，街坊也是中国古代城市的基本要素。坊制是由古代礼制衍生出的城市编户和区划形式，至迟在先秦时期就已萌芽。《礼记正义·坊记》曰"君子之道，辟则坊与？坊民之所不足者也。大为之坊，民犹逾之。故君子礼以坊德，刑以坊淫，命以坊欲。"[74] 可见，坊是由官方统一规划的居民区，以物理边界约束坊内的活动，达到治安目的。

　　作为一种基层管理单元，坊后来演变为里坊、坊市、坊厢、坊隅、坊郭等不同形式。如唐代盛行里坊制，里坊是城市规划的基本单元，它们在城内划分出纵横交错的棋盘式坊巷，坊墙将内外隔离，坊门限时开关。到宋代，商业繁盛，坊厢制取代里坊制，坊墙拆除开放，原坊内小街发展成贯通的街巷。元之后均沿袭宋制，设坊不设墙，保持坊间开放格局。以北京为例，从金中都到元大都、明清北京城，作为都城，坊是皇城墙外的城区的空间组织基本单元，以此安排官署、民居、庙坛、市集等。金中都（大都南城）有62坊，[75] 元大都新城（北城）有50坊，[76] 明嘉靖年间有36坊，[77] 清有10坊。[78] 但坊的概念在清代已渐渐淡化，统治阶级为加强皇城防卫及都城管理，将内城分为八旗[79]，内外划为五城[80]、二十区[81]，清末彻底抛弃坊。坊下一层级的胡同、街、巷等概念得以保留，沿用至今（图1-23）。

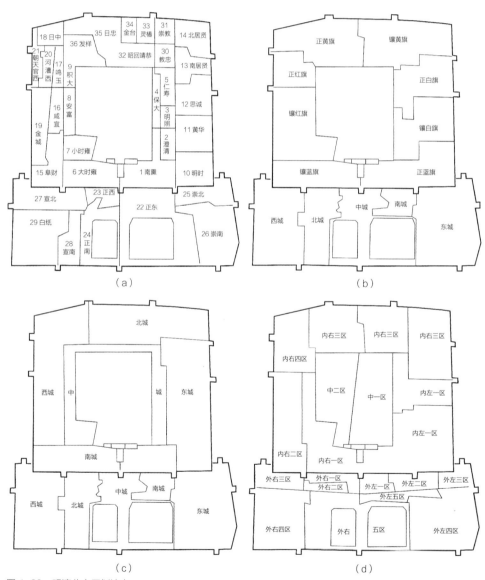

图1-23　明清北京区划演变
（a）明36坊；（b）清内城八旗，外城五城；（c）清内外各五城；（d）清内外二十区

坊作为城市区划基本单元，每一单元的坊巷数量也有一定之规。《京师五城坊巷胡同集》记载，明北京城将皇城外的内城及外城分为中、东、西、南、北五城，五城设坊，坊内再分为铺、街巷胡同等（东、西、南城或因每坊的铺数过多，坊与铺间再设牌）。其中，中城有 9 坊、68 铺、96 街巷；东城 5 坊、138 铺、106 街巷；西城 7 坊、113 铺、129 街巷；南城 8 坊、247 铺、169 街巷；北城 7 坊、84 铺、75 街巷。[82] 每坊铺数差异较大，但每铺的胡同、街、巷、道、路类地名较均匀，平均有 0.5—1.5 个。

南方城市也有类似的情况。明《姑苏志》载，苏州府城分东南、东北、西南、西北四隅，东南隅 19 坊、58 巷；东北隅 20 坊、68 巷；西南隅 17 坊、53 巷；西北隅 16 坊、47 巷。[83] 故城内共有 72 坊、226 巷，平均每坊 3 巷左右。福州三坊七巷的坊巷规模也大致如此。

2.3　特殊职能城市

以上简要论述了明清都城与府、州、县城的一般格局与要素构成等。在中国古代还有一些职能特殊的城邑，它们或为国家礼制规定的重点城市，或为宗教文化中心，或为商贸重镇，或为少数民族地方行政中心等，独特的功能赋予它们独特的城市格局特征等。

首先是与国家封禅相关的泰安城。《周礼·王制》规定："天子祭天地，诸侯祭社稷，大夫祭五祀"[84]，《礼记·王制》也有"天子祭天下名山大川，五岳视三公，四渎视诸侯"的记载。[85] 在古代"天人相应"的认知体系中，天子需到人间最高的山去祭天，方可算受命于天。泰山是古人眼中最高的山，是"万物所交代之处"[86]。"泰山上筑土为坛以祭天，报天功"为"封"；"泰山下小山上除地，报地之功"为"禅"。[87] 因此，在泰山进行封禅大典独具神圣之义。封禅传统最早可追溯至黄帝封禅[88] 和夏舜帝巡守岱宗[89] 的传说。《管子·封禅》记录了早期 72 位帝王在泰山区域封禅的事情。[90]

岱宗由于是"古帝王巡行之所"[91]，故泰山所在区域，尤其是山阳部分一直与封禅功能相关。泰安地区西汉属泰山郡，治奉高城，"奉高"即"奉泰山"，该城主要功能也是泰山祭祀。后经历朝改治，至金朝置泰安州，奠定了治所与岱庙同城的格局，此后一直延续。

　　明朝时期，泰安州属济南府，改宋代土城为石砌。清沿袭城制，雍正时改为直隶州，后又升府，领一州六县，府、县同城。城周"七里六十步，堞高而池深，椎据岳麓、襟带汶泺"[92]。城大致呈方形，南北稍长。清代《泰安州境图》[93]清晰地表现了泰安城的格局及与封禅相关的元素：东南西北四门依次为静封门、乾封门、望封门、登封门；城外部有梳洗河—泮河形成围合水系，其内侧东南有封禅台，西南有蒿里山、行宫；南门及南大街与位于城西北部的岱庙中轴线相对，北大街及北门以北的轴线上还有岱宗坊和顶庙。另有登封台于北部泰山上，为历代登封之所，台下有无字碑，传为秦始皇所立（图 1-24）。

　　作为进行封禅大典的主要场所，岱庙是泰安城所特有的也是核心要素，西汉已有记载[94]，北魏《水经注·从征记》记录岱庙称"泰山有下中上三庙。墙阙严整……门阁三重，楼榭四所，三层台一所……中庙去下庙五里，屋宇又崇丽于下庙，庙东西两间。上庙在山顶，即封禅处也。"可见，岱庙是一组建制规格极高的坛庙建筑。清代岱庙整体格局从遥参亭起，亭前遥参门，正对南面的通天街，接南城门——泰安门。庙内主体建筑为宋代始建的天贶殿。岱庙南北轴线约 530 米，庙内轴线长

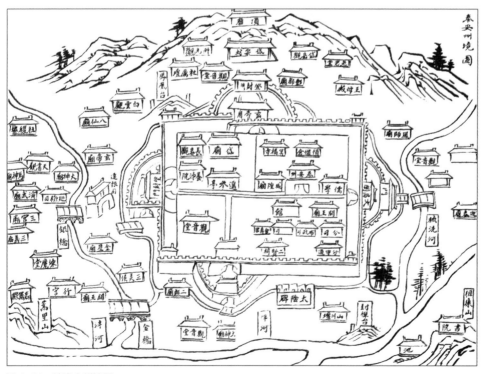

图 1-24　清泰安州境图

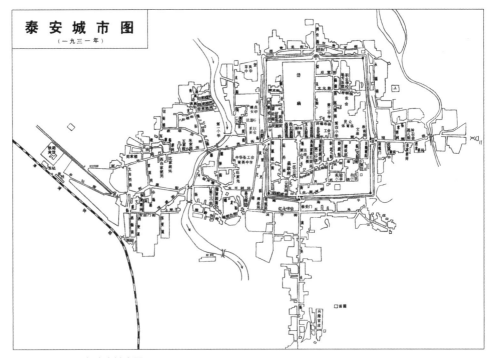

图 1-25　1931 年泰安城市图

约 400 米，东西宫墙长约 240 米。参照 1931 年的测绘图和现状，岱庙宫墙内占地约为古城用地的 1/9，当属礼制要求所致（图 1-25）。[95]

从国家礼制的角度，曲阜城因为是孔子诞生地，也具有极高的地位。曲阜是我国伟大教育家、思想家孔子的故乡，也是儒家文化传承发展的重要体现地，其营建历史可追溯至三千年前。"曲阜"一词始见于《礼记》，古代鲁国城东大片地形凸起，东汉应劭解释说"鲁国东有阜，委曲长七八里，故名曲阜。"[96] 后续历朝，曲阜曾几度改名，直至金代复名曲阜，属兖州，后此名一直沿用至今。

在古代中国，随着国家对儒学的日益重视，孔子后裔被宠异为"圣裔"。如汉平帝封孔子后裔宗子为褒成侯，食邑二千户；唐朝任命孔氏弟子为地方官；金、元时期任命衍圣公为曲阜知县。明洪武时期，政府允许孔氏宗子世袭官职，居正一品，并专拨科举名额。清朝，孔氏后人任包括翰林院博士在内的四十余官职等。[97] 朝廷对"圣裔"的恩宠也不止于官职。清《山东通志·阙里志》[98] 载，自北魏起，宋、金、元、明朝廷皆赐田及佃户以养孔氏子孙，清朝更是赐衍圣公祭田二千一百五十七顷五十亩及相应佃户，且用不征税。这样的政治、经济制度也巩固和落实了国家层面的尊儒重教。

历朝加封孔氏后人的食邑待遇，一方面是对孔子的尊敬，另一方面也是为了支持由孔氏主管的祭孔礼仪及官学。这也是曲阜城的两个主要功能。祭孔的主要场所为孔庙。孔庙始创于鲁哀公十七年，原位于鲁国故城西南角，后续汉、魏、唐、宋、金、元、明、清各朝均有扩建或重修，规制极高。整个孔庙建筑群始于最南端的金声玉振坊，共九进院落，主体建筑为大成殿等，建筑群宏伟华丽。庙内还祭祀孟、荀等多位古代贤哲。庙东侧紧邻孔府。孔府南为阙里坊，即古阙里[99]所在。

曲阜城与孔庙空间关系的改变始于明朝。为保护孔庙及孔府，朝廷下令将原位于庙东十里的县治迁至孔庙所在的地方，新筑城"周七里，高二丈，厚一丈，池阔一丈、深一丈五。五门，东曰秉礼，东南曰崇信，西南曰仰圣，西曰宗鲁，北曰延恩。"[100]城将孔庙、孔府、颜庙、官学、县治、泮池等围在其中，城北三里为孔林。三孔（孔林、孔府、孔庙）在轴线上自北向南依次分布，统领着古城及周边的整体格局。明朝"移城卫庙"举措历史意义重大，奠定了古代曲阜城以保卫孔庙、孔府家族及祀事功能为核心的国家级政治地位。清代为迎接皇帝临幸，还在泮池北岸建有行宫（图1-26—图1-28）。

在古代中国，宗教文化在社会政治生活中占有重要地位，给古代城市留下了鲜明的印记。几乎所有城市都有儒释道三教的庙宇，有的城市因为是地区的宗教

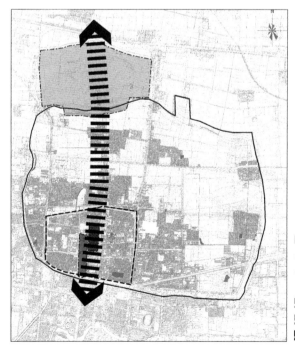

图例：

←-→　南北中轴线

━ ━ ━　明故城

━━━　鲁故城

　孔林

　孔庙

　孔府

图1-26　清曲阜县城与"三孔"关系

图 1-27　曲阜孔府　　　　　　　　　　　　图 1-28　曲阜孔庙太和元气牌坊

中心，众多的大小寺庙遍布全城，如正定、承德、泉州等。我国西域高原的拉萨、日喀则在藏传佛教中占有崇高的地位，民主改革前的政教合一制度极大地影响了其城市建设。例如西藏自治区首府拉萨，松赞干布时期始迁都于此，在红山上修建白宫；为治理朝政，引佛教入吐蕃，建"惹萨"寺庙。此后，传教及朝拜的僧人日益增多，寺庙周围建起旅店、民居、商店等，成为古城的雏形。朝拜的三条环形转经路也构成了城市的骨架——外层"林廓"是无形的城墙，中层"八廓"是寺庙与外围的分界，内层"囊廓"是寺内的主体佛殿的边界。惹萨寺即大昭寺，是拉萨古城形成之源头，惹萨后演化为城市名称拉萨。甘丹颇章时期，五世达赖喇嘛受清廷册封，拉萨自此成为西藏首府并纳入中央政权，延续至今。在这一时期，拉萨古城开展了大规模建设。布达拉宫被重建[101]，规制远超其他建筑。乾隆时期在西藏实施摄政制，历任摄政活佛先后在拉萨修建家庙，历代达赖喇嘛及大小僧俗贵族也竞相在老城兴建府邸，在城中形成点状寺庙庄园。伴随藏传佛教的传播，本地、中原、外部诸佛教信国商人云集至此，逐渐形成市场、民居等，成为古城最普通的基底。

　　另一藏传佛教圣地——日喀则于元代兴起，是当时以佛教僧人为首、统治整个西藏地区的萨迦政权中心地，明代后期成为班禅的驻锡地，至 17 世纪清封达赖前，均取代拉萨成为藏区最重要的中心区域。14 世纪初，帕木竹巴政权取代萨迦政权，在宗山建立当时藏地最大的宗堡——桑珠孜宗堡，成为王权至高无上的象征；围绕宗山东南侧有利地形则形成了"雪村"，是服务宗堡的匠人的居住区。15 世纪初，一世达赖喇嘛主持兴建扎什伦布寺[102]，成为"藏地之首庙"。至此，扎什伦布寺与宗堡东西相对，成为日喀则古城的僧俗双中心，也由此形成了藏地"宗堡—雪村—

寺庙"聚落布局的典型样本（图 1-29—图 1-31）。

宋元以后，商品经济不断发展，工商业城市繁荣，大量手工业市镇兴起。这类市镇一般都具有优越的自然资源和便利的水陆交通条件。[103] 例如景德镇是陶瓷业城镇的典型代表，其城市空间变迁一直与陶瓷产业相关。此镇原名新平，汉代以冶陶崭露头角；到唐代，瓷制产品已远销海内外。宋代景德年间于此置镇制御瓷，故得名。元代，景德镇设立"浮梁瓷局"，已有瓷窑三百余座，成为全国瓷业生产中心。

到了明代，随着规模日益扩展，技术分工愈细，生产管理也逐渐强调统一集中，原散布的民窑渐向镇区集中，形成了以御窑厂为核心的城市格局。其规模沿昌江"自观音阁江南雄镇坊至小港嘴，前后街计十三里"[104]，也称"陶阳十三里，一百零八弄"。为了陶瓷业集中管理、高效生产，景德镇形成以珠山南侧的御窑厂及周围众多民窑

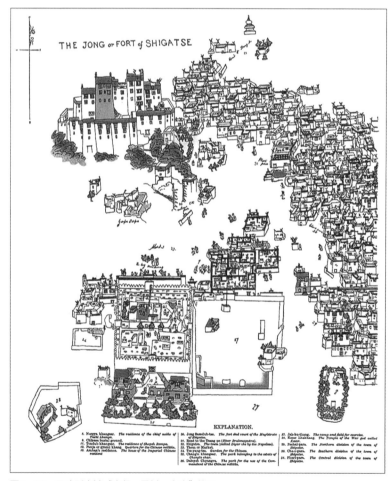

图 1-29　日喀则古城"宗堡—雪村—寺庙"格局

图 1-30　日喀则桑珠孜宗堡及周围居住区

图 1-31　日喀则扎什伦布寺

为中心的生产区，官署位于其中，其他功能区环列其外。居住区在产区外围分置，更外围为书院、寺庙等。为了方便运输及镇的管理，产区北侧设置里市渡码头。来自四面八方的匠人与商人汇集镇上，会馆应运而生，它们散布于产区外东、西、南隅。联系御窑厂与民窑的南北走向的陈家街成为最繁华的街市。清代沿袭明镇格局，但规模有所拓展，在镇北还出现了教堂（图 1-32）。

在古代工商业城市中，与手工业城镇不同，商贸城市主要依托于优越的交通条件进行物流集散。古代商品运输大量依靠水运，内陆多在通航的自然河道或运河近旁或两河交汇处，如扬州、宜宾、重庆、汉口。对外海运则多位于河流的入海处的天然河港，并有广大的内河腹地，如泉州、广州。也有一些位于重要陆路驿道的商贸城市，如郑州。[105]

泉州作为"海上丝绸之路"的起点之一，最早记载可追溯至西周，[106]后秦、汉、魏、晋、隋时期均设郡，唐景云二年始称泉州，开元六年迁至今址。唐泉州城分衙城、子城、罗城三重：最初的子城为唐天祐年间所筑，"周三里"[107]。南唐保大年间在子城内修衙城。由于海上贸易日益繁盛，子城外东西向沿晋江通向海港地带发展，聚集了颇具规模的人口、市肆等。出于防卫考虑，政府将此部分纳入城区，建罗城

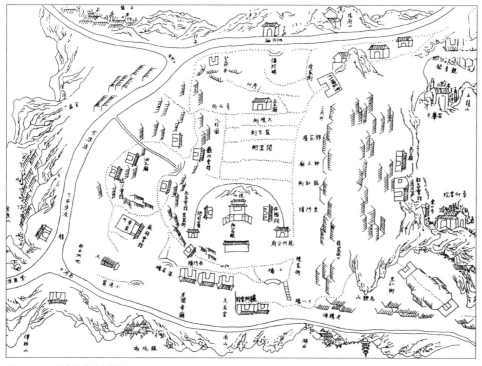

图 1-32　明清景德镇规划概况图

"周围二十里，门七"[108]。城因筑时刺桐环绕，又名"桐城"或"刺桐城"[109]，也因南部沿江部分长而北部短，形状不规则而称"葫芦城"。此后，北宋时期开拓城东北隅，南宋于城南沿江地带筑翼城，元又拓展南罗城，至此，城外部形态呈鲤状，又称"鲤城"。后续明清各朝虽对城池屡有修葺，但格局未有重大改变（图 1-33）。

　　泉州海港商贸职能不仅塑造了古城的空间形态，还直接影响了城内功能分区、城门及街道布局等。子城沿旧制为行政区，商业、居住、文教等均位于外围罗城。由于海港在城东，晋江在城南，为方便贸易往来，罗城七门中五门均位于东、南侧；商业集中于南侧涂门街，与南门街相交形成经济中心"下十字"。外来的伊斯兰清真寺、侨民居"蕃坊"也位于城最南端。[110] 泉州特殊的历史发展过程还形成了独具特色的闽南红砖建筑，在中国历史城市中独树一帜（图 1-34）。

　　中国古代城市还有很多其他类型，比如新疆的喀什、伊宁，云南的丽江、巍山南诏古城等，由于篇幅所限，不能在此一一详述。这些少数民族地区的城市是中国历史发展的重要组成部分，反映了中原政权与边疆多民族融合发展的历史过程。

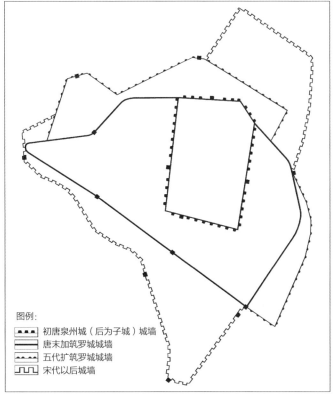

图例：

◾━◾━◾　初唐泉州城（后为子城）城墙
━━━━　唐末加筑罗城城墙
▲━▲━▲　五代扩筑罗城城墙
⊓⊔⊓⊔　宋代以后城墙

图 1-33　泉州城垣变迁图

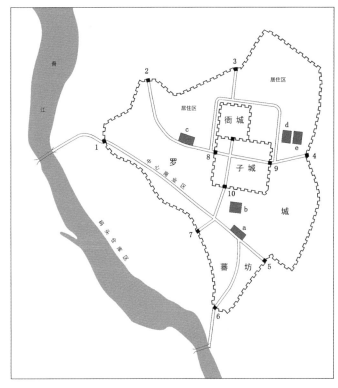

图 1-34　泉州古城功能布局图
注：1—临济门；2—义成门；
　　3—朝天门；4—仁风门；
　　5—通淮门；6—德济门；
　　7—镇南门；8—肃清门；
　　9—行春门；10—崇阳门；
　　a—清净寺；b—文庙；
　　c—开元寺；d—文庙；
　　e—县学

近现代城市特征与影响因素

3.1 多因素影响下的城市近代化

经济商贸 近代城市多是由货物的集散地、转运地发展而来。[111] 开埠通商城市是近代中国城市出现的新类型，又分为约开商埠和自开商埠。[112] 随后帝国主义国家在中国诸多通商口岸设立租界，发展出全新的社区，加速了城市形态的变化。

商贸的发展推动了城市经济的繁荣，对周边城市产生了辐射作用。从 19 世纪下半叶到 20 世纪初，中国的对外贸易发展迅速，它们主要发生在沿海、沿江的口岸城市，如上海、天津、广州、昆明、岳阳等。[113] 商贸还带动了铁路、轮船、公路等交通方式的改变，形成运输网络，将沿海和内陆的城市紧密联系在一起。随之，城市人口增加，用地扩大，基础设施逐渐现代化。

1860 年天津被迫开埠，成为华北最大的海港，资本涌入和贸易增加促进了铁路和港口建设、工商金融业的繁荣。随着租界的扩张发展，旧城地位衰落，商业中心也由原北大关三岔口转向法租界所在的紫竹林一带（图 1-35、图 1-36）。[114]

上海于 1843 年开辟为商埠，随后英、美、法三国分别在上海划定租界，在租界内建设洋行、工厂、仓库、码头、教堂，在租界外建立江南制造局及江南造船厂等。上海所有工业，包括外商、本国官僚资本家及民族资本家的工厂均设置在沿江沿河地段。1853 年，上海口岸对外贸易总量跃居全国第一，成为东亚第一大港。[115] 整个城市也形成不同租界与老城并立的格局（图 1-37）。

工业 1840 年鸦片战争后，中国近代工业产生，外国资本在一些沿海、沿江等开埠通商城市建设工厂，主要集中在天津、上海等地。1895—1913 年间外国资本在华创办的工业企业资本占中国工业资本的比例，从 1894 年的 36.03%上升到 1911—1914 年的 56.57%，产业主要集中在棉纺织业和面粉工业。[116]

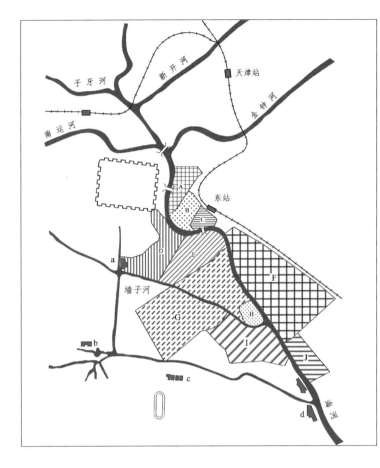

图 1-35　天津市租界
区域划分图（1936 年）

注：A—原奥租界；
　　B—意租界；
　　C—原俄租界；
　　D—日租界；
　　E—法租界；
　　F—原俄租界；
　　G—英租界；
　　H—美租界；
　　I—原德租界；
　　J—原比租界；
　　a—海光寺；
　　b—南开大学；
　　c—佟楼；
　　d—北洋纱厂

图 1-36　天津原意租界
区风貌

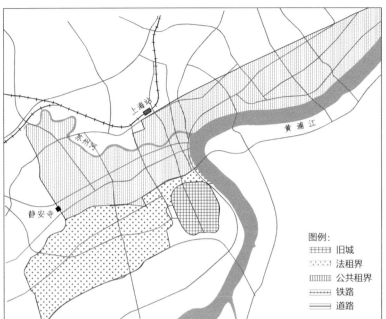

图例：
▦ 旧城
⬚ 法租界
▥ 公共租界
══ 铁路
── 道路

图 1-37　上海各国租界分布图

　　伴随着近代工业的发展，一批传统市镇逐步向近代工矿业城市转变。这类城市大都与近代采煤业、冶炼业的产生和发展密切相关，优越的矿产资源为这些城市的兴起创造了前提。如工矿企业对原料产地依赖程度强，原只是一个小村镇的唐山得以迅速发展成为新的城市（图 1-38）。[117]

　　洋务运动后期，中国民族工业有了较快的发展，大多都分布在沿海沿江地区，这类城市建设的自发性明显，如武汉、南通。洋务运动使武汉民族资本工商业迅速崛起，武汉形成"三镇鼎立"的格局，其城市规模、面貌及基础设施等都有了长足的发展，在相当长的一段时间内成为全国仅次于上海的经济繁荣的工商业都会。南通受上海辐射和传统棉业基础的影响，大力发展纺织业，逐渐形成以老城为中心，唐闸、天生港、狼山三镇为依托，城乡相间、功能各异的"一城三镇"的空间格局（图 1-39、图 1-40）。

　　东北地区工业发展经历了清末、奉系军阀、东北沦陷三个时期，其间重要的重工业城市——如沈阳、哈尔滨、大连，产业基础均由殖民势力扶植形成。1949 年后，这些城市也成为国家"一五"计划集中优先发展重工业的基地。

　　交通　这一时期，市镇由于铁路、航运等近代交通的发展而兴起，交通线附近的城市因近代交通的开通而明显扩张，功能也发生很大变化，人口增加，随之近代商业和其他行业也得到较快发展。对于港口城市，城市布局开始由内向型转变为外向型，如天津、青岛。由于铁路的发展，津沪铁路取代京杭大运河的地位，运河沿

图 1-38　唐山的形成及
早期发展示意图（1900—
1919 年）
注：a—矿场；
　　b—外国人居住区；
　　c—开滦矿场；
　　d—东局子；
　　e—乔屯；
　 f—民居；
　　g—住宅；
　　h—南厂

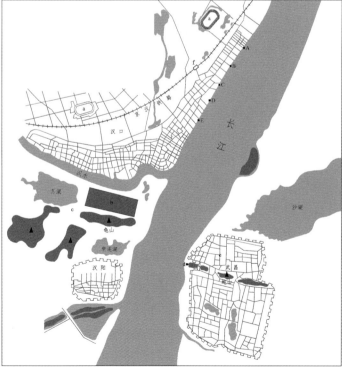

图 1-39　武汉三镇略图
（1915 年）
注：A—日租界；
　　B—德租界；
　　C—法租界；
　　D—俄租界；
　　E—英租界；
　　a—赛马场；
　　b—汉冶萍汉阳铁厂；
　　c—汉阳兵工厂；
　　d—黄鹤楼；
　　e—省长公署；
　 f—大智门车站

图 1-40　武汉汉口
原俄租界实景

线的部分商业城市相对逐渐衰落，如扬州、淮阴。

《马关条约》签订后，外国资本大量进入中国，先后修建京奉铁路、京汉铁路、粤汉铁路等。铁路沿线的城市因现代交通运输带来的便利而获得较快的发展。其中唐山、蚌埠、石家庄都是由村镇迅速发展为新兴城市的代表，而济南、长春、郑州等既有城市也在铁路站场与旧城之间发展了新区，也有城市因为铁路的修建造成铁路分割城市的情况。[118]

如日俄战争以后，长春成为南满、北满、吉长铁路的交汇点和东北铁路重要节点城市。日本夺取南满铁路后，设立长春火车站并对其以南地区统一规划建设，形成了以今人民大街为中轴的方格网布局基础，以胜利大街、汉口大街及南广场、西广场为放射线、广场中心的新规划区域，并成为相对北部俄占北满铁路宽城子火车站周边城区独立发展的新城区。

1906—1908 年，京汉铁路和陇海铁路汴洛段相继竣工通车，两条铁路在郑州交汇，郑州成为中原交通的枢纽，铁路车站带动了民国时的商埠区的形成，明清古城的西面和铁路线之间的荒芜区域逐步建成近代工商业经济区，城市的重心也开始向火车站附近推移。

近代港口的发展也对城市发展起到了重要影响，如广州、青岛等。另外，有些具有一定规模的传统港口城市也因航运的发展修筑了新的停泊码头，推动了制造业、运输业、商业和城市的进一步发展，如上海、福州、宁波等。

政府　近代以来，国家或城市政府对城市的发展起着重要推动作用，在行政力量的影响下，一些城市根据城市性质制定了现代意义上的城市规划，并以此为据，开展城市改造与建设。

1929 年，上海提出"大上海都市计划"，由于战争、经济、政治等原因，该计划并没有完全实现。抗战胜利后，上海市政府着手制定上海的"都市计划图"。该规划充分运用了当时欧美最新的城市规划理论，例如邻里单位、有机疏散、卫星城市等。与"大上海都市计划"相比，新的规划更加注重城市功能及交通问题和技术问题。

1927 年，国民政府定都南京，设定南京为行政院直辖的"特别市"，两年后编制"首都计划"，南京取代北京成为当时的国民政府行政中枢。[119]"首都计划"对城市布局、道路交通、市政设施等进行调整。中央政治区在明故宫一带，在环境最佳的山西路、颐和路一带建设高级住宅区，但在汉西门及下关一带仍聚集大量棚户区，城市贫富分区明显。道路采用环城大道与放射道路结合的路网，改变了对称型棋盘式的布局，开辟了城区一些重要道路，如中山路等。沿路广植梧桐，形成林荫大道，新街口为新的商业中心。[120]"首都计划"是我国近代自主开展的最早的城市规划工作，但由于其主要目的在于政治宣传，后续的建设并未完全按照计划实施。

3.2　近代城市化

人口增长　近代城市的发展，从根本上讲是中国近代工业化和城市化的进程。随着通商口岸的开辟，大量的金融、工矿、码头、交通公共设施的建设，城市经济得到了前所未有的发展，吸引了大量人口向沿海、沿江城市化地区聚集。近代交通结构的改变，尤其是铁路的兴起，促使许多新式交通枢纽城市的兴起，同时推动了老城市的发展。对外交通的发展，促进了地区间的人口流动。工业的发展对劳动力的需求也不断增加，一部分农业人口被吸引出来，投入到城市的新工业中谋生，城市人口随之增长。[121]一些区域性中心城市迅速发展成为有 50 万—100 万人口的大城市，部分城市如上海、天津、武汉等发展成为人口在 100 万以上的特大城市。

城市空间扩张　为顺应城市扩张发展的大趋势，并与西方列强竞争，19 世纪末，清政府开始在全国一些重要的口岸和交通枢纽城市设立商埠区，如济南、昆明等。始建于 1911 年的济南商埠区选址于旧城西关外，北依津浦、胶济铁路，南抵长清大路，总占地面积 4000 亩。商埠区结合铁路交通枢纽兴建商业区和居住，并配有先进的服务设施，形成与古城并举的多中心格局。规整而小尺度的道路网格构成了商埠区独具特色的基本格局（图 1-41）。[122]

　　为阻止英、法约开商埠的企图，1905 年昆明被迫自辟商埠，成为最早一批，也是西南地区唯一的自开商埠。商埠的建设使城市经济中心南移，带动了城市基础设施建设、城市管理日趋近代化，从而带动了整个城市的发展。同时，城市对城内进行了更新，如将文庙直街展宽并南延，形成文明街，政府对街道两侧的建筑风貌进行了统一规定。同样的规定也体现在昆明商埠区祥云片区的南强街（图 1-42）。

　　传统区域重构　在近代经济模式的推动下，很多经济前沿的传统城市也被重塑，主要包括拆除城墙（城门），修筑新式道路，建设住宅、公园等。[123]

　　作为重要口岸城市的广州市就是一个突出的例子。清末，广州填筑珠江堤岸以扩大城市发展空间，并拆除城墙、修筑新式马路。到民国时期，政府为推进在人口稠密、地价渐高的老城区内开辟马路，允许业主在人行道上空建设骑楼，来补偿其割让的首层铺屋面积。从此，西方古典建筑券廊形式与岭南气候特点结合演变的骑楼建筑得以推广，成为广州商业街市重要的建筑特色。到 1940 年代末，广州市主

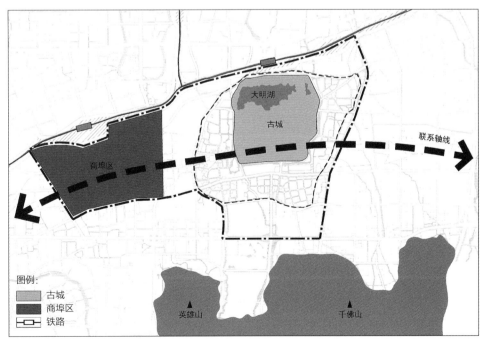

图 1-41　济南商埠区与城市关系

（a）　　　　　　　　　　　　　　　（b）

图 1-42　祥云片区肌理变化
（a）清末时期；（b）民国时期

城区主要由西关民居街区、近代花园洋房街区、传统骑楼街三个片区组成。

又如南京，1928 年，刘纪文、李宗侃提议开辟迎陵大道（中山大道）和子午线干道，一是用以迎接孙中山先生的遗体归葬紫金山，二是能够推进南京城市建设，促进城北土地的开发与利用，从而改善首都观瞻。[124] 依据"首都计划"，南京城市空间以老城为主体向西北延伸，新建的政府机关、第一住宅区与第四住宅区都依中山大道向城北延建。中山大道串联多个功能区，到后期建设成为城市的发展轴线。这条新形成的道路轴线极大地改变了南京旧城的城市结构，并延续成为今天南京老城区重要的格局特征。

3.3　城市空间格局与肌理

城市功能分区　近代城市的发展突破了传统城市的格局与功能分区，西方功能分区的概念也被引入城市。1932 年，广州市政府公布《广州市城市设计概要草案》，将全市地域按功能划分为工业、住宅、商业、混合等四个分区。道路设定等级和宽度，初步确定"方格网 + 环线"的道路系统。[125]

1929 年编制的"首都计划"也将南京城市按不同功能区划分，包括：中央政治区、市行政区、工业区、商业区、文教区及住宅区。市行政区设在市内鼓楼附近，商业区设在明故宫旧址，工业区设在江北，住宅区设在老城各处。道路系统模仿当时美国一些城市采取方格网加斜线的形式（图 1-43）。[126]

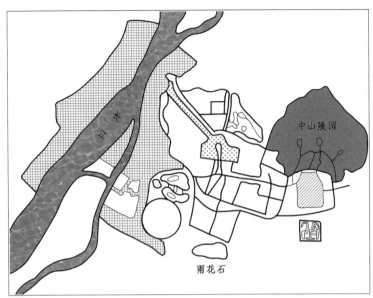

图 1-43　1929 年南京
"首都计划"城市总图

上海近代城区由老城厢和租界连接而成，在空间上按公共租界、法租界、中国政府管辖地区分区而治，各自为政。由于未能统一规划协调，区界之间缺乏直通干道衔接，市政水电等不能互通联网，功能杂处。[127]

近代航运交通设施的发展也成为影响部分城市格局的重要因素。1844 年，宁波正式开埠，在江北形成了以滨江工商业、航运交通为主的商埠区，商业中心由老城区逐渐转移到外滩一带。同时，江东地区也从传统市镇逐渐发展成为城市新区，宁波老城、江北和江东形成"三区鼎立"的格局。[128]

城市肌理　近代化过程中出现的新的社会、经济、技术、文化管理等因素，致使城市肌理出现多元化状态，这主要体现在路网格局、开放空间、公共建筑、不同功能的新型建筑布局等。济南商埠区历经三十年左右的时间，形成了 7 横 12 纵的小网格格局，道路间距多在 150—200 米左右。其中有新型的独立住宅、北方里弄建筑以及现代的公共建筑等类型。商埠区在建立之初就确定了商埠公园的规划，而且在开埠章程中明确了费用的筹措模式（图 1-44、图 1-45）。[129]

广州经过长期演变，形成了独特的街巷结构形态和肌理类型。商业的繁荣和紧张的城市用地催生出以街巷为主的、高密度的城市肌理。其街道格局主要由四种形态的路网构成：明清形成的城墙内部路网、民国拆墙建路形成的路网、近代方格网路网、与历史水系相关的路网。而历史城区的肌理又由不同的建筑类型形成不同的分区，如商业办公建筑区、传统住居建筑区和工业码头仓库区等。其中，传统住居

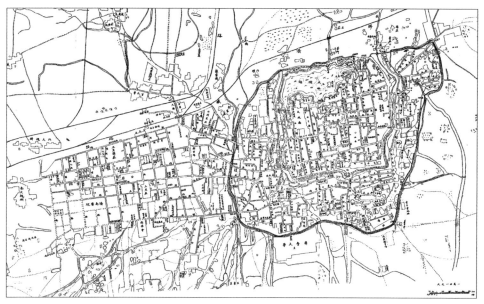

图 1-44　济南商埠区路网格局示意图

图 1-45　济南商埠区受到西方文化影响的建筑风貌

图 1-46　广州近代建筑——黄埔军校

是最主要且具代表性的城市肌理，商业办公大部分在越秀区，工业码头仓库主要分布在荔湾区的西南部和珠江沿岸。传统住居主要有西关大屋、竹筒屋、滨江传统住居、西式连排式住宅、花园别墅、一般传统住居等（图 1-46）。[130]

3.4　近代城市风貌

　　街道景观　受交通、功能、建筑类型、建设与管理方式以及西方城市文化的影响，很多城市出现了新的城市风貌。譬如，1928—1936 年广州在原城市政治中心区陆续修建了中山纪念堂等建筑，形成了以中山纪念碑、中山纪念堂、市府合署、中央公园、起义路至海珠桥为主要标志的南北向城市轴线的新地方行政中心，形成了全长约 5 千米的近代城市的中轴线，并一直延续至今。[131]

南京民国时期的建设突破了明清以来的城市格局，初步呈现出现代都市的面貌。按照"首都计划"实施的中山北路—中山路—中山东路林荫大道系统及其沿线的重要近现代建筑，形成了全长约 11.8 千米的城市轴线，沿线的法桐丰富了城市的街道景观。

巴洛克城市风貌　巴洛克风格的城市格局是近代中国城市出现的一种重要类型，它不但应用于部分近代新区建设，还影响了中华人民共和国成立以后的部分城市。其中，长春、大连极具代表性。

中国东北作为近现代城市化速度最快的地区之一，在铁路、航运的带动下，出现了一批重要的城市。长春东北沦陷时期的"新京"区开展了大规模的城市建设，布局采用了巴洛克风格。由于历史原因，长春形成了五大城市分区，包括老城宽城子、沙俄中东铁路用地、满铁附属地、商埠地和"新京"建设用地。"新京"的规划，利用广场、轴线放射将这五大区整合在一起，建筑以周边式类型为主，很多主要建筑采用了折中主义风格的设计，是近现代规划理念在中国实践的重要实例（图 1-47、图 1-48）。[132]

1898—1905 年的俄占时期，大连参考欧洲的城市规划建设理念，形成了轴线组织的广场与分级道路结构体系。市区划分为行政市街区、欧罗巴市街区、中国人市街区。1905—1945 年的日占时期，延续了俄占时期功能分区，分隔设置中国人和日本人居住区，同时运用郊区规划的理念，对城市未来发展做出长远预判，是近代城市规划理论的重要实践地。大连历史城区东部采用古典放射同心圆形态，西部采用现代窄密方格路网形态，呈现出不同肌理相拼接的城市形态。大连历史城区是我国罕有的星状广场组合城市（图 1-49）。[133]

图 1-47　长春东北沦陷时期建筑

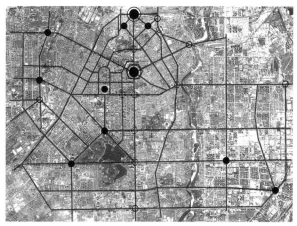

图例：
▬▬ 街道路网
◉ 核心功能广场
● 景观广场
▢ 交通广场
⬡ 消失广场

图 1-48　长春放射性
轴线、圆形广场示意图

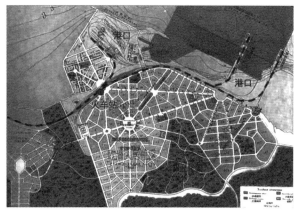

图 1-49　大连 1903 年
规划图

典型风貌区　近代城市的发展伴随着半封建、半殖民地社会形成的过程。除了城市新型功能区及相关新建筑类型的出现，城市中还出现了不同阶层、不同侨民集中的居住区，如上海的里弄、北方的里弄以及花园别墅区等。

由房地产商成片建造的、不同于中国传统形式的城市集合住宅首先出现在上海的租界内。上海的石库门里弄住宅是一种脱胎于江南民居的住宅形式，大都是砖木结构、二层楼，前后都有横向的天井。成片建造的石库门房子多以"里"为名，联排住宅之间规则的通道在当地称为"弄""弄堂"，这样建造起来的住宅就被称为"石库门里弄住宅"。[134]

北方与南方相比，人口密度比较低，所以传统的北方合院式住宅建筑都是一层，院子也比较大。20 世纪初，合院式里弄住宅开始出现在济南的商埠区和天津的河北新区，也是以"里"为名。住宅单体有单排平房、二合院、三合院、四合院等多种形式。为了加大建筑密度，同时保证主要房间获得日照，院子普遍被压缩成南北长、东西窄的长条形。[135]

图 1-50　青岛四方路片区
路网及里院格局示意图

　　1900 年编制的《青岛城市规划》将青岛划分出华人区和欧人区。大鲍岛区（四方路所在片区）为重要的华人区，是青岛里院式住宅最大规模、最典型的聚集地。中国居民和移居青岛的下层日本居民聚居在大鲍岛区胶州路周围的里院街坊中。里院建筑体现中西方建筑文化的交融，经历了不同的发展演变历程。德占时期，它们位于德国划分的华人区，"里"为商业功能，"院"是居住功能，由于华人区人口多，"里"也用于居住。日占时期，随着用地日趋紧张，出现大量三层里院（图 1-50）。

　　花园别墅式住宅在很多租界城市都存在，它们是那个时代中上阶层的社区。比如福州的烟台山，厦门的鼓浪屿，青岛的八大关、小鱼山，上海的徐家汇，天津的五大道等。

　　1842 年福州开埠通商，烟台山因其地理位置逐步成为福州对外交流的窗口，各国领事馆纷纷设立，教堂、洋行、医院、学校等相继建成，出现了众多风格迥异的建筑，形成了这一地区独特的风貌。仓前片区凭借着滨江依山的优越环境发展成近现代地区的商贸中心、近代文化教育的中心和具有较好生态环境的居住生活片区。

　　1897 年到 1922 年期间，青岛先后被德国和日本侵占。德占时期，八大关的功能定位和发展方向得以确定，完善了周边公共设施，同时形成了"红瓦绿树"的风貌。德占时期的规划与建设奠定了青岛独特的城市格局和整体风貌。[136]

空间设计与文化景观 [137]

4.1　地理环境与聚落选址

　　中国的地理环境总体而言山地多、平原少，今天的国土面积中，山地、丘陵面积占 2/3，平地仅占 1/3。西高东低的大地理态势使其主要河流总体从西向东，形成联络东西的主要交通要道。我国季风气候明显，[138] 北方地区冬季盛行风为西北风，中部为北风，南部为东北风，而夏季全国盛行风为南风和东南风。[139] 由于地形等因素的影响，旱涝灾害频繁。为了适应水、旱灾害频繁的自然环境，古代的城邑聚落等都选址在既能接近水，又能防御洪涝的、海拔相对较低的河道弯曲的"汭位"。如新石器时期的姜寨遗址和三代及以后的很多城邑选址都是汭位择居的例子。作为一种传统，它贯穿中国古代整个封建社会聚落历史。

　　在治理大江大河的长期实践中，中国古代形成了超大尺度的空间意识，《尚书·禹贡》有关古人广博的地理与空间知识的记载就反映了这一点。这种意识深刻影响了中国古代的聚落空间文化（图 1-51）。[140]

　　古人选择聚居环境的具体原则是择高而居，避免潮湿，周边要形成围合，抵御风寒，即《尔雅·释山》所说的"大山宫（即围护）小山"的模式。[141]

　　在我国古代城市选址实践中，类似的环境案例比比皆是。在以山川形胜著称的金陵南京，不同朝代的都城就是以紫金山下的不同小山为坐山而建的，周边大的山水要素对其围合。济南古城以千佛山为坐山，周围的众多山水拱卫着千佛山与古城构成的区域。同样，位于我国青藏高原的西藏首府拉萨古城也是依附布达拉宫所在的小山而建，整个古城地处高原相对较低的河谷地带。城邑如此，园林选址也遵循同样的原则。清代所建的避暑山庄和颐和园都是在有山水围合的大环境中，依附小山而建的。即便在更广阔的平原地区，这种模式依旧适用。如元、明北京就是在燕

图 1-51　洛汭成位图

山山脉围合的平原上一片较高的地区选址，通过局部改造地形营建而成的。苏州的情况类似，只是其城址处于长江下游河网密集、湖泊众多的地区，但古城四面为湖的环境表明苏州古城地处相对较高的地势，同时在城市的西面还有山丘。中国古代城邑、聚落选址的总体规律使其与山水环境产生了密切的关系，为独树一帜的中国古代聚落文化景观奠定了基础（图 1-52、图 1-53 ）。

　　在物质和精神层面与自然山川的密切联系，使我们的先民形成了原始的山川崇拜，并在此基础上发展成中华民族独特的山水文化。在古人的意识中，山川是不可分割的整体。《系辞》说："天地定位，山泽通"。[142] 古人认为黄河发源于昆仑山，视之为天地之中。在山川崇拜文化中，山岳占有更重要的地位。《山海经》中，每一座山都有一个神，人们按一定的规格对诸神立祠供奉。[143] 后来的封禅文化更是山岳崇拜的集中表现。

图 1-52　大理巍山古城营建与环境的关系

图 1-53　贵州镇远古镇文化景观

　　昆仑模式其实是对我国黄河流域大的地理走势——"水归东南"态势的概括[144]，这一观念影响了古人对西北方位的崇敬。因为西方为高，东方为低，所以西北方位被认为更尊贵，这种观念生动地反映在明人绘制的《鲁国图》中。[145]山岳崇拜随着易经、阴阳五行学说的发展，衍生出一种山岳文化模式。汉以来的堪舆术将山水形势按五行分类，总结出一整套山水形势组合原则。堪舆术还将山水文化世俗化，根据其不同的形态、方位赋予其不同的含意，如形如文笔的山峰象征文运昌盛等（图 1-54—图 1-56）。

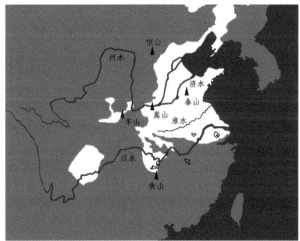

图 1-54　五岳图（上）
图 1-55　鲁国图（下）
注：整个图将泰山、岨莱山置于画面的上面，下面为防山、尼山等山脉。泗水、沂河出于画面的中部，围合成鲁国城池所在的区域，其中泰山、岳庙、孔林、鲁国都城、伏羲庙大致处于同一轴线。绘图者将鲁国都城内的周公庙、颜子庙、阙里庙、灵光殿等置于这一轴线上，明确表达了以泰山为祖为宗的观念。鲁国都城的中心的宫殿轴线的东面，居于次位，因为西北为上。

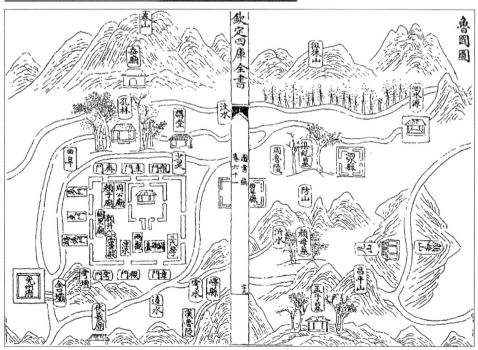

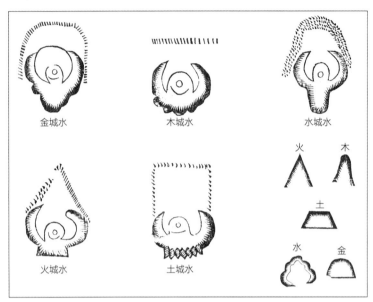

图 1-56　山水五行模式

4.2　制与宜

正如前文所述，礼制对中国城邑聚落的级别、规制、样式等都有明确的规定，使中国古代建成环境从各层面都呈现出鲜明的体系化特征。一般认为，这一传统可以上溯至三代的井田制及其影响下的都邑规划。严格的等级礼制反映在空间上就是尺度单元或模数的广泛存在。史前辽宁牛河梁红山文化"女神庙"遗址证明模数控制业已存在。这种模数控制不局限于城邑与聚落内的建成环境，而是贯穿于城邑、聚落所依赖的广阔自然环境，呈现出统一的空间设计。比如，明清北京城在区域层面大致存在一个 12.5 千米的模数，跨越从永定河至燕山南麓南约 88.5 千米的北轴线（图 1-57）。

同样，在泰山统领的一个广大区域的宏观层面，城邑与聚落群存在一个 36.5 千米的模数。从今天济南北面的黄河转弯处南至微山湖北岸，[146] 在全长约 199 千米的轴线上，分布有济南、泰安、孔林与曲阜、邹城四个重要古城，[147] 它们在明朝时均进行了重要的城邑建设。除泰安古城偏离轴线东侧外，其余三城和孔林均位于此轴线上。轴线跨越的主要的山脉有千佛山、玉函山、泰山等，主要河流有黄河、大汶河、泗水河、沂河等，最南端为微山湖。在区域性尺度的控制下，轴线还存在多层级更小尺度的控制模数（图 1-58）。

在城市层面，明清北京城是系列模数严格控制的最好例证。明清北京城的城市结构是在元大都的基础发展而来的，城市的尺度模数控制在很大程度上受到大都的

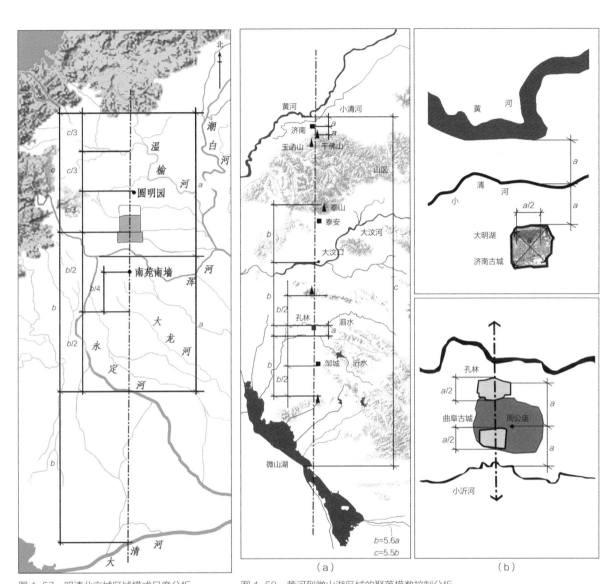

图 1-57　明清北京城区域模式尺度分析

图 1-58　黄河到微山湖区域的聚落模数控制分析
（a）区域性模数控制（b=5.6a，c=5.5b）；（b）2.5 千米尺度模数在鲁国故城及济南古城中的反映

影响与制约。大都南北方向采用了 50 元步（约 77 米）的控制模数，明北京沿用之，最终形成了大约 5300 元步，合 8.5 千米的南北轴线。在 50 元步的模数中，胡同院落占地进深为 46 元步（约 71 米），剩余的 4 元步（约 6 米）为胡同宽。元大都建设时，每户住宅占地为 8 亩。[148] 尺寸大致为：东西 41.7 元步或 64.3 米，南北 50 元步或约 77 米，大致可安排三跨、五进的院子。这种严格的用地控制为北京古城几百年来的格局奠定了基础。

礼制不但要求城邑、聚落要遵守严格的模数控制等，同样强调因地制宜的重要性，即《管子》说："因天才，就地利。城郭不必中规矩，道路不比中准绳"的原则。所以，即便在严格的模数等控制下，很多位于丘陵等环境中的城邑、村落等仍呈现出极其生动的形态。

　　"宜"是中国古代哲学思想的重要内容之一。《周易·系辞下》曰："古者包牺氏之王天下也，仰则观象于天，俯则观法于地，观鸟兽之文，与地之宜。"[149] "宜"即指特定地方所具有的自然和社会特征。《礼记正义》说："礼从宜"，[150] 可见《周礼》并不排斥"宜"。"宜"的理念要求人们不能僵化地对待事物。《管子·度地》强调"度地为国"，"必于不倾之地，而择地形之肥饶者，向山，左右经水若泽，内为落渠之写（泻），因大川而注焉。"[151] 即建立城邑选址要在相对较高的、土地肥沃之地，并朝向山；城内的雨洪组织排到左右的沟渠，最终注入江河，这与堪舆的理论相同。当古人通过堪舆实践将"宜"的原则应用到聚落营建上时，就使古代城市建成环境呈现出既有高度的内在规律，又有千变万化的生动面貌。

4.3　堪舆与空间设计

　　择地而居在中国古代源远流长，《说文》曰："宅，托也。"《释名》说："宅，择也，言择吉处而营之也。"[152] 清代样式雷家族所撰《精选择善而从》一书就包括堪舆相地的内容。[153] 现已发现的新石器时代的古代遗址清楚表明择地而居的文化在中国源远流长。著名汉学家李约瑟曾敏锐地指出"不论是在那些壮观的神庙和宫殿建筑中，还是在那些或如农宅一样分散或如城市一样聚集的民间建筑中，都存在着一种始终如一的秩序图式和有关方位、季节、风向和星象的象征意义。""如果单独的家庭住宅、庙宇或宫殿都曾被精心而细致地设计过，那么我们很自然地期望城镇规划也显示出相当高的组织程度。"[154] 李约瑟注意到的中国传统聚落规律性和"组织"性与中国古代的堪舆术是分不开的，帝王择地而居的传统一直保留到明清。[155]

　　现存最早的堪舆典籍《宅经》就是专门讨论阳宅选址和规划设计内容的。后代地理类的专著层出不穷，如清人有《地学》等代表性文献。从现代科学的眼光来看，堪舆术与卜葬活动中当然夹杂了古代文化的很多糟粕，但是从历史角度看，堪舆术确实无可争辩地影响了中国古代聚落、陵墓等的形态和设计，而它所涉及的很多规划、设计学的内容都是其他古籍文献中所未及的。

堪舆术涉及的主要勘察设计内容包括六个阶段：寻龙、察砂、看水、相土、立向、点穴。从现代工程勘察设计的角度，它们大致分为环境规划、水文地质、城市设计、场地设计四个层面。寻龙十分接近环境规划，主要是根据地理大势选择适于营建聚落、城邑、园林、陵墓等的用地与环境。到元、明、清三代，堪舆术将中国的山水大势分为三大主干脉，它们都由东西流向的三大河流界定，北有鸭绿江[156]，中有黄河，南有长江。在这三大主干山脉上还衍生出无数的支脉（图1-59）。

古人寻龙察脉就是要寻找适合农业发展、建造聚落的环境，水源充足又无水患是最理想的选择，要做到这一点必须掌握山水大势，所以堪舆寻龙术中特别强调寻求祖山——一个区域最高的山，且生态环境好。祖山一般都是一个地区水的源头，区域内的其他山脉水系皆由此分派而出，它们整体构成现代科学意义上的生态单元。

相地就是要全面地勘察山水的来龙去脉，在山脉与水交会处确定选址。不同规模的城邑、聚落要与山水环境容量相匹配，使人地关系相协调。尺度大的环境建都营邑，小的则为聚村等。由于城邑、聚落的地方要"局势宽大，落水隆厚，水域汪洋"，其水口常在阳基数十里乃至百里之外。纵观中国古代村落、城邑选址，无一不符合堪舆寻龙察脉的原则。比如，周丰京、镐京、秦阿房宫、汉长安、唐长安、明西安城选址都利用了秦岭北麓与渭河之间开阔的平原地带。与西安的情形相似，古都北京的选址充分利用了太行山、燕山山脉与华北平原交接处的平原地带。古代这里河网众多，水资源丰富[157]，而建都之地则相对高爽。南京的历代古都则是利用了长江下游与宁镇山脉、紫金山、青龙山等山脉形成的较为平坦地带中隆起区域建立城邑。与南京类似的例子还有广州、福州古城等（图1-60）。

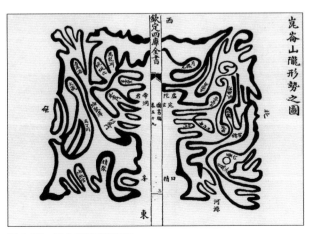

图1-59　昆仑山陇形势之图

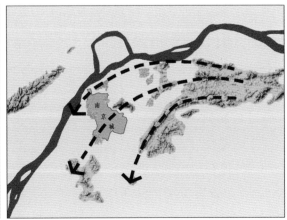

图1-60　南京山水形势分析
注：中路山脉恰好与古城衔接

　　在确定了大的选址之后，就要进一步勘定城邑、聚落的中心"穴"所在之处。堪舆术总结了确定"穴"的八个条件：①山川环境要素成圆形的围合之势；②穴场的小气候犹如暖阁；③穴场自身的围合周密；④穴周围的排水沟渠应呈圆弧的金形；⑤案山则应形如眠弓；⑥四面的山川形势丰盈；⑦穴场之中的"天心"地势总体要低，为水汇之处；⑧与围合环境相连的山脉的山峰要圆净。[158]在设计层面，聚落的中心或穴最终是在山川定位的原则下确定的。通过环境上趋利避害，景观上巧妙取舍，设计上细致入微，中国古代城邑、聚落建构出独特的文化景观，如很多古代城邑、聚落的八景、十六景等。

　　济南就曾是中国城邑文化景观的经典案例。济南古城处于泰山山脉的北麓与华北平原交接的缓坡平原地带。这里有古济水，其河道后为黄河所夺。济南南部山区的喀斯特地貌及区域的独特地质结构，成就了其绝无仅有的泉城。古城选址一方面以南面的千佛山为主山，另一方面又充分利用了趵突泉、黑虎泉、珍珠泉三大泉群，并使古城处于多个小山围合而成的较为平坦区域的中心。从宋代开始，济南城邑的营建就与泉水及周边的山水要素一同进行了周密的安排。清末，整个古城与周边依然呈现出丰富的文化景观环境。

　　《历城县志》关于"楼"有一段城市与周边景观的生动记载："迤西，为观峰楼，西迤北、东迤南、东迤北各一，凡一十四座……诸楼，远眺群山，广睨万亩，独踞一方之胜。其东诸楼，俯瞰三齐，遥观出日……其西诸楼，傍挹趵水，直舰黄冈，民廛错列，群波环萦…至于北楼，下踞大明湖，俯临会波桥，南瞻函、历之云岚，北醉鹊、华之烟雨。外则秧针刺水，万亩云屯；内则桂棹溯波，千顷绣列，颜曰'河山一览'，洵胜地也。"[159]

　　后人在大明湖所题"四面荷花三面柳、一城山色半城湖"的楹联正是对济南古城山水交融的文化景观的高度概括，今天大明湖北岸尚可依稀看到"佛山倒影"。

注释

[1] 许宏 . 先秦城市考古学研究 [M]. 北京：北京燕山出版社，2000：51.

[2] 张杰 . 从遗产网络再认识中国古代城市的价值与特色 [J]. 城市规划学刊，2018（01）：2-3.

[3]（东汉）赵晔 . 吴越春秋 · 卷第二 · 吴王寿梦传第二 [M]. 文渊阁四库全书电子版 . 上海：上海人民出版社，迪志文化出版有限公司，1999.

[4]（周）墨翟 . 墨子 · 卷一 · 七患第五 [M]. 文渊阁四库全书电子版 . 上海：上海人民出版社，迪志文化出版有限公司，1999.

[5]（汉）许慎撰，（宋）徐铉增释 . 说文解字 · 卷十三 [M]. 文渊阁四库全书电子版 . 上海：上海人民出版社，迪志文化出版有限公司：1999.

[6] 韩茂莉 . 中国历史农业地理（上册）[M]. 北京：北京大学出版社，2011：51.

[7]《史记 · 货殖列传》记载"关中之地，于天下三分之一，而人众不过什三；然量其富，什居其六。"（汉）司马迁 . 史记 · 卷一百二十九 · 货殖列传第六十九 [M]. 文渊阁四库全书电子版 . 上海：上海人民出版社，迪志文化出版有限公司，1999.

[8] 贺业钜 . 中国古代城市规划史 [M]. 北京：中国建筑工业出版社，2014：299，322.

[9] 同 [1]：48.

[10] 同 [1]：53.

[11] 傅崇兰，白晨曦，曹文明，等 . 中国城市发展史 [M]. 北京：社会科学文献出版社，2009，39.

[12] 同 [11]：43-44.

[13] 同 [11]：47.

[14]《史记 · 秦始皇本纪》记载"东至海暨朝鲜，西至临洮、羌中，南至北响户（北回归线以南），北据河为塞，并阴山至辽东。"（汉）司马迁 . 史记 · 卷六 · 秦始皇本纪第六 [M]. 文渊阁四库全书电子版 . 上海：上海人民出版社，迪志文化出版有限公司，1999.

[15] 谭其骧 . 秦郡新考 [M]// 长水集（上册）. 北京：人民出版社，2011.

[16]《汉书 · 地理志》西汉元始二年（2年）数据。（汉）班固 . 汉书 · 卷二十八 · 地理志 [M]. 文渊阁四库全

书电子版 . 上海：上海人民出版社，迪志文化出版有限公司，1999.

[17] 邹逸麟 . 中国历史人文地理 [M]. 北京：科学出版社，2001：14-15.

[18]《汉书 · 地理志》载"讫于孝平，凡郡国一百三，县邑一千三百一十四，道三十二，侯国二百四十一。"（汉）班固 . 汉书 · 卷二十八 · 地理志 [M]. 文渊阁四库全书电子版 . 上海：上海人民出版社，迪志文化出版有限公司，1999.

[19] 同 [17]：19-22.

[20] 董鉴泓 . 中国城市建设史 [M].3 版 . 北京：中国建筑工业出版社，2004：37.

[21] 同 [20].

[22] 顾朝林，等 . 中国城市地理 [M]. 北京：商务印书馆，1999：45.

[23] 同 [22]：46.

[24] 同 [22].

[25] 同 [20]：46.

[26] 同 [11]：91-92.

[27] 同 [20]：40.

[28] 同 [22]：55.

[29] 同 [11]：130-135.

[30] 同 [22]：55.

[31] 同 [20]：120-121.

[32] 刘石吉 . 明清时代江南市镇研究 [M]. 北京：中国社会科学出版社，1987：120.

[33] 曹树基 . 中国人口史 · 第五卷 · 清时期 [M]. 上海：复旦大学出版社，2001：832.

[34] 叶玲 . 我国古代城市发展与唐宋城市经济的特征 [J]. 西安电子科技大学学报（社会科学版），2002（04）：44.

[35] 吴松弟 . 近代中国的城市发展与空间分布 [J]. 历史地理，2014（01）：154-167.

[36] 同上 .

[37] 何一民 . 开埠通商与中国近代城市发展及早期现代化的启动 [J]. 四川大学学报（哲学社会科学版），2006（05）：33-40.

[38] 胡绳 . 从鸦片战争到五四运动（简本）[M]. 北京：红旗出版社，1982：463.

[39] 唐山市地名办公室 . 唐山市地名志 [M]. 石家庄：河北人民出版社，1986.

[40] 本节部分内容根据《中国古代空间文化溯源》（修订版）相关章节改写而成 . 张杰 . 中国古代空间文化溯源 [M]. 修订版 . 北京：清华大学出版社，2016.

[41] 张光直 . 中国青铜时代 [M]. 北京：生活·读书·新知三联书店，1999：482.

[42] 卜工 . 文明起源的中国模式 [M]. 北京：科学出版社，2007：260，309.

[43] 同 [40]：132.

[44] （西周）周公旦 . 周礼·冬官考工记第六 [M]. 文渊阁四库全书电子版 . 上海：上海人民出版社，迪志文化出版有限公司，1999.

[45] 同 [8]：23.

[46] （清）张廷玉，等 . 明史·卷四十·志第十六·地理一 [M]. 文渊阁四库全书电子版 . 上海：上海人民出版社，迪志文化出版有限公司，1999.

[47] （清）畿辅通志·卷十三 [M]. 文渊阁四库全书电子版 . 上海：上海人民出版社，迪志文化出版有限公司，1999.

[48] （清）大清一统志·卷九十五·山西全图 [M]. 文渊阁四库全书电子版 . 上海：上海人民出版社，迪志文化出版有限公司，1999.

[49] 王夷典录疏 . 平遥县志 [M]. 康熙四十六年 8 卷本 . 太原：山西经济出版社，2008：81-85.

[50] 王贵祥 . 明代城池的规模与等级制度探讨 [J]. 建筑史，2009（01）：86-104.

[51] 同 [48]：卷一·京师图

[52] （明）李贤，等 . 明一统志·卷一京师 [M]. 文渊阁四库全书电子版 . 上海：上海人民出版社，迪志文化出版有限公司，1999.

[53] 《大清一统志·卷一·京师图》中记载坛庙：天坛（正阳门外东南郊）、地坛（安定门外北郊）、祈谷坛（天坛内）、朝日坛（朝阳门外东郊）、夕月坛（阜成门外西郊）、太岁坛（正阳门外之西，故山川坛之内）、先农坛（太岁坛西南）、先蚕坛（西苑东北隅）、社稷坛（皇城内，午门之右北嚮）；太庙（皇城内，午门之左南嚮）、奉先殿（景运门之东）、寿皇殿（北上门内，景山后）、雍和宫（安定门内，国子监东）、传心殿（文华殿东）、堂子（长安左门外，玉河桥东）、历代帝王庙（阜成门内，大市街之西）、文庙（安定门内，国子监之东）. 同 [51].

[54] 同 [52]：卷六应天府 .

[55] 参见《洪武京城图志》《金陵古今图考》.（明）礼部纂修 . 洪武京城图志 [Z].（明）陈沂 . 金陵古今图考 [Z]. 南京：南京出版社，2007：33-26.

[56] 同 [48]：卷五十四；卷一百四十九；卷一百七十八；卷二百十六 .

[57] （清）云南府志·卷二 [M]. 清光绪间 .

[58] 李学勤 . 十三经注疏：周易正义 [M]. 北京：北京大学出版社，1999：283.

[59] 同上：298.

[60] 同 [40]：206-210.

[61] （汉）班固 . 前汉书·卷三十·艺文志第十 [M]. 文渊阁四库全书电子版 . 上海：上海人民出版社，迪志文化出版有限公司，1999.

[62] 同 [40]：251-266.

[63] 同 [53].

[64] （清）秦蕙田 . 五礼通考·卷一百十七 [M]. 文渊阁四库全书电子版 . 上海：上海人民出版社，迪志文化出版有限公司，1999.

[65] （明）陈镐 . 阙里志 [M].

[66] 同 [46]，卷二·本纪第二·太祖二 .

[67] 赵尔巽，等 . 清史稿·卷八十四·志五十九·礼三吉礼三 [M]. 点校本二十四史 . 北京：中华书局，1998.

[68] 同 [65].

[69] （汉）许慎撰，（宋）徐铉增释 . 说文解字·卷十三 [M]. 文渊阁四库全书电子版 . 上海：上海人民出版社，迪志文化出版有限公司，1999.

[70]《礼记·郊特牲》记载"蜡之祭也：主先啬，而祭司啬也。祭百种以报啬也。飨农及邮表畷，禽兽，仁之至、义之尽也。古之君子，使之必报之。迎猫，为其食田鼠也；迎虎，为其食田豕也，迎而祭之也。祭坊与水庸，事也……八蜡以记四方，四方年不顺成，八蜡不通，以谨民财也。"明代孙承泽《春明梦余录》引《礼记》及注云："记曰：天子大蜡八，伊耆氏始为蜡。注曰：伊耆氏，尧也。盖蜡祭八神，水庸居七。水则隍也，庸则城也，此正城隍之祭之始。……庸字不同，古通用耳。"

[71]（魏）王弼,（晋）韩康伯注.周易注疏·卷三·泰 [M].易学丛书.北京：中央编译出版社，2013.

[72]（元）托克托，等.宋史·卷九十八·礼志 [M].文渊阁四库全书电子版.上海：上海人民出版社，迪志文化出版有限公司，1999.

[73] 同 [64].卷四十五·吉礼四十五社稷·历代祭城隍.

[74]（明）黄道周.坊记集传·卷一·大坊章第一 [M].文渊阁四库全书电子版.上海：上海人民出版社，迪志文化出版有限公司，1999.

[75]《日下旧闻考》引《元一统志》载："后仿此，增旧城中东南、西北二隅，坊门之名四十有二……西南、东北二隅，旧坊门之名二十……"（清）英廉，于敏中，等.日下旧闻考·卷三十七·京城总纪一 [M].文渊阁四库全书电子版.上海：上海人民出版社，迪志文化出版有限公司，1999.

[76]《日下旧闻考》引《析津志》载："坊名，元五十，以大衍之数成之，名皆切近。"同 [75]，卷三十八·京城总纪二.

[77]《京师五城坊巷胡同集》载京师分五城三十六坊。（明）张爵.京师五城坊巷胡同集 [M].北京古籍丛书.北京：北京古籍出版社，1987.

[78] 清光绪《顺天府志·京师志十三·坊巷上》及《京师坊巷志稿》载，京师设有中西坊、中东坊、朝阳坊、崇南坊、东南坊、正东坊、关外坊、宣南坊、灵中坊、日南坊，共十坊。

[79]《八旗通志》载"世祖章皇帝定鼎燕京，分置满洲、蒙古、汉军八旗于京城内。镶黄、正黄居北方，正白、镶白居东方，正红、镶红居西方，正蓝、镶蓝居南方。镶黄、正白、镶白、正蓝为左翼，正黄、正红、镶红、镶蓝为右翼。左翼自北而东而南，镶黄在地安门内，正白在东直门内，镶白在朝阳门内，正蓝在崇文门内；右翼自北而西而南，正黄在德胜门内，正红在西直门内，镶红在阜成门内，镶蓝在宣武门内。"（清）福隆安，等.八旗通志·卷三十二·兵制志一·八旗兵制 [M].文渊阁四库全书电子版.上海：上海人民出版社，迪志文化出版有限公司，1999.

[80]《京师坊巷志稿》载"案：明代以前，三门外为南城，故内城祇分中、东、西、北四城。我朝规制，内外城各分五城。其皇城内，前明为禁地者，今则悉隶中城，余亦各有分并。惟正阳门为向明出治之区，棋盘街在门内，地属南城。今叙次先南城而中城次之。"（清）朱一新.京师坊巷志稿 [M].北京：北京古籍出版社，1982.

[81] 1918 年地图.

[82] 同 [77].

[83]（明）王鏊.姑苏志·卷十七·坊巷 [M].文渊阁四库全书电子版.上海：上海人民出版社，迪志文化出版有限公司，1999.

[84] 李学勤主编，（汉）郑玄注，（唐）孔颖达疏.十三经注疏：礼记正义 [M].北京：北京大学出版社，1999：368.

[85]（汉）戴圣.礼记·王制 [M].文渊阁四库全书电子版.上海：上海人民出版社，迪志文化出版有限公司，1999.

[86]《白虎通义·封禅》载"王者易姓而起，必升封泰山何？教告之义也。始受命之时，改制应天，天下太平，功成封禅，以告太平也。"（汉）班固.白虎通义·封禅 [M].文渊阁四库全书电子版.上海：上海人民出版社，迪志文化出版有限公司，1999.

[87]（汉）司马迁撰，（唐）张守节正义.史记·卷二十八·封禅书第六 [M].文渊阁四库全书电子版.上海：上海人民出版社，迪志文化出版有限公司，

1999.

[88]《史记·封禅书》载"黄帝封泰山禅亭亭。"同上.

[89]《尚书·舜典》载"岁二月，东巡守，至于岱宗。柴，望秩于山川。"（汉）孔安国撰，尚书注疏·卷二·虞书·舜典 [M]. 文渊阁四库全书电子版. 上海：上海人民出版社，迪志文化出版有限公司，1999.

[90]（周）管仲. 管子·卷十六·封禅第五十 [M]. 文渊阁四库全书电子版. 上海：上海人民出版社，迪志文化出版有限公司，1999.

[91]（清）岳濬. 山东通志·卷十之一·巡狩志 [M]. 文渊阁四库全书电子版. 上海：上海人民出版社，迪志文化出版有限公司，1999.

[92]（明）任弘烈修. 泰安州志 [M]. 泰山王氏僅好书斋刊，民国二十五年铅本.

[93] 同上.

[94] 根据《前汉书·地理志》记载，博县城设在今泰安古城东南三十里，县内有泰山庙. 同 [61]，卷二十八上·地理志第八上.

[95] 泰安市泰山区地名委员会. 泰山区地名志 [Z]. 泰安：泰安市新闻出版局，1995：205-208.

[96]（晋）郭璞. 尔雅注疏·卷六·释地第九·五方疏 [M]. 文渊阁四库全书电子版. 上海：上海人民出版社，迪志文化出版有限公司，1999.

[97] 同 [91]：卷十一之六·阙里志六.

[98] 同上.

[99] 因此处在汉代曾有双阙遗址而得名.

[100] 同 [91]：卷四·城池志.

[101]《大清一统志·西藏图》载"殿高三十六丈七尺四寸，顶皆涂金，楼房万余间，金银塔、金银铜玉佛像无数。"同 [48]：卷四百四十三·西藏图.

[102]《大清一统志·西藏图》载"庙内楼房三千余间，金银塔、金银铜玉佛像无数，有喇嘛五千余人，所属小庙五十一处，共喇嘛四千余人，庄屯十六处，部落十余处。"同上.

[103] 同 [8]：654-655.

[104]（清）蓝浦著，郑延桂补辑. 景德镇陶录·卷一 [M].

[105] 同 [20]：218.

[106]《尚书·禹贡》载"扬州南境。"（汉）孔安国. 尚书注疏·卷五·夏书·禹贡 [M]. 文渊阁四库全书电子版. 上海：上海人民出版社，迪志文化出版有限公司，1999.

[107]《大清一统志·泉州府图》引《旧志》. 同 [48]，卷三百二十八·泉州府图.

[108] 同上.

[109]《大清一统志·泉州府图》引《方舆胜览》. 同上.

[110] 同 [8]：536-538.

[111] 马克思. 资本论（上册）[M]. 北京：人民出版社，1966：372.

[112] 何一民. 近代中国城市发展与社会变迁（1840-1949 年）[M]. 北京：科学出版社，2004（07）：87.

[113] 郑友揆. 中国对外贸易与工业发展 [M]. 上海：上海社科院出版社，1984：23.

[114] 同 [20]：280.

[115] 同 [20]：257.

[116] 隗瀛涛. 中国近代不同类型城市综合研究 [M]. 成都：四川大学出版社，1998：211-492.

[117] 曹洪涛，刘金声. 中国近现代城市的发展 [M]. 北京：中国城市出版社，1998：205.

[118] 同上：204.

[119] 同 [112]：46.

[120] 秦孝仪. 抗战前国家建设史料首都建设（一、二、三）[G]. 革命文献，第 91-93 辑，1982.

[121] 宫玉松. 中国近代人口城市化研究 [J]. 中国人口科学，1989（06）：10-15.

[122] 张杰，王新文. 济南商埠区保护利用规划研究——小网格城市保护整治方法探索 [M]. 北京：中国建筑工业出版社，2010：20.

[123] 史明正. 走向近现代化的北京城——城市建设与社会变革 [M]. 北京：北京大学出版社，1995.

[124] 建设首都道路工程处. 首都中山路及子午线路之计划 [N]. 建设公报 .01，1928：37-39.

[125] 李百浩，黄立. 广州近代城市规划历史研究 [C].//

中国建筑学会 .2004 年中国近代建筑史研讨会论文集 .2004：469-483.

[126] 同 [20]：328-333.

[127] 同 [20]：257-258.

[128] 同 [117]：130-134.

[129] 同 [122]：20-27.

[130] 清华大学，北京清华同衡规划设计研究院有限公司，广东省城乡规划设计研究院有限责任公司 . 广州历史文化名城保护规划 .2014.

[131] 同上 .

[132] 北京清华同衡规划设计研究院有限公司 . 长春历史文化名城保护规划 .2017.

[133] 中国城市规划设计研究院 . 大连历史文化名城保护规划 .2019.

[134] 吕俊华，彼得·罗，张杰 . 中国现代城市住宅：1840—2000[M]. 北京：清华大学出版社，2003：38.

[135] 同上：69.

[136] 同上：49.

[137] 本节根据《中国古代空间文化溯源》（修订版）相关章节改写而成。同 [40].

[138] 赵济，陈传康 . 中国地理 [M]. 北京：高等教育出版社，1999：24-49.

[139] 竺可桢 . 竺可桢文集 [M]. 北京：科学出版社，1979：124-132.

[140] 同 [40]：74-76.

[141] 李学勤，十三经注疏：尔雅注疏 [M]. 北京：北京大学出版社，1999：212，215.

[142] 同 [58].

[143] 陈成译注 . 山海经译注 [M]. 北京：上海古籍出版社，2008.

[144] 参见《淮南子·天文训》《淮南鸿烈解》，卷三 .

[145]（明）章潢 . 图书编·卷六十一 [M]. 扬州：广陵书社，2017.

[146] 根据《中国古代历史地图集——元、明时期》中"山东图"，明朝时此地是南阳湖南岸的最南端。谭其骧 . 中国古代历史地图集——元、明时期·第七册 [M]，北京：中国地图出版社，1996：50.

[147] 同上：7-8；50-51.

[148]《元史·本纪第十三·世祖十》载：至元二十二年二月，壬戌，"诏旧城居民之迁京者，以资高及居职者为先，仍定制以地八亩为一分。其或地过八亩或力不能作室者，皆不得冒据，听民作室"。（明）宋濂 . 元史·卷十三·本纪第十三·世祖十 [M]. 文渊阁四库全书电子版 . 上海：上海人民出版社，迪志文化出版有限公司，1999. 关于元步、元尺的尺寸以及元代大都 8 亩用地的尺寸，参见《历史地理学的理论与实践》中"元大都城与明清北京城"。侯仁之 . 历史地理学的理论与实践 [M]. 上海：上海人民出版社，1979：166-167.

[149] 同 [58]：298.

[150] 同 [84]：11.

[151] 同 [90]：卷十八·度地 .

[152]（汉）刘熙 . 释名·卷五 [M]. 文渊阁四库全书电子版 . 上海：上海人民出版社，迪志文化出版有限公司，1999.

[153] 参见《样式雷建筑图档展》，圆明园，2010 年 10 月。

[154]（英）李约瑟 . 中国科学技术史·第五卷·地学 [M]. 北京：北京科学出版社，1976：45，55.

[155]（清）钦定四库全书总目·卷一百零九 [M]. 文渊阁四库全书电子版 . 上海：上海人民出版社，迪志文化出版有限公司，1999.

[156]《四库全书》中，鸭绿江一名始见于元人修定的《宋史·高丽》（卷四百八十七）、《辽史》《金史》，说明三大干的说法与女真族的地理实践密切相关，所以元以后的堪舆家有三大干之说。

[157] 天寿山原名燕山或燕然山，明朝始称天寿山。

[158]（清）赵九峰 . 地理五诀·五常 [M]. 台北：台湾武陵出版社，1991：72-76.

[159] 张华松 . 历城县志 [M]. 济南：济南出版社，2007：200.

历史城市保护
规 划 方 法

第 二 章

历史城市整体保护

01

基本方法与要求

1.1 整体保护理论的发展

历史城市是指承载着传统文化价值的城市。[1] 在我国，历史文化名城是历史城市中的突出代表，它是"经国务院、省级人民政府批准公布的保存文物特别丰富并且具有重大历史价值或者革命纪念意义的城市。"[2] 在过去的 40 年间，随着与国际遗产界交流合作的加深，以及在该领域日益广泛、深入的实践与探索，我国逐步形成了具有中国特色的历史城市，尤其是历史文化名城整体保护的理论与方法。

国际上遗产保护的理论源于 19 世纪欧洲提出的历史纪念物的保护理念，1931 年通过的《关于历史性纪念物修复的雅典宪章》(以下简称《雅典宪章》)，形成了历史建筑与历史纪念物（Historic Monument）的保护与修复的国际共识。[3] 1964 年通过的《关于古迹遗址保护与修复的国际宪章（威尼斯宪章）》(以下简称《威尼斯宪章》)继承和发展了这一理念，并确立了保护纪念物与遗址的原则与方法。《威尼斯宪章》拓展了《雅典宪章》历史保护的内涵与外延，提出历史遗产还应"包含能够见证某种文明、某种有意义的发展或历史事件的城市或乡村环境"。[4] 这反映了当时欧洲城市对历史街区与更广泛建成遗产的保护意识，1962 年法国颁布了保护历史街区的《马尔罗法》。不久英国也出台了《宜人环境法》，提出了历史街区保护的概念，并于 1969 年提出对巴斯（Bath）、奇切斯特（Chichester）、切斯特（Chester）和约克（York）四座历史古城进行重点保护 [5]。1976 年联合国教科文组织通过了《关于历史地区的保护及其当代作用的建议》(又称《内罗毕建议》)，明确提出保护历史地区及其环境的综合方法与途径，历史地区的内涵包括历史城镇与老城区等。

1987 年国际古迹遗址理事会通过的《保护历史城镇与城区宪章（华盛顿宪章）》（以下简称《华盛顿宪章》）确立了现在学术界通常使用的历史地段和历史城区的概念。其中历史城区包括"城市、城镇以及历史中心或居住区，也包括其自然的和人造的环境"[6]，《华盛顿宪章》还较为系统地提出了相关的保护方法。1990 年代后，对于历史地区的保护方法发展出更为综合、更为动态的保护理念。如 2005 年 ICOMOS 大会上通过的《西安宣言》提出"古迹遗址的环境（setting）"的概念，强调"除实体与视觉方面的含义外，还包括了与自然环境之间的相互作用，包括了其他无形文化以及当前动态的文化、社会、经济背景。"[7]2005 年《维也纳备忘录》首次提出的"城市历史景观"概念，认为其内涵超出"历史中心""环境""整体"的范畴，包含更为广泛的区域和景观背景。[8]2011 年 UNESCO 通过的《关于城市历史景观的建议书》进一步明确了"城市历史景观"的内涵，将其视为"地域自然、经济、人文背景综合作用下层层累积的景观产物"，"包括更广泛的城市背景及其地理环境"。[9]这些都影响了我国历史城市的"整体保护"理念和方法的发展。

我国较早提出历史城市整体保护方法的是梁思成先生，他在 1940 年代对北京老城的保护研究中，强调了北京（北平）老城作为一个整体的价值。他认为"北平的整个形制既是历史上可贵的孤例，而同时又是艺术上的杰作。"[10]他提出北京应整体保护城墙城楼、延续古都风貌、限制旧城区内新建建筑不得超过三层楼等建议。我国历史城市的保护也经历了从单体保护到逐步扩大进行整体保护的历程，1960年代初，我国公布了第一批全国重点文物保护单位名单，开启了依法保护建筑与城市遗产的历程。1982 年国务院公布第一批国家级历史文化名城，标志着我国遗产保护从单体走向城市与聚落。目前，我国已建立了多层次的遗产保护体系，形成以历史文化名城为主体，包括历史文化街区、历史文化名镇（名村）在内的、较为完善的保护体系。[11]

截至 2020 年 12 月，我国已有国家历史文化名城 135 座[12]、省级历史文化名城 176 座[13]。2008 年颁布实施的《历史文化名城名镇名村保护条例》规定："历史文化名城、名镇、名村应当整体保护，保持传统格局、历史风貌和空间尺度，不得改变与其相互依存的自然景观和环境"（图 2-1）。[14]

我国历史城市的整体保护应在深入研究城市的特征与影响因素的前提下，以历史城市的综合价值评估为指导，以保护现状为依据，划定保护范围，确定保护要素，提出对应的保护要求与措施，并且注重保护要素之间的关联性和系统性。

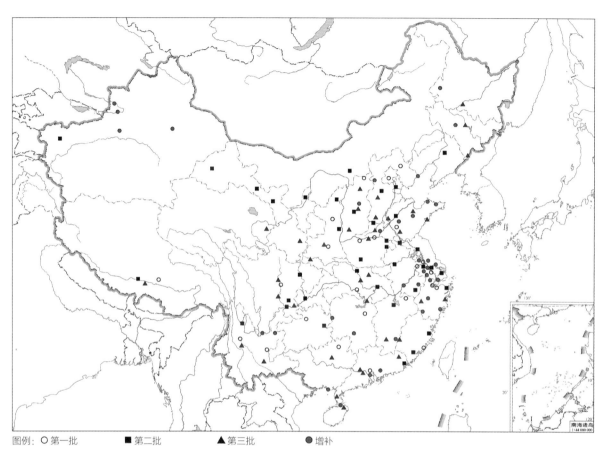

图例：○ 第一批　　■ 第二批　　▲ 第三批　　● 增补

注：本图审图阶段辽阳尚未获批，故仅标注 134 座名城。

图 2-1　国家历史文化名城分布图

1.2　历史城市的价值评估

作为综合性的建成遗产（Built Heritage），历史城市涵盖历史街区、历史村镇、文物、历史建筑、城市历史景观等多种遗产类型，涉及范围广、对象多。历史城市遗产保护的首要任务是通过深入研究，挖掘遗产对象的价值内涵与特征，建立包容性的价值体系与载体之间的关联[15]，《历史文化名城名镇名村保护规划编制要求》提出"编制保护规划，应当对自然与人文资源的价值、特色、现状、保护情况等进行调研与评估"[16]。

联合国教科文组织在《保护世界文化与自然遗产公约》中对于世界文化遗产提出了六条评估标准[17]，涵盖了三个尺度历史时段的遗产价值特征：反映一种重要的文明、文化，这是指长时段的历史；重要历史阶段的代表，反映了中时段的历史；

重大历史事件、代表性杰作等反映的是较短时段、但十分突出的代表性历史。[18] 国家文物局、中国古迹遗址保护协会制订的《中国文物古迹保护准则》提出了我国文化遗产价值的评估方法与视角。历史文化名城是一种极为复合的遗产类型，涵盖不同时期、不同地域、不同类型的遗产，绝大多数历史城市的遗产价值具有多维度、多时段的特点。[19] 所以，历史城市遗产价值的研究，应该在多元、综合的框架下，挖掘并构建能够包容历史城市在各历史时期、不同维度、不同方面具有代表性的遗产的综合的历史文化价值与特色体系，建立历史文化价值特色与历史城市各类遗产要素的关系框架，评估各要素在承载和展示历史文化价值方面面临的问题，为制订相应的保护措施指明方向。

　　比如《广州历史文化名城保护规划》（以下简称《保护规划》）通过对广州历史沿革、城市发展历程及其自然环境、人工环境、人文环境以及城市空间结构等各方面的分析和研究，将广州市历史文化名城的核心价值与特色归纳提炼为九个方面，包括：一、"悠久的历史文化和丰富的文物古迹"；二、"丰富的岭南文化和重要的文化地位"；三、"辉煌的港口历史和著名的贸易口岸"；四、"光荣的革命传统和众多的革命史迹"；五、"独特的岭南山水和优美的水乡田园"；六、"千年的商业发展和多样的商业街"；七、"改革开放的前沿城市"；八、"全国著名的华侨城市"；九、"文化多元、风貌多样的活态遗产城市"。[20] 其中第一、二、五、六、九条价值反映的是较长历史时期的历史及一种文明的代表，第三、四、八条反映的是中长时段的重要类型文化的历史代表，第七条代表的是较短时段内的特定重要作用的见证意义。在此基础上，《保护规划》还根据广州历史文化名城的价值与特色，进一步分析了广州历史文化名城的各类历史文化构成要素，分析了山川形胜、传统建筑与村镇、代表性文物及非物质文化遗产等要素与城市价值与特色的关联性，进而确定了保护内容与保护措施。

1.3　保护层次、要素与范围

　　《历史文化名城名镇名村保护条例》规定了历史文化名城保护的三个基本层次，即历史文化名城、历史文化街区（及历史文化名镇、名村）、文物保护单位（含历史建筑）。由于我国历史城市类型众多，情况复杂；多年来很多历史城市根据实际情况与理论的发展，以整体性和关联性的方法将更丰富的城乡遗产纳入历史城市的保护体系。有些历史城市的保护规划在这三个层次之外，会增加市域和非物质文化遗产两方面的内容（表2-1）。

名城保护层次及保护要素　　　表2-1

保护层次	保护要素
历史文化名城	山水形胜、空间格局、历史地形、传统街巷、河道水系、重要景观视点视域及空间视廊、人文景观等
历史文化街区	历史文化街区、历史风貌区、历史建筑群
文物和历史建筑	文物、历史建筑、推荐历史建筑
市域	山体山脉、河湖水系、文化遗产聚集区、历史村镇、文化线路、风景名胜区
非遗和传统文化	非物质文化遗产、优秀传统文化及与上述传统文化表现相关的实物和场所

历史文化名城各层次应保护的要素基本如下：

也有部分历史文化名城的保护规划根据自身遗产资源的特点，提出相应的保护内容与保护要素。如《济南历史文化名城保护规划》，针对其泉城共生的特点，增加了泉水文化景观及泉域保护的内容。再如《昆明历史文化名城保护规划》，针对滇池盆地环境的整体性，增加了环滇池层次历史文化遗产保护的内容。

确定了保护要素后，首先要针对不同要素的特点和保护可能面临的主要问题，划定保护范围，这是依法保护城乡遗产的基础。比如根据相关技术规定，历史文化名城的保护范围是指"历史城区和其他需要保护、控制的地区"[21]。

历史文化名城是由多个层次、多种要素组成的综合历史文化遗产，这些历史文化遗产对应的不同层次、不同要素有不同的保护范围。历史文化名城保护规划应系统、综合地划定各类遗产的保护与控制范围，或建立相应的保护与控制范围体系。其中包括：①历史城区的范围；②历史城区周边地区；③历史地段（含历史文化街区）；④文物古迹；⑤历史建筑等。

将城乡文化遗产同样作为城乡空间资源中的重要内容，明确资源保护与控制的管控界限并制订管控措施，是历史文化名城保护规划工作的核心任务之一。

按照相关规定，历史文化名城的基本保护要素由历史文化名城、历史文化街区、文物保护单位三个层次、多种类型的文化遗产要素组成，其保护控制范围体系也由这三个层次、多种类型要素的保护、控制范围组成[22]。需要指出的是，所谓"历史文化名城"层次，是相对文物保护单位而言的、狭义的历史文化名城。一般指传统城市以古城为核心的区域，或者保护规划划定的历史城市及其相关的自然环境等。

　　在这三个层次的要素中，有的具有专门划定的、明确的保护范围，例如文物、历史建筑等，它们均应有相应的行政主管部门确定的保护范围。对于这类要素，历史文化名城保护规划应落实有关部门或相关规划确定的保护范围，形成保护范围体系。但有些要素没有明确、具体的保护控制范围，需要历史文化名城保护规划或相关专项规划确定相关的保护、控制范围，如历史城区。《历史文化名城保护规划标准》明确指出"历史文化名城保护规划应划定历史城区范围"[23]，应根据历史格局演变、风貌保存情况，在充分研究后确定，具体的方法将在后文详述。又如，高度控制视廊也无明确的边界，需要根据特色价值及现状情况，划定视廊控制范围，并提出控制要求与措施。还有些要素涉及多种需要保护的内容，例如历史城市涉及的自然环境，如国家公园、风景名胜区、河湖湿地等，它们都有相应的保护规划，也具有相应的保护控制范围，或城市规划确定的绿线、蓝线等划定的保护控制范围。对于这些控制范围，历史文化名城保护规划应积极与相关规划对接，建立协调一致的保护控制体系，促进历史文化遗产与相关城市保护控制对象的整体保护（图2-2）。

图2-2　临海市历史城区保护区划总图

02

历史城区整体格局、风貌的保护

2.1　范围的划定与整体保护的内容

在我国历史文化名城体系中，历史城区是指"城镇中能体现其历史发展过程或某一发展时期风貌的地区，涵盖一般通称的古城区和老城区"[24]。按照这一定义，历史城区是城市历史格局代表性最突出、最能体现城市历史风貌特色的片区，是历史文化名城层次的保护重点。历史城区保护的重点是其整体格局与风貌。

对于大多数传统城市而言，历史城区的整体格局是指历史上形成的由城墙、城楼、重要街巷、衙署寺观、塔阁亭楼等重要建、构筑物，结合山水环境构成的整体布局形态。如北京、平遥、南京等历史城市，过去建有城墙，主要城市建设也主要集中在城墙范围内，其历史城区一般是城墙所包围的区域。很多近代发展起来的历史城市，如上海、天津、青岛、长春等，它们的古城面积占整个老城区的比例很小，或根本没有古城，所以它们的历史城区主要指城市在主要发展时期形成的由主要的街道、广场、公共建筑等组成的风貌较为完整、特色突出的建成区域及其相关的自然环境。

风貌是指"反映城镇历史文化特征的自然环境与人工环境的整体面貌和景观"[25]。风貌具有城镇特色面貌与自然环境、人文环境复合的内容，不仅包括大范围与历史城镇具有形态关联或文化关联的自然环境，如中国古代城市的山川定位所涉及的山水要素等还可以包括城市生活、文化活动等与人文相关的抽象环境，具有更广泛的内涵。[26]

《历史文化名城名镇名村保护条例》将"保留着传统格局和历史风貌"作为申报历史文化名城名镇名村的其中一个重要的必须条件。《历史文化名城保护规划标准》GB/T 50357—2018指出，历史文化名城保护应包括"历史城区的传统格局与历史风貌"，还明确要求，历史文化名城保护规划应对体现历史城区传统格局特征的城垣轮廓、空间布局、历史轴线、街巷肌理等提出保护措施。[27]

在整体格局与风貌保护方面，北京、广州、南京等历史城市结合自身的特点进行了有益的探索，它们的经验表明，整体格局与风貌的有效保护不仅可以避免快速城市化带来的"千城一面"，而且在塑造城市特色、营造适宜人居环境方面具有重大价值。[28]

按照《历史文化名城保护规划标准》对历史城区的定义，它一般涵盖古城区和老城区，应该具有清楚的历史范围、保存较为完整的格局和风貌[29]。

《历史文化名城名镇名村保护条例》（第八条）明确指出，申报历史文化名城的要明确保护范围。《历史文化名城保护规划标准》也指出"历史文化名城保护规划应划定历史城区范围，可根据保护需要划定环境协调区"[30]。《历史文化名城名镇名村保护规划编制要求》指出，其保护范围不但包括历史城区，还包括"其他需要保护、控制的地区"。

如《广州历史文化名城保护规划》在对老城价值和现状研究评估的基础上，判断老的城市轮廓、主要道路系统和水系、历史街区等主要形成于 1949 年以前，所以将 1949 年作为划定历史城区年代界限，划定 25.74 平方公里为研究范围。在此基础上，规划团队对该范围内的街巷格局、建筑风貌、质量、年代、高度等进行了详细的现场勘查和分析评价，将其中格局、风貌保存较为完整集中的 20.39 平方公里的地区划定为历史城区的保护范围（图 2-3）。

需要指出的是，由于城市发展与遗存情况的不同，历史城区不一定局限于某一个历史时期或区域，有的城市的历史城区可能有两个或更多的独立区域共同组成。如长春历史文化名城，既有反映东北沦陷时期风貌的老城片区，也有反映 1949 年后工业区风貌的一汽生产生活片区，共同构成历史城区。

历史城区整体格局的构成要素一般包括城垣轮廓、空间布局、历史轴线、街巷肌理、重要空间节点。[31] 如北京，在其核心区控制性详细规划中将老城区的整体格局概括为"两轴、一城、一环"[32]。"两轴"指中轴线及长安街，体现了北京城市历史发展的主要文化与空间特征。"一城"指北京老城，包括城垣轮廓、古城的山水、街巷与整体风貌。"一环"指沿二环路由护城河、城门、城墙等构成的历史景观环线。

长春的整体格局可概括为"两区、三轴、五片"。"两区"指长春老城历史城区、长春第一汽车制造厂生产生活区历史城区。"三轴"指见证长春城市发展在历史城区整体形成串联的三条传统城市轴线。"五片"指长春各个历史阶段具有代表性的历史片区——宽城子老城片区、满铁附属地片区、商埠地片区、"新京"片区、长春第一汽车制造厂生产区和生活区（图 2-4）[33]。

　　整体格局的保护内容以保护结构对应的载体为主体，如城垣轮廓、历史轴线、街巷肌理、自然特色等。如长春，整体格局的保护内容除"两区、三轴、五片"之外，

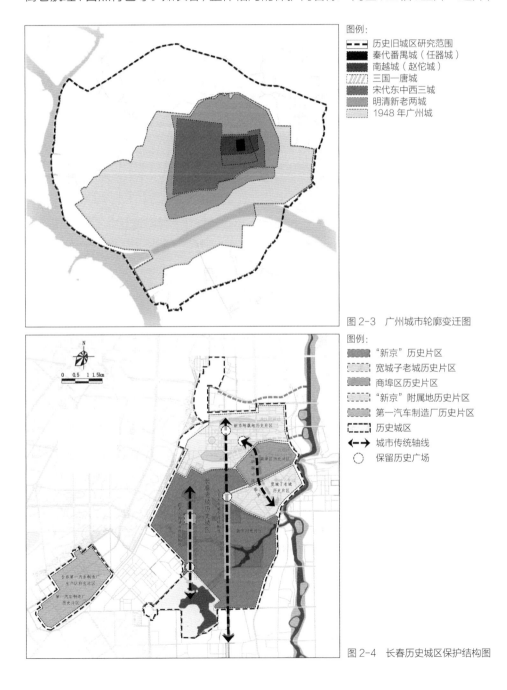

图例：
- - - 历史旧城区研究范围
　　秦代番禺城（任器城）
　　南越城（赵佗城）
　　三国—唐城
　　宋代东中西三城
　　明清新老两城
　　1948 年广州城

图 2-3　广州城市轮廓变迁图

图例：
　　"新京"历史片区
　　宽城子老城历史片区
　　商埠区历史片区
　　"新京"附属地历史片区
　　第一汽车制造厂历史片区
- - - 历史城区
←→　城市传统轴线
○　保留历史广场

图 2-4　长春历史城区保护结构图

还包括广场体系与开放空间、一纵四横的绿化格局、一纵多横的水系格局、传统街巷等（表 2-2）。

长春历史文化名城格局保护内容表　　　　　　　表 2-2

保护要素	保护内容
两个历史城区	长春老城历史城区
	长春第一汽车制造厂生产区和生活区
三条历史轴线	纪念性轴线：新民大街
	公共服务轴线：人民大街
	传统商业轴线：大马路
五片历史片区格局	宽城子老城片区、满铁附属地片区、商埠地片区、"新京"片区、长春第一汽车制造厂生产区和生活区
广场体系与广场开放空间	核心功能广场：火车站南广场等
	景观广场：南湖广场等
	交通功能广场：康平广场等
一纵四横绿化格局	一纵：伊通河滨河绿带
	四横：横向的四条绿带
一纵多横水系格局	一纵：纵向的伊通河水系
	多横：横向的二道沟、头道沟等水系

对于历史城市整体结构的保护措施一般包括以下几个方面：

一、重点保护古城格局结构特色　古城是多数中国历史城市整体格局最重要的组成部分，保护规划应对古城整体格局的构成要素提出保护要求与措施（图 2-5）。如济南古城格局主要包括：护城河环绕、四门不对的城垣格局、历下亭至巡抚衙门中轴线，以及文庙、神龙庙、贡院、府署等重要公共建筑。[34] 针对以上特色，《济南历史文化名城保护规划》提出：①加强护城河周边环境的提升，包括圩子壕现状河道及驳岸的整治，择机贯通圩子壕水系；②对城墙遗址进行抢救性保护，适时外迁省人大、省政府，全面展示其历史格局与特色；③加强北水门的保护与展示，标识展示沥源门、齐川门、历山门历史位置与信息[35]。

二、对重要历史片区提出保护与传承的综合措施　除了古城和历史城区之外，其他重要历史片区也是整体格局的重要组成部分。如长春，在历史文化名城保护规划中提出，要保护五个历史片区格局肌理的独特性以及相互关联的整体性[36]。如济南，在名城保护规划中提出要保护商埠区小格网的地块划分方式及经纬路网、公园居中的格局特色，商埠区不得增设高架桥，不得继续拓宽道路红线宽度等[37]。

图 2-5　绍兴戢山历史街区格局

2.2　城垣轮廓的保护

城垣即指中国古代围绕城市所建的城墙，是一种防御设施。城垣外一般还会围有护城河，它是多数历史城市的历史城区边界，是其整体格局的决定性因素之一。古代城市城垣规模与城市历史职能、地位相关，古代城市城垣选址及用地发展走向综合反映了城市周边环境的特点与制约等。城垣、护城河及其附属设施等遗存，形成了城市重要的特色景观。它们是历史城市历史格局特征的重要构成要素。

《历史文化名城保护规划标准》明确指出，历史文化名城保护规划应对体现历史城区传统格局特征的城垣轮廓等提出保护措施[38]。

城垣形制构成历史上城市的空间边界，一些城市经过数百年、甚至上千年的建置沿革，不同历史时期的城市边界不断演变叠加。一般历史城市可能包括多个城郭的遗址或受其直接影响而形成的街巷格局等，城垣遗址类型可能包括子城、罗城、内城或者外城等。北京明清老城城垣就由内城与外城构成。又如常州古城，由于地势西北高、东南低，随着运河的南迁，城址也逐渐向东南方向扩展，依次建成了子城、罗城、新城等城垣，形成"城河相依、重重相套"的城垣形制，是江南地区古城形制的典型案例（图 2-6）。

有的城市经过历史变迁，屡建屡毁，不同年代的城市边界遗迹或有迁移，或有叠压，留下了不同时代城市城垣的遗迹。北京历史悠久，战略地位重要，多个朝代在这里建都或建设区域中心城市。不同朝代的城市选址不断迁移，在今天北京市区内留有了金中都、元大都及明、清古城多个城址及遗存空间，如元大都城垣遗址及护城河等。

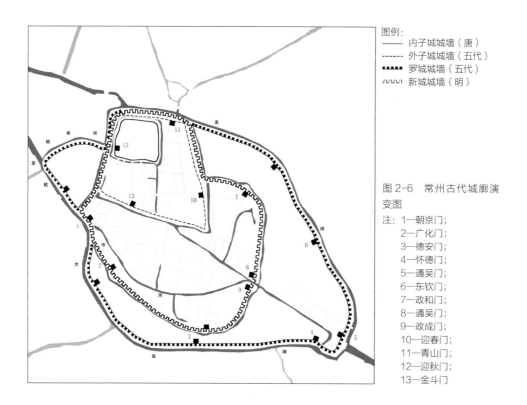

图例：
—— 内子城城墙（唐）
----- 外子城城墙（五代）
▪▪▪▪ 罗城城墙（五代）
⌐⌐⌐ 新城城墙（明）

图 2-6　常州古代城廓演
变图
注：1—朝京门；
　　2—广化门；
　　3—德安门；
　　4—怀德门；
　　5—通吴门；
　　6—东钦门；
　　7—政和门；
　　8—通吴门；
　　9—政成门；
　　10—迎春门；
　　11—青山门；
　　12—迎秋门；
　　13—金斗门

　　各历史城市的城垣形制空间的现存遗址，可能因多年发展变迁，遗存情况
而有所不同。有的历史城市的城墙及其附属设施空间基本保存完好，如历史文
化名城平遥，其城墙与护城河遗存完整，空间环境良好，标志性景观突出。有的
城市因改造或自然侵蚀原因，城墙已不存或部分消失，城墙遗址、空间环境与格
局仍以某些形式存在。例如南京明代城墙遗址，目前保存原状完好的段落占大部
分，其中部分为近年来修复的，部分段落的外城砖已缺失，以土芯遗址的形式存
在；保存下来的城墙或遗址与护城河、外秦淮河共同形成了独特的城市文化景观
（图 2-7）。又如北京明清城墙除局部段落、几个城门尚存以外，大部分已经不存；
其原有空间的大部分虽被城市道路所占，它们与护城河一起依然标识了清晰的北
京老城城垣轮廓。

　　以上这些城垣遗存反映了不同时代城市重要的历史信息，应在历史文化名城保
护规划中进行深入研究与挖掘，甄别现状位置与保护状况，确定城垣空间，提出保
护要求与措施。

　　历史城市城垣轮廓的保护措施一般包括以下几个方面：

　　（1）**修缮本体、融入城市**　像南京、西安、荆州、正定等这样的历史城市，其

图例:
城墙本体
城墙遗迹
城墙遗址

图 2-7　南京明城墙
保存情况示意图

城墙基本尚存且保存状况较好，应该保存城墙遗存本体、积极科学地修缮，改善周边环境，使其融入城市。

例如，南京明城墙是世界上规模最大的砖石砌筑的都城城墙之一，也是我国现存城垣轮廓中最为清晰的古代城墙之一，总长度约 35 公里，目前保存完好的约有 25 公里，遗迹、遗址段落大约有 10 公里。其"得山川之利，控河湖之势"，军事防御布局独具匠心，是中国乃至世界城垣建筑史上的典范之作。1988 年被列为全国重点文物保护单位，2006 年被纳入"中国明清城墙"世界文化遗产预备名录。

针对这样城墙保存状况较好的历史城市，保护规划应对城墙遗存提出严格的保护控制措施。一般的城墙遗址多为不同级别的文物保护单位，应按照相关文物保护要求进行保护。具体内容主要包括：①按照文物保护的要求，修缮本体、整治环境；②按照文物保护的有关规定，明确城墙遗址的保护范围与建设控制地带，并与周边城市的保护控制相衔接；③对沿城墙用地的功能环境进行调整，使城墙或遗址及其环境融入城市生活。[39]

如针对南京明城墙，专项文物保护规划及相关规划设计提出：首先，应按照《文物保护法》等相关法律法规对南京明城墙的要求，落实保护要求；严格保护城墙本体，划定明确的保护范围，拆除现状占压明城墙本体及保护范围内的现有建筑。规划还建议，对城墙两侧建控地带内的建筑高度、体量进行管控。《南京明城墙沿线总体城市设计》等规划设计在以上基础上提出对沿城墙用地的公共功能进行整治提升、建设环境良好的环城墙景观带的要求。[40]

由于历史的原因，一些城墙周边空间环境的可达性较低、公共功能不足，导致沿城墙地带的城市活力差。针对这类情况，《南京明城墙沿线总体城市设计》提出，置换工业、仓储等用地功能，发展文化休闲商业功能等，提升城墙沿线用地的公共性；增设新的绿地开放空间，尤其是在城墙内侧构建贯通的环城墙开放空间体系，增强沿线空间的活力（图2-8）。

（2）强化城垣轮廓、科学展示　有一些历史城市的城墙已基本不存在，或者只留下很小一段，但其空间格局尚可通过道路、水系等要素清晰辨认出来。例如，常州古城墙地面仅存西瀛门城墙一段，长度约220米，城墙遗址多位于现状城市道路下；古城门遗存仅有西瀛门一处，其他城门遗址多在道路交叉口下。古城河道由于1949年后的填塞，只保留了原城垣外的两圈水系，但城垣层层相套的城河关系依稀可辨。针对这类历史城市，可通过对城垣轮廓和格局空间的强化，合理展示城垣轮廓形制。具体做法包括以下几种：

第一，利用道路、绿化强化城垣轮廓空间。如《常州历史文化名城保护规划》

（a）　　　　　　　　　　　　　　　　（b）

图2-8　南京明城墙沿线整治前后对比
（a）整治前；（b）整治后

提出，应统一规划原城墙所在城市道路的行道树树种、绿化隔离带、人行道铺地、道路设施外观、标识牌等，以区别于其他道路，勾勒原内子城、外子城城郭轮廓。从而凸显"内子城—外子城—罗城—新城重重相套"的格局。[41]

第二，利用其他方式合理展示。如对于常州古城已消失的西水门等四座水门，以及青山门、怀德门等七座城门，可在原址适当设置绿地、广场等对原有的城门空间加以提示，表现其作为城门的历史信息，并通过标识、照明、铺装等加强展示。

2.3　历史轴线的保护

在现存的中国历史城市中，有些历史轴线在城市的格局风貌中占有突出的地位。比如北京老城的中轴线，宏伟壮观，全长 7.8 公里，贯穿了整个古城。由于历史的原因，不少遗留至今的历史城市的轴线都呈现出多条并置的格局。比如，临海古城就有两条南北向轴线，东侧轴线正对古城南门（兴善门），轴线主体是古城内最重要的街道——紫阳街；轴线北侧遥相望向北面的大固山。西侧轴线以过去的镇宁庙与府衙为起点，直抵兴善门西面的镇宁门。而且两条轴线形成于不同的历史时期，镇宁门轴线形成于早期的子城建设时期，而紫阳街轴线形成于外罗城选址建设时期。两条轴线并置，共同组成了台州府城的历史格局（图 2-9）。

又如昆明古城的传统中轴线是由文庙轴线与胜利堂轴线共同构成的城市传统空间系统。它包括正义路、三市街、文庙直街、文明街、甬道街等南北向传统街道及其串联的天开云瑞坊、忠爱坊、金马坊、碧鸡坊、东寺塔、西寺塔、文庙、原衙署旧址、五华山等历史文化遗存要素，尤其是中轴线还延伸至北面的圆通山，形成一个城市与自然环境交融共生的完整格局结构。

另外，一些古城经过近现代的改造等，呈现出多时代融合的风貌特征，如广州古城的轴线。还有一些城市的主轴线是在近现代城市规划思想影响下形成的，如长春等。

可以看出，城市轴线的构成要素包括轴线上的开放空间与建筑，比如街道空间及两侧的建筑，还包括位于轴线节点的一系列建、构筑物，如轴线指向的城门、牌坊、重要桥梁等。此外，许多传统城市的轴线还与城市周边的自然环境存在精妙的对位关系，反映出城市与周围山水环境在城市选址与文化内涵方面的联系。这些山水环境成

图例:
┅┅┅　传统城市轴线
▇▇▇　重要公共设施
▭▭▭　历史城区范围
■　城墙
▲　山
　　水

图 2-9　临海历史城区传统城市
结构保护规划图
注: 1—通判厅; 2—石佛寺;
　　3—三台书院; 4—八仙宫;
　　5—望天台; 6—嘉佑院;
　　7—州城隍庙; 8—东岳庙;
　　9—药王庙; 10—悟真庙;
　　11—校士馆; 12—元坛庙;
　　13—紫阳宫; 14—元帝庙;
　　15—府治; 16—镇宁庙;
　　17—鼓楼; 18—判官厅;
　　19—顺感院; 20—协署;
　　21—教授厅; 22—府学;
　　23—县城隍; 24—县治;
　　25—县学; 26—普济院;
　　27—晋宁院; 28—土地庙;
　　29—正学书院; 30—文昌祠吗;
　　31—普贤寺; 32—东湖书院;
　　33—报恩寺; 34—支盐厅;
　　35—贡院; 36—龙兴寺;
　　37—西小塔; 38—东大塔;
　　39—三元宫; 40—兜率寺;
　　41—玉佛殿; 42—天宁寺

图 2-10　陕西韩城历史轴线

为城市轴线重要的底景或重要节点,如北京中轴线上的景山及其北面的军都山等都是这一宏大轴线的重要组成部分。又如越秀山成为广州都城的座山和轴线的起点,同样前面提到的临海古城北面的大固山也是城市轴线的起点。因此,在保护规划中应采取不同尺度的保护控制措施对这些要素与视觉联系加以保护与控制(图 2-10)。

历史城市轴线的保护应保护其完整构成要素与环境,展示其历史文化内涵、并使其成为城市开放空间体系与风貌特色的核心。

　　首先，历史文化名城保护规划或其他相关城市规划，要明确历史轴线的组成要素，对它们提出严格的保护要求；通过城市设计等综合方法，加强中轴线空间环境的整体控制。如广州历史文化名城的城市轴线的保护要素包括：越秀山、镇海楼、中山纪念碑、中山纪念堂、中央公园、起义路、海珠广场、珠江等要素及其周边的历史文化街区。《广州历史文化名城保护规划》对这些要素与区域提出了明确的保护范围：要求严格保护城市轴带的走向、尺度及视觉上的贯通；保护重要道路的尺度，严格控制两侧建筑及其环境的高度、体量、尺度、建筑风格、材料、色彩、行道树等，使之与传统风貌相协调。保护规划强调，要突出中轴线对古城空间的统领作用。相关区域的城市建筑要烘托重要公共建筑的中心地位，通过风貌协调、绿化等手段恢复与加强完整的轴线空间序列。

　　其次，要整合资源，构建城市特色空间结构。城市轴线是形成城市空间结构与特色的主干要素，在保护的基础上，城市应将历史轴线融入城市的整体发展结构中，这也是城市历史景观保护的原则之一。如《北京城市总体规划2016—2035》指出，北京的中轴线既是历史轴线，也是发展轴线[42]。强调古城保护与新区发展在轴线方面的有机衔接，强化北京中轴线的空间秩序。

　　如针对昆明古城轴线的特点，《昆明历史文化名城保护规划》与《昆明传统中轴线城市设计与更新规划》等规划提出，梳理与城市中轴线相关的历史文化与自然景观资源，以传统中轴线为骨架，以传统门—楼—坊为记忆节点，以"半城山水半城街"城市空间格局为基础，形成开放的、活力的、展示地方特色的昆明城市中轴线。

　　最后，完善与轴线相关的开放空间与绿地体系。虽然街道等线性空间是历史城市轴线的重要组成要素，但很多历史城市轴线与开放空间密不可分。所以，提升相关开放空间的品质，完善绿地环境等也是城市轴线的保护的重要内容。比如《北京城市总体规划2016—2035》提出了"完善中轴线及其延长线"目标，其中轴线北向延长线上的奥林匹克中心就是一个重要内容。又如《昆明传统中轴线城市设计与更新规划》在落实《昆明历史文化名城保护规划》的相关内容的基础上，结合可更新用地的梳理，基于现状"绿地广场"，形成三个层次的开放空间，并通过扩大传统轴线将相关空间串联整合：第一个层次是与历史格局相关的开放空间；第二个层次是结合现有资源点形成的开放空间；第三个层次是与人流、人行活动相关而形成的开放空间（图2-11）。[43]

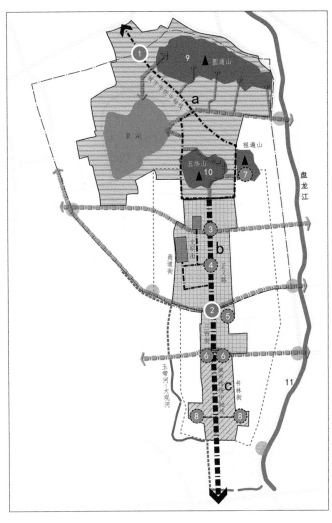

图例：
- 轴线
- 水系
- 片区
- 节点

图 2-11　昆明历史城区历史轴线保护规划图

注：一轴：城市传统轴带、中轴线地段核心骨架；两水：盘龙江、玉带河—大观河；三区：a—城市山水绿色区段、b—正义路—三市街城市传统商业区段、c—城市多元活力区段；多节点：两门（1—拱辰门、2—近日楼）、四坊（3—正义坊、4—天开云端坊、5—忠爱坊、6—金马碧鸡坊）、双塔（7—大得寺双塔、8—东西寺）、三景（9—螺峰叠翠、10—云津夜市、11—五华鹰绕）

2.4　街巷格局的保护

街巷格局是城市形态的重要组成部分，是城市文化、历史记忆的重要载体（图 2-12）。《历史文化名城保护规划标准》指出，历史城区应"保护有价值的街巷系统，保持特色街巷的原有空间尺度和界面。"[44] 比如，北京南锣鼓巷历史文化街区严整的"鱼骨状"街巷体系与清代中期乾隆年前绘制的古地图上反映的情况一致，而这一街巷结构可以追溯到元代，是古代城市印记的活化石。

街巷格局与风貌的重要历史信息还体现在两侧建筑及其形成的街道空间上。历史街巷不仅保持着古代城市街巷的原有位置与走向，沿街两侧还保留有大量的历史

图例:

　　研究范围

　　与传统走向相同的主要街巷

　　与传统走向相同的次要街巷

　　与传统走向相近的主要街巷

　　与传统走向相近的次要街巷

　　新增街巷

　　拆城墙后形成的街巷

　　山

　　水

图 2-12　临海历史城区街巷格局
示意图

建筑等,并由它们界定了丰富的街道空间,它们对于研究古代城市的礼仪制度、建设管理、功能活动、风俗等都有重要的历史价值。例如福州的三坊七巷历史文化街区,不仅由东西向三坊、七巷与南北向南后街所组成的鱼骨状结构具有历史的真实性,而且这些街巷两侧建筑很多是明清时期建成的,也包括一些近代建筑。不同的建筑类型反映了不同时代的时代特征,街巷风貌的历史信息十分丰富。

历史城市街巷格局的保护,一是要保护街巷的整体格局,禁止在历史城区大拆大建,不改变传统街巷的主体格局结构。比如,《正定历史文化名城保护规划》明确要求,保护以中山路、燕赵南大街与镇州街组成的双"十"字轴线结构为特征的传统街巷整体格局;控制双"十"字轴线两侧建筑的高度、体量、色彩、形式及绿化配置(图 2-13)[45]。

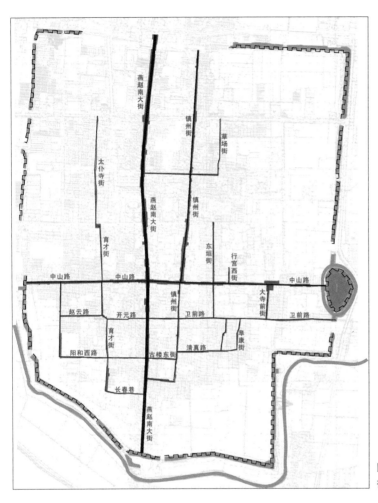

图 2-13　正定历史城区
街巷格局保护规划图

　　二是要保护传统街巷的宽度、建筑界面及空间尺度，以及街巷两侧真实的传统建筑及连续的风貌特征。比如《广州历史文化名城保护规划》对所有像骑楼街这样的特色街巷进行了沿街建筑的风貌与质量评价，并分类提出了相应保护控制措施，以保证街巷风貌的真实性与完整性。再比如《济南历史文化名城保护规划》除对传统街巷提出分类控制外，还对商埠区重要街巷的断面的高度提出控制，要求传统街道两侧的新建建筑应按照 45° 夹角后退，以保障街道断面的视觉比例尺度关系不受影响（图 2-14）。

图 2-14　济南商埠区历史街巷保护规划及空间断面保护示意图

2.5　历史城区的高度控制

《历史文化名城保护规划标准》规定，历史文化名城保护规划应明确高度控制的具体要求，包括历史城区建筑高度分区、重要视线通廊及视域内建筑高度控制、历史地段保护范围内的建筑高度控制等。[46] 历史城区及周边的高度控制对于维持历史城区整体格局与风貌，保护历史城区与周边环境的联系以及重要的历史景观都具有重要意义。目前历史城市高度控制有"整体控制""重点控制""分区控制"等多种方式。

（一）**整体控制**　整体控制是指，综合考虑古城格局及建筑现状，对影响古城高度的众多影响要素包括空间视廊、城市轴带等内容进行综合分析，确定整体控制方案。

如广州在历史文化名城保护过程中，着力解决超高建筑不断出现的历史难题，按照"整体控制，重点控制"的原则，对历史城区按三个层次进行严格的高度控制：历史文化街区（历史地段）核心保护范围内，新建或扩建的建筑高度控制在 12 米以下或保持原高度；历史文化街区建设控制地带内的区域，新建或扩建的建筑高度控制在 18 米以下；整个历史城区其他区域作为环境协调区，新建或扩建的建筑高度宜控制在 30 米以下。[47] 该规划出台后，整个广州历史城区新建建筑高度均控制在 30 米以下，扼制了古城区内拆除老建筑新建高层建筑的开发冲动，促使广州历史文化名城的更新更加注重"微改造"，提升历史城区环境（图 2-15）。

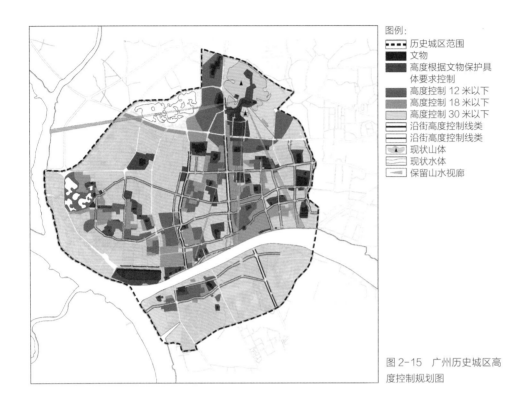

图例：
- ▬▬▬ 历史城区范围
- ■ 文物
- ■ 高度根据文物保护具体要求控制
- ■ 高度控制 12 米以下
- ■ 高度控制 18 米以下
- ■ 高度控制 30 米以下
- ▤ 沿街高度控制线类
- ▤ 沿街高度控制线类
- ▲ 现状山体
- ▢ 现状水体
- ⊲ 保留山水视廊

图 2-15　广州历史城区高度控制规划图

（二）重点控制　重点控制是指，当同一地块同时处于文物保护单位、历史文化街区、传统街巷、景观视廊等多方面高度控制要求时，采取"就低不就高"的控制原则。

如昆明和银川历史文化名城，均在历史文化名城保护规划中提出对古城高度进行重点控制。将影响古城建筑高度的众多要素依次进行分析，将文物保护单位、历史文化街区、古城范围内的所有高度要素控制图进行图层叠加，结合建筑现状情况及用地规划，依据不同控制要素的重要性确定优先级，形成最终的建设高度控制图，通过下一步的控制性详细规划落实，从而控制历史文化名城内重点地块的建筑高度。

（三）分区控制　分区控制是指，结合风貌现状情况对历史城区进行区域划分，并分别提出高度控制要求。如正定，在名城保护规划中考虑到历史城区南北两个部分建筑与高度现状不尽相同的现状情况，将历史城区分为常山路以北地区和常山路以南地区，进行分区建筑高度控制。常山路以北地区建筑檐口高度不超过 18 米（屋脊不超过 23 米），常山路以南地区由于文物、传统建筑更为集中，风貌更为完整，控制建筑檐口高度不超过 6 米（屋脊不超过 9 米）。[48] 分区控制可以使整个历史城区或古城区呈现较为有序的建筑高度格局，有利于规划管控。

03

历史城区周边区域的保护

3.1　历史城区周边区域的保护范围

在第一章对我国历史城市的特征的分析中可以看到，很多传统城市与其周边山水环境有着十分密切的关系，历史城市历史城区及其周边的山水环境也是构成历史城市整体格局的重要部分，对这一区域进行保护与控制是十分必要的。

保护与历史文化遗产相关联的整体环境已成为国际共识。对中国传统城市来说，与其所依附的山水形胜要素是其选址、营造等过程中的重要因素，是其整体环境的一部分。《历史文化名城名镇名村保护条例》规定，"历史文化名城、名镇、名村应当整体保护，保持传统格局、历史风貌和空间尺度，不得改变与其相互依存的自然景观和环境。"[49]《历史文化名城保护规划标准》也指出，历史文化名城保护应包括"城址环境及与之相互依存的山川形胜"。[50]

吴良镛先生在介绍福州古城时，指出："在几千年的形成发展过程中，福州城巧妙地利用三个山峦（于山、乌石山、屏山），上建宝塔或楼阁之类形成全城构图的标志性建筑物。城市中央有南北大道为主轴。城外有旗、鼓两山屹立，东、西两湖流水映带。可以说，福州城是一个耐人寻味的城市设计佳例。"[51] 从中可以看出，吴良镛先生对福州古城与周边山水环境整体格局的重视。福州古城内于山、乌山、屏山南北呈品字形，拱卫古城的核心地带，于山、乌山之中置有古城轴线，北指屏山。过去古城外有东、西两湖掩映两翼，再外围远处的旗山、鼓山形成东西护卫的屏障；城的南面，闽江蜿蜒由西向东流过。层层山水形成环抱古城的整体态势。从保护历史城市整体格局和生态格局的角度，都有必要对城市周边的山水形胜以及由它们为主体或背景形成的文化景观等予以保护（图 2-16）。

历史城区周边的相关区域可以理解为《历史文化名城保护规划编制要求》所说

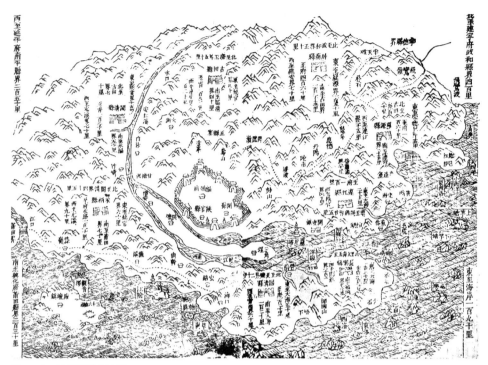

图 2-16　清代福州府地图

的历史城区和"其他需要保护、控制的地区"[52]。保护规划应该在历史分析、现状评价的基础上，综合提出历史城区周边相关地区的保护控制范围。

例如，承德是一座山水风光优美的历史文化名城，曾为清代皇家避暑胜地，现已列入世界文化遗产名录。承德的历史城区由清代城市建成区组成，与避暑山庄相依，但北、东两面的山上还有普陀宗乘之庙等 11 座与避暑山庄一起列入世界文化遗产的外庙建筑群或遗址。另外，还建有很多小规模的寺庙建筑等，它们都依山水环境并呈拱卫之势，沿武烈河还分布有磬锤峰、僧冠峰等独特的山水环境。

承德历史城区的保护要从保护世界文化遗产的整体环境的高度，对城与山庄、外庙等遗存所依附的山水形胜、历史城区的主要街巷格局、历史地形、视线廊道等构成的历史文化景观环境提出完整保护与控制对策。《承德历史文化名城保护规划》（2015 版）对此提出了有关保护内容与保护措施。

首先，保护要素包括了以下五方面：①历史城区：承德 1910 年前城市发展而形成的城区；②承德避暑山庄；③外庙；④三水、两轴："三水"是指武烈河、狮子沟旱河和二仙居旱河，"两轴"是指西大街至山庄东路、南营子大街至山庄东路两条城市轴线；⑤群峰：磬锤峰、蛤蟆石、罗汉山、鳄鱼山、半壁山、九华山、僧冠峰等山体。它们整体呈现了"城区外庙拱卫山庄，三水两轴群峰环绕"的整体结构。其中②—⑤项内容可以理解为历史城区周边需要保护控制的地区（图2-17）。[53]

在此基础上，《承德历史文化名城保护规划》划定了以历史城区与避暑山庄为中心，包括武烈河两岸连同山庄、外庙依附的自然山体，以山庄内12处观景点、31条重要视廊、14个重要视域为一体的承德历史文化名城历史城区及周边整体保护的体系，并由此制定相应保护措施（图2-18、图2-19）。[54]

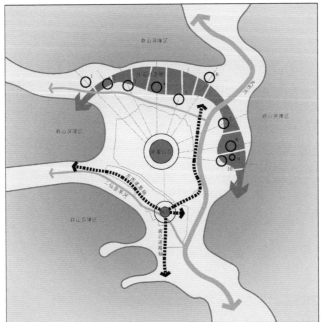

图 2-17　承德保护结构图
注：1—狮子园遗址；
　　 2—罗汉堂遗址；
　　 3—殊像寺；
　　 4—普陀宗乘之庙；
　　 5—须弥福寿之庙；
　　 6—普宁寺；
　　 7—安远庙；
　　 8—普乐寺；
　　 9—溥善寺遗址；
　　 10—溥仁寺

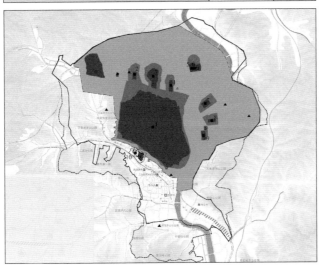

图例：
■ 全国重点文物保护单位
▲ 省级文物保护单位
□ 市级文物保护单位
△ 区级文物保护单位
　 文物保护单位本体
　 文物保护单位保护范围
　 文物保护单位建设控制地带
　 历史文化街区核心保护范围
　 历史文化街区建设控制带
　 历史城区及其周边的历史
　 文化名城保护范围
　 历史城区范围

图 2-18　承德历史城区保护区划总图
注：1—避暑山庄；2—殊像寺；
　　 3—普陀宗乘之庙；
　　 4—须弥福寿之庙；
　　 5—普宁寺；6—普佑寺；
　　 7—安远庙；8—普乐寺；
　　 9—溥仁寺；10—城隍庙

图 2-19　承德历史城区建筑与山水的关系

3.2　山水形胜与文化景观的保护

从承德的案例可以看出，山水形胜是历史城区周边需要保护控制的重要内容。除承德这样以山水资源为核心的特殊城市外，我国的其他传统城市多有与古城关系密切的山水形胜。

比如，浙江临海的台州古城是浙江东部水陆辐辏的交通要地，城池建设重视利用地形，加强城市防御能力。东晋时期的子城背靠北固山据守高地，唐代修筑的城墙则依托北、西、南三面的北固山、灵江和巾山三处自然屏障，北宋年间护城河的开凿及进一步利用东湖水体强化东侧平地的防御能力，形成由"两山两水"和古城紧密依存的整体格局。

又如，泰安古城因封禅礼制而建，城市与山的关系密切。城市大的形胜包括了泰山山脉、鲁山山脉、蒙山、尼山等，中观层面则包括历代封禅涉及的山，如梁父山、云云山、亭亭山、社首山、蒿里山等，以及环绕古城的八条水系，它们都是遗产的一部分。微观层面则包括了古城周边与城内的水系与起伏的地形（参见第一章相关插图）（图 2-20）。

山水形胜保护的内容主要包括与历史城市营造相关的重要山体及其轮廓线、制高点、重要水体及自然岸线、地形地貌等。例如临海，山水形胜的保护要素主要是

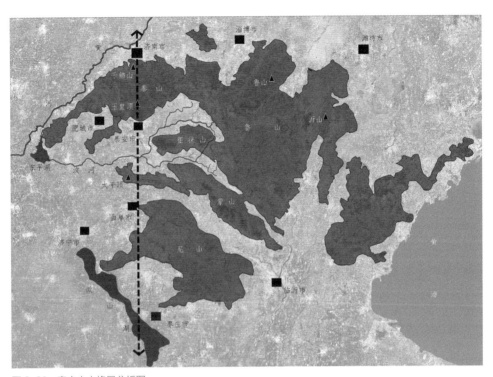

图 2-20　泰安山水格局分析图

以"两山两水"为代表的山水格局，即北固山、巾山、灵江、东湖，以及历史城区周边群山[55]。

对于历史城市山水形胜的保护措施主要包括以下几个方面：

（一）保护山体景观　包括严格保护山体轮廓线、制高点等自然景观特征，严禁开山采石、挖沙取土等破坏山体景观的行为；结合相关专项规划保护山体绿线，禁止在绿线内进行无序建设，对于已破坏的山体开展生态景观修复。

（二）保护重要水体的自然岸线和景观　严格保护重要水体的自然岸线，结合相关专项规划确定的蓝线等，严格保护河、湖水岸绿地的边界，禁止占压河道的建设行为。严格保护河道和岸线景观环境；结合环保或水系规划，加强对水质及水量的保护。

（三）控制山体周边城市建设高度　控制山体周边的建筑高度，凸显山体的核心地位，塑造整体天际线也是城市山水景观保护控制的重要要求。山体周边高度控制一般可结合历史文化名城的景观视廊、整体高度控制专项规划一起开展，后文还会进一步详述。

与山水形胜密切相关的是"文化景观"的保护。19 世纪末德国地理学家吕特尔首次提出文化景观的概念，1994 年《实施〈保护世界文化与自然遗产公约〉的操作指南》正式将"文化景观"纳入世界文化遗产体系，并将其定义为"人类与大自然的共同杰作"。在我国的历史城市中，尤其是在历史城区及周边紧密联系的山水环境，有着大量符合文化景观标准的文化遗产[56]，如杭州西湖文化景观、济南泉城文化景观、临海东湖文化景观、巾山文化景观等。因此，历史城区周边的整体保护，应重视与加强文化景观类遗产的保护。

如临海的东湖就是一处典型的文化景观。东湖位于古城东门外，始凿于北宋端拱二年，最初为屯水军的船场。它与古城共同构成"三面环山、一面近郭"的空间格局，具有极高的自然与人文价值（图 2-21）。

再如，2019 年被列入中国世界文化遗产预备名单的济南泉·城文化景观。济南聚落发展的过程中基于济南地形地质所形成的特殊泉水地质生成环境，经过人与环境的长期互动和演进，最终形成独特的大型冷泉人工利用循环体系。它集"导蓄"结合的城市水利系统、丰富多样的泉水利用模式、具有地域特色的泉水生活传统、寄情泉水的文化审美与表达于一体，是济南古城生成与持续发展的基本保障，是济南古城历史文化空间格局形成的重要组成部分，更是济南泉水文化孕育发展的重要载体。[57]

文化景观的核心价值在于人与自然互动关系的展现，所以其保护内容与措施也应该紧密围绕这一核心展开。在价值特色研究的基础上，保护规划应提出文化景观整体格局的保护内容，对相关的自然与人文景观要素提出具体的保护控制对象与措施（表 2-3）。

图 2-21　临海东湖文化景观

济南泉城文化景观保护对象　　　　　　　　　　　表 2-3

价值属性	保护对象
整体景观格局	"一城山色半城湖"泉城一体的宏大景观图景。具体体现在规模宏大的泉水聚落格局、复杂而完整的水利景观格局、大明湖大型城园景观图景
自然景观要素	依泉就景的泉水园林。具体体现在趵突泉园林、珍珠泉园林、五龙潭园林、黑虎泉园林、泉水寺观
人文景观要素	"家家泉水"人泉融合的泉水街区（具体体现在泉水名居、泉水街巷）、"泉景合一"的人文景致（具体体现在与泉水密切相关的题景景观、形式多样的泉水和泉池）

　　历史城市文化景观的保护措施：一是要划定保护范围，二是按照不同要素的属性进行分类保护，三是注重整体景观格局与各要素之间的内在联系的保护。如前文所述，文化景观由多种文化与景观要素组成，所以其保护范围的划定需根据要素的不同属性分别予以确定。一般按照文化景观要素保护范围、绿地公园、开放空间边界、重要自然山体河湖边界等，综合划定保护范围。如临海东湖文化景观的保护范围的划定沿用了现状东湖公园边界，建设控制地带从这一边界扩至周边的道路和街巷。保护范围内的文物保护单位，历史建筑、古树名木等按照相关法律法规进行保护和控制。

　　由于文化景观是自然与人文要素的复合体，所以应注重保护两者所构成的整体格局及内在文化联系。比如，济南泉城文化景观中的佛山倒影景观就将南部山区的泉水渗透带与古城内由泉水汇成的大明湖联系在一起；另外古城内还有很多人泉共生的景观要素。这些要素对于展示自然与人文要素两方面的联系关系是不可替代的。

3.3　历史城区周边地区景观视廊与高度控制

　　景观视廊主要指历史城市中长期保留下来的重要观景点与重要自然景观或重要标志物之间的视线联系，例如苏州北寺塔是苏州古城北部重要的标志性建筑，从世界文化遗产拙政园跨过湖面西望可以清晰地看到北寺塔，园塔辉映成为拙政园内乃至整个苏州古城的标志性景观，同时也反映了中国古代园林借景手法的艺术创造力。同样，在苏州多个传统街巷、节点中也都可以清晰看到北寺塔。对这些重要历史景观的保护不能仅仅通过北寺塔或拙政园本身的保护来实现，还需要通过两者之间视线联系的整个区域控制来维持。苏州古城保护在这方面一直有严格的保护要求，类似历史景观通过景观视廊的控制得以良好延续。

　　景观视廊一般由历史城区与周边环境要素之间的视线联系通道构成，包括自然景观间视廊（如山看水视廊，山看山视廊）、山城互看视廊、传统街巷看山视廊、沿城廓轮廓线眺望山体的景观视廊、重要景观节点之间的景观视廊（如塔与塔互看视廊、城门与塔互看视廊）等。如《临海名城保护规划》将古城内景观视廊分为四类：街巷看山景观视廊、街巷看制高点景观视廊、城内制高点互看景观视廊、城墙看周边群山景观视廊。许多视廊都将历史城区与其周边地区的要素联系在一起。

　　景观视廊的控制措施一般包括：保护各制高点和景观节点；严格控制景观视廊范围内的建构筑物的高度、体量、外观及色彩等，保护景观视廊的贯通性；对现状影响景观视廊的建筑要择机拆除或降层，视廊内新建建筑要严格控制高度。

　　以昆明为例，古城与周边景观视廊分为自然景观视廊、道路及城廓观山视廊、重要节点视廊三类。《昆明历史文化名城保护规划》对这三类景观视廊分别提出了保护措施：①保护自然景观间视廊，控制自然景观廊道内建筑高度、建筑体量、第五立面等。对于已建成的破坏视觉联系的建筑，应进行严格的规划管制，择机拆除更新；②保护传统街巷与周边山体之间的视廊，保护作为视廊的传统街巷的走向，保护视廊的贯通性，控制道路转折处的建筑高度，控制传统街巷两侧的建筑高度。保护沿城廓轮廓线眺望山体的景观视廊，保护视廊的通透性，控制街道两侧的建筑高度；③保护重要景观节点之间的景观视廊，控制视线范围内建筑及其环境的高度、体量、尺度、色彩及植被等（图 2-22）。[58]

　　有些历史城市周边要素较多，且存在复杂的视线关系，这时需要以多个视廊控制为基础，进行历史城区及周边更大范围的整体高度控制。具体方法是将多个视线控制通廊综合叠加、归并，形成部分重点地区的面域高度控制。

　　例如，承德是一座坐落在山水环境之中的历史城市，周边诸多山峦都与避暑山庄、承德历史城区或外围庙宇建筑的营建存在重要的景观联系；《承德历史文化名城保护规划》对视廊视域进行了全面分析研究，确定了"低点看山"和"高点看山、看城"两大类、共计 30 余处视廊。其中 9 条"低点看山"视廊要求控制视域内，建筑高度不遮挡山峦轮廓；24 条"高点看山、看城"视廊内的建筑高度不遮挡山体或山庄轮廓。规划还综合形成 7 片外庙与山庄周边及 7 片重要山体周边的控制视域，要求其范围内建筑高度、风貌应符合相关要求。[59] 最终，《保护规划》将各类视线管控廊道叠加，形成历史城区及周边地区的综合高度控制网络，以保障承德历史城区及周边诸多要素等的整体景观得到保护（图 2-23）。

图例：
⊶ 自然景观视廊
⊶ 道路及城廊观山视廊
⊶ 重要节点视廊

图 2-22 昆明历史城区及周
边景观视廊规划示意图
注：1—威远门；
2—宝成门；
3—翠湖；
4—拱辰门；
5—圆通山；
6—敷泽门；
7—五华山；
8—咸和门；
9—原鼓楼；
10—原钟楼；
11—金碧广场；
12—西寺塔；
13—东寺塔

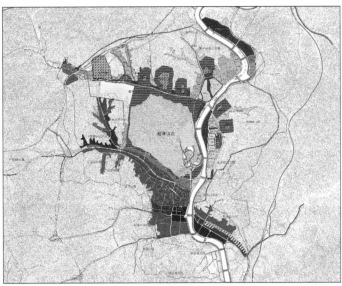

图例：
▨ 重点保护区
▦ 一般保护区
不超过 7 米
不超过 10 米
不超过 12 米
不超过 14 米
不超过 15 米
不超过 18 米
不超过 21 米
不超过 24 米
不超过 27 米
不超过 30 米
不超过 33 米
不超过 36 米
不超过 39 米
不超过 42 米
不超过 45 米
不超过 51 米
不得进行其他建设
河流水域

图 2-23 承德历史城区及周
边整体高度控制图

04

市域文化遗产的整体保护

4.1 市域历史文化遗产的一般构成

历史城市历来都与区域密切相关，这是城市发展的一般规律。历史城市的整体保护除了要重点关注古城或老城所在的历史城区以及周边环境景观的保护外，还应扩大视野，对城市所在的地区的相关文化遗产提出保护内容与措施。《历史文化名城名镇名村保护规划编制要求》要求[60]："历史文化名城、名镇保护规划的规划范围与城市、镇总体规划的范围一致。"按照新的国土空间规划政策，历史文化名城的保护规划需与城市国土空间规划范围相一致。目前城市总体规划或国土空间规划的规范所要求的规划范围均包括整个市域。历史文化名城的保护规划应在市域层面对历史文化遗产进行调查研究，提出宏观层面的保护措施。这是历史文化名城、历史文化街区、文物和历史建筑三个基本层次的规划工作以外，历史文化名城保护规划必须涉及的内容。

首先，城市历史的产生与发展与城市所处的区域的历史自然环境及区域的历史文化遗产息息相关，城市所在地区的宏观地理格局是孕育地方文明支撑其发展的基础，历史城市的保护应注重区域自然环境格局的保护。

例如，国家级历史文化名城长春地处"山地到平原、森林到草原的过渡地带"，是黑龙江和辽河流域的交界点，是农耕区、游牧区与渔猎区三种经济形态的过渡地带，也是满、汉、蒙三大族群文化的过渡地带。独特的地理位置使长春地区呈现了中原文明、草原游牧文明及山地外来文明交汇的特点，造就了长春地区多样、丰富而历史悠久的文化遗产。

长春市域范围内物质遗存和非物质遗存数量众多。其中，伊通河文化遗产带、中东铁路（长春段）、高句丽长城遗址与柳条边遗址三条文化遗产带纵贯全域，串

联了历史城区、农安古城及周边、德惠、松花江北岸、东部山区、双阳等多个历史
文化主题鲜明的文化遗产聚集区。

其次，历史城市自身与邻近区域在行政、军事、经济等方面有密切的联系，是
一个整体。将它们联系起来考虑，可以加深对遗产价值的认识，开阔保护的思路与
视角[61]。比如，如果从清朝政治体制的角度考虑，清朝的京师、西北的皇家园林就
是一个整体。所以，北京历史文化名城保护规划将"三山五园"作为北京历史文化
名城除老城外又一整体保护的区域。同时，大运河文化带、长城文化带、西山永定
河文化带的提出，也勾勒出了北京历史文化名城区域遗产的格局。[62]

很多历史城市市域文化遗产内容十分丰富，分布广泛，需要针对其特点开展保
护工作。市域文化遗产的保护重点主要包括：①区域范围内城市聚落与自然环境之
间的关系与整体格局，即市域历史文化遗产整体格局；②市域不同价值主题的历史
文化遗产聚集区；③重要的道路、线路构成的遗产线路；④其他体系性遗产。

4.2　遗产区域格局、主题聚集区的保护

市域历史文化遗产的保护首先要研究城市聚落与区域自然环境的联系，加强
对区域历史文化遗产区域特征的归纳，准确提炼区域层面历史文化遗产的价值。比
如《广州市历史文化名城保护规划》首先针对其城市、乡村与自然环境的特点，提
出了广州"山、水、城、田、海"的整体格局，提出在区域层面重点保护以下五大
方面的内容：①保护由市域东北向西南延伸的山脉，保护其延伸入城形成"绿楔"
的山体格局；②保护历史城区、历史文化街区及传统村镇，调整城市功能布局；
③保护东南部的农田水网地区的格局风貌与不同的生态及农田类型，着重保护万顷
沙生态农业保护区等自然农业及生态保护区；④保护珠江水系由南向西北延伸入城
形成"蓝楔"的城市格局，保护广州市域南部水网纵横交错的岭南水乡格局；⑤保
护珠江水系由珠江的虎门、蕉门和大洪奇沥3个进入伶仃洋出南海的门户，融入南
海的空间联系。规划要求处理好城市发展区域与"山、水、城、田、海"的格局保
护的关系，落实城市的可持续发展的战略（图2-24）。[63]

一方面受历史地理的影响等，城市在市域层面会呈现一定的格局，另一方面
由于城市与聚落遗产的综合性与包容性，其遗产价值必然会有不同的主题、类型、
分布于不同的地区等特征。以广州为例，其遗产类型呈现如下不同的分布特征：

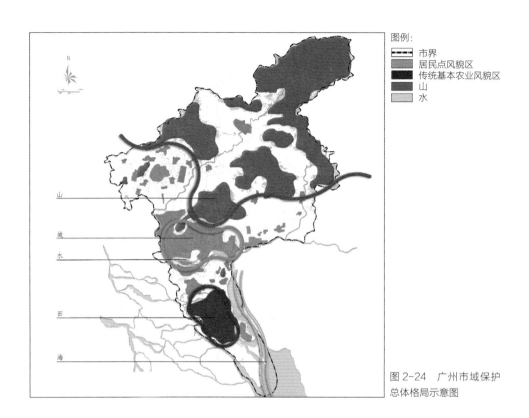

图 2-24　广州市域保护总体格局示意图

①传统村镇型的风貌区主要分布在广州市域北部区、市；②岭南水乡特色民居型的风貌区主要分布在广州市域南部区、市；③革命史迹主要包括先烈墓葬、鸦片战争史迹、黄埔军校史迹、太平天国史迹等内容，主要集中在城市中心区；④古建筑则主要分布于番禺区和海珠区、白云区、花都区、增城市、从化市等，主要以祠堂和民居为主；⑤墓葬广泛分布在白云区和天河区的山地中；⑥传统建筑主要集中在中心城区；⑦近现代旧工厂、旧仓库、旧港口主要集中在城市南面珠江两岸地区（图 2-25）。[64]

　　在对市域历史文化遗产价值评价的基础上，根据广州市历史文化名城的特色及保护主题，结合历史文化遗产的空间分布特征，《保护规划》提出了市域范围"一山一江一城八个主题区域"的整体保护空间战略。"一山"指白云山以及向北延伸的九连山脉，"一江"指珠江及其大小河涌，主要体现田园风光山水城的保护主题，突出广州历史文化名城"独特的岭南山水和优美的水乡田园"的价值特色，并强调保护其依托的总体环境。"一城"指历史城区，体现广州市岭南中心文化城、历史悠久古都城、丝绸海路港口城、千年发展商业城、革命策源英雄城的保护主题。[65]

　　"八个主题区域"指莲花山自然人文主题区域、从化市历史村镇主题区域、沙

图例:
- 一山
- 一水
- 一城
- 八个主题区域
- 市界

从化市历史村镇主题区域

珠江
三元里抗英斗争主题区域
白云山及北部山区
历史城区
珠江沿岸工业遗产主题区域

越秀南先烈路革命史迹主题区域
黄埔港丝绸海路主题区域
长洲岛军校史迹主题区域
莲花山自然人文主题区域

沙湾镇岭南市镇主题区域

图 2-25　广州市域
聚集区保护规划图

湾镇岭南市镇主题区域、黄埔港丝绸海路主题区域、越秀南先烈路革命史迹主题区域、三元里抗英斗争主题区域、长洲岛军校史迹主题区域、珠江沿岸工业遗产主题区域。[66] 市域的遗产保护可以结合不同的历史文化遗产主题的分布特征,提出不同主题不同的遗产聚集区,强调区域层面分主题、分地域的保护策略。

4.3　市域历史文化遗产线路的保护

　　市域历史文化遗产除了呈现不同主题、不同地域分布的特征以外,还常常因为交通线路等形成一定主题或密切联系的文化遗产线路。一般遗产线路会串联起与主题相关的多种类型的文化遗产,如历史村镇、古迹遗迹、相关设施,以及密切相关的历史景观等。遗产线路的保护有助于将市域广阔范围内分布较为分散的文化遗产加以整合。

　　例如,临海历史文化名城在市域内存在两条特色鲜明的文化线路,一是浙东水陆交通系统文化线路,一是明代抗倭防御体系文化路线。

　　临海境内的浙东水陆交通系统文化线路依托杭甬通往温州的重要水陆通道发展
而成。在临海市域内线路呈网状分布，沿线有众多驿道、路廊、桥梁、灯塔、民居、
寺庙等文化遗存，承载了众多重大历史事件，具有很高的历史文化价值。依据文化
线路的定义和临海境内浙东水陆交通系统的历史脉络和遗存现状，可以将其认定为
"浙东水陆交通系统文化线路片段"，它曾经促进了这一地区的经济发展、民族融合、
文化传播与文明演进（图 2-26）。

　　明代抗倭防御体系文化路是明代国家沿海防御体系的一部分。我国东部海岸的
倭寇之患始于元代，以明代为甚。戚继光、谭纶等人曾在临海境内修缮城池、整饬
防务，形成了严密的防御体系，取得抗倭军事斗争的辉煌胜利，留下了丰富的文化
遗迹、遗存。临海境内的明代抗倭防御体系片段由府城、所城、巡检司城、祠庙、
石刻、烽火台等种类多样的文化遗存构成，主要分布在东部近海区域形成三级防御
体系，组成了这一体系呈网络状分布的遗产线路。该体系片段是整个浙江地区乃至
整个东南沿海地区海防系统的重要组成部分（图 2-27）。[67]

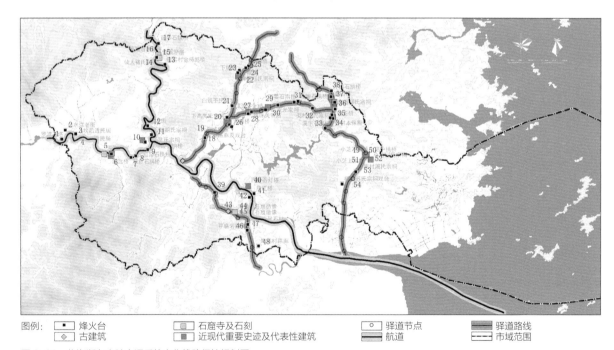

图例：■ 烽火台　　□ 石窟寺及石刻　　◎ 驿道节点　　▨ 驿道路线
　　　◇ 古建筑　　■ 近现代重要史迹及代表性建筑　　■ 航道　　─ 市域范围

图 2-26　临海浙东水陆交通系统文化线路保护规划图
注：1—罗渡石塔；2—白水洋老街；3—上坎后透民居；4—上坎前透民居；5—浮岩摩崖；6—源远桥；7—杨杜石拱桥；8—上缸窑石拱桥；9—柴埠渡石拱桥；10—下吴吴氏宗祠；11—石鼓胡氏宗祠；12—翔龙庙；13　缸窑村金付卧桥；14—仙人褚氏宗祠；15—竹溪摩崖；16—蔡潮治水摩崖；17—百步石拱桥；18—连塘路廊及戏台；19—大田城隍庙；20—下高高氏宗祠；21—白筑于氏宗祠；22—牌前郑氏宗祠；23—下坑桥；24—江根桥；25—岭脚桥；26—大田桥；27—渡济生桥；28—绚珠关帝庙；29—下晏石拱桥；30—屈映光亮宇；31—岭脚石拱桥；32—娄村李氏宗祠；33—溪下石拱桥；34—娄村本保殿；35—锁龙桥；36—康谷郑氏宗祠；37—连山桥；38—外山石拱桥；39—永丰桥；40—西管斗灯塔；41—月江桥；42—镇灵庙；43—临黄驿道；44—清潭头石窟造像；45—清潭头石窟造像；46—豆腐岩路廊；47—水洋佛号石柱；48—外王村路廊；49—小芝下拱桥；50—小芝中拱桥；51—小芝上拱桥；52—小芝何氏宗祠；53—下周村周氏宗祠；54—横溪苏氏宗祠戏台

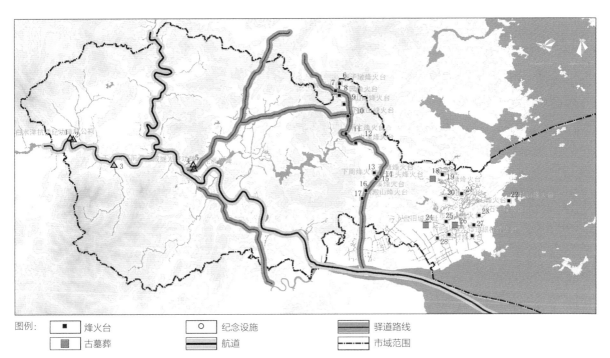

图例：
| ■ | 烽火台 | ○ | 纪念设施 | | 驿道路线 |
| | 古墓葬 | | 航道 | | 市域范围 |

图 2-27 临海抗倭防御体系文化线路保护规划图
注：1—白水洋抗倭纪功碑；2—戚公祠；3—王士琦墓前石刻；4—戚继光表功碑；5—谭纶画像碑；6—烟子墩烽火台；7—分水岭烽火台；8—下园烽火台；9—后山岗烽火台；10—下西山烽火台；11—下宅烽火台；12—中溪烽火台；13—下周烽火台；14—荷塘烽火台；15—上洋烽火台；16—横溪烽火台；17—洪殿烽火台；18 桃渚城；19—上塘烽火台；20—竿山烽火台；21—石相烽火台；22—大坑山烽火台；23—磊石坑烽火台；24—上盘旧城遗址；25—市场山烽火台；26—竹屿山烽火台；27—琅银柱烽火台；28—炮台村烽火台

4.4 体系性遗产的保护

　　历史上，历史城市是区域行政管理、军事防御、经济活动、宗教信仰及交通体系等的一部分，有的历史城市在历史上处于地区的中心地位，有的属于从属地位，有的则为协作关系。尤其是在中国这样大一统的国家中，这种关系表现得就更为明显。这就要求我们关注历史城市市域范围乃至跨区域地去认识和研究遗产的体系性，并提出相应的保护内容与措施。

　　一、行政管理遗存体系。 秦汉以后中国 2000 多年的封建社会总体上继承了《周礼》所确定的一整套城乡制度，加强了中央集权的垂直管理，使中国城市及其周边区域呈现高度行政隶属体系性，这种体系性在城乡遗产中继承下来，形成了城乡遗产在历史行政体系中的关联。以清代北京为例，清王朝按照传统制度建立了护卫和服务京城的畿辅。京城周边有很多为皇家服务的场所：包括皇家祭天地的场所日、月、地三坛，皇家重要的夏宫园林区三山、五园及南苑等郊野苑囿片区，卢沟桥和拱极城（今宛平城）等古城西南重要的防御节点，等等。今天，在北京外围分布着众多的老州、县的城市、历史功能片区及历史节点等遗存，它们与北京城共同构成了一个完整的都城圈城镇行政体系遗产网络[68]。

二、**军事防御遗存体系**。古代军事体系是统治者维护主权和治理国家的重要手段，涉及城乡各种类型建成环境。如前文所提及的浙江台州地区的海防防御体系，包括"卫所制"制度下建立的墩台、烽堠、卫城、所城、堡、寨、巡检司城、关隘、沿海政府城池、民堡、驿站等类型。今天临海（原台州府城）地区内保留有与海防体系对应的城市、卫所城市、堡寨、烽燧等多种遗存类型。我国各个地区类似这样的军事防御体系遗留下来的遗产还有很多。

三、**经济活动遗存体系**。历史上许多城市、聚落都因业而兴，至今保留着与生产相关的原料、运输、加工、设施等有形的遗存，以及工艺流程、相关的信仰传说等无形的遗产，它们都是历史城市经济发展史的重要见证，也构成内在关联极强的遗产体系，如景德镇的陶瓷遗产体系等。不但手工业存在遗产体系，不同地区的传统农业也存在关联性很强的遗产体系。如吴兴—南浔太湖溇港体系就是农业生产体系的典型案例。这一体系将河渠水利、稻田灌溉、"桑基圩田"和"桑基鱼塘"的生态农业模式、水陆交通、城镇、村落等有机组织成一个完整系统。在湖州国家历史文化名城的申报中，溇港圩田体系被认为是湖州最重要的文化遗产之一。

四、**宗教信仰遗存体系**。历史上在宗教和民间信仰兴盛的地区，往往会因宗教活动发展出一系列宗教仪式、活动相关的设施或场所等，形成以宗教为核心的体系化空间。相关的遗存有的分布在联系重要宗教场所的路径或通道两侧，成为今天所说的文化线路或线型文化遗产。比如，唐代开辟了一条自河朔地区的政治经济中心正定到当时的佛教圣地、中国佛教四大名山之首的五台山的进香路，使正定成为河朔地区的佛教中心。今天正定保留有唐、宋、元、明时期的寺庙建筑，为中国古代建筑的精品。敦煌莫高窟 61 洞有一幅壁画记录了唐代从正定到五台山的"进香道"。"五台山进香道"由正定分东、中、西三路至阜平，全长 170 公里。按照进香路的壁画所示，沿路设置了很多供僧侣住宿饮食的设施[69]，沿线还发展出许多聚落。今天正定辖区内，沿"进香道"仍保留有很多村庄旧址，包括南十里铺、五里铺、拐角铺遗址、塔屯墓地等 12 处古迹遗存[70]，构成了一条从正定西行、以宗教活动"进香道"为纽带的线性遗产体系。

五、**交通线路遗存体系**。中国古代重要交通线路的开辟往往伴随着重要的政治、经济、军事和社会活动，在沿线留下了大量功能与形式多样的、与交通线路紧密联系的历史文化遗存。例如，清帝北巡文化线路是清代皇帝"木兰秋狝"活动的重要交通线路，这一活动是巩固民族边防的重要举措之一。康熙十六年（1677年），清帝第一次北巡，在此后的150多年的时间里，清廷每年夏天的北上巡行促进了从北京经古北口至承德的御道沿线的行宫和军营等相关设施的建设，逐渐发展出一系列村落城镇。线路全长600余公里，范围涉及清代的顺天府和承德府。至今御道沿途还有很多历史遗存，包括避暑山庄、巴克什营行宫、喀喇河屯行宫、古北口、《入崖口有作》碑、《古长城说》碑等。[71] 这些遗存由清代北巡交通线路为主要联系，串联的遗存反映着交通保障与服务的诸多功能与活动联系，构成了交通线路体系遗产。

以上这些主要遗产体系有利于进一步丰富历史城市遗产的价值内涵，完善保护内容。它们所依托的保护对象多数以现有的历史城、镇、村、古迹遗址与历史环境等为主，各类保护对象的保护主要沿用相关的保护方法，但在整体层面，应注重界定体系性遗产的分布范围，加强承载各要素内在关联的整体空间环境等的保护与控制。例如，《济南古城冷泉利用系统的保护规划》在价值凝练的基础上，通过对要素分析研究，提出十大类、共101处代表性遗产点，作为纳入重点保护对象，它们既包括泉水、泉渠等水体要素，也包括以泉水为主体形成的空间，还有与泉水相关的民间信仰类的要素（图2-28）。

图例:
● 泉水
◎ 人工水道
■ 人工湖泊
□ 泉水寺庙
▲ 水闸及城墙
△ 泉水街巷
◣ 人工渠系
◺ 泉水公共空间
◆ 泉水宅院
◇ 泉水园林
▨ 济南名泉文化遗产区范围

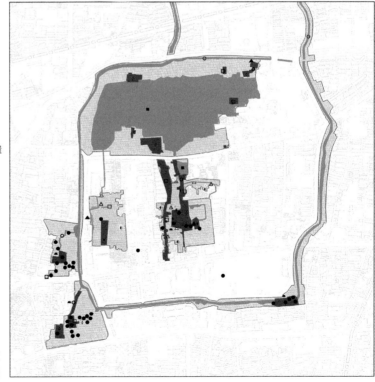

图2-28　济南泉水文化景观保护要素示意图

05

其他相关规划措施

5.1　可持续的城市功能与社区发展引导

历史城市是一个活态有机体，是整个人居环境的重要组成部分，它的保护离不开城市功能、人口、交通等方面的协调。改善人居环境，提升环境质量是历史城市文化遗产可持续保护的重要内容。我国多数历史城区都是城市历史悠久的片区，一般人口密集、功能复杂、交通拥挤。《历史文化名城名镇名村保护规划编制要求》明确指出，历史文化名城保护规划应该提出历史城区功能调整、人口控制、交通优化等方面的规划措施[72]。

历史城区多处于城市中心地带，是城市发展的核心所在，也是各种城市功能聚集的地区，由于历史的原因，很多历史城区不堪重负，一些功能带来环境污染、交通积聚，不利于历史城区与遗产的保护利用和宜居环境的营造。

历史城市的保护规划需要对历史城区的用地功能、人口密度与结构以及道路交通进行系统分析，提出疏解与调整对策，塑造更有利于遗产保护与文化传承的整体城市环境。《历史文化名城保护规划标准》中明确规定："历史文化名城保护规划应优化调整历史城区的用地性质与功能，调控人口容量"；[73]《历史文化名城名镇名村街区保护规划编制审批办法》及《历史文化名城名镇名村保护规划编制要求》也明确提出，历史文化名城保护规划应提出完善城市功能的规划要求与措施。

在历史城区的用地功能调整方面，应结合历史城市的资源条件与发展定位，合理调整用地和功能布局，提高历史城市的整体活力。历史城区应突出文化展示、休闲活动、旅游服务、居住、商业的功能定位，逐步疏解那些容易引发交通堵塞、造成各类环境污染，影响历史遗产环境的功能。例如，北京市近年来对北京老城提出："调整优化用地结构，适度提高公共管理与公共服务用地比重，提高居住品质，改善人居环境。城市公共服务设施用地占规划区域总面积的比重由现状 11.1% 提高到 12.2%。大幅提高公共空间规模和服务能力，公共空间面积占比由现状 34.4% 提高到 38.9%。"[74]

又如《广州历史文化名城保护规划》提出，历史城区的职能和用地要保留传统特色商业，完善文化、娱乐和高端商贸业职能，弱化行政职能，合理疏解历史城区人口，改善居住环境；避免吸引大量人流、物流设施的进入；限制商贸批发市场的进入，鼓励小型特色商业、传统商业的发展，逐步迁出大型商贸批发市场；控制大型学校及医疗设施用地的增加，教育职能适度外移[75]。

历史城区人口的过度聚集是保护面临的挑战之一。历史城区的人口密度一般远超过其他地区。以广州北京路历史片区为例，2013 年整个片区共有约 17 万人，平均人口密度约为 468 人 / 公顷。密度高只是问题的一方面，由于历史的原因，历史城区的人口结构普遍老龄化严重，致使老城社区的活力不足。因此对历史城区内的人口进行合理调控与疏解是历史城市保护规划的一项重要工作任务。《历史文化名城保护规划标准》对此都提出了相应要求。例如，北京在最新一版总体规划（《北京城市总体规划（2016 年—2035 年）》）中提出，要"全面推进人口健康发展。不断优化人口结构，提高人口素质，改善人居环境质量。"并通过以下措施实现城镇人口引导与分布：①在总体层面，通过疏散中心城的产业和人口，促进人口向新城和小城镇集聚；②严格控制中心城人口规模，进一步疏解旧城人口，合理调整中心城的人口分布。[76]同样，《上海市城市总体规划（2017—2035 年）》也提出，加强分区、分类指导，调控土地供应规模等，实现人口规模调控，并疏解中心城过密的人口。[77]

又如，济南在历史文化名城保护规划中提出，应通过控制居住用地总量、老旧小区改造及功能调整、街区过密居住人口外迁等方式疏解历史城区人口，规划期末历史城区内人口密度力争达到 240—280 人 / 公顷，并逐步调整人口构成，营造可持续的社区。[78]

5.2　整体展示与利用

历史城市展示与利用规划是历史城市保护规划的重要内容。历史城市展示与利用应坚持以下原则：①以物质文化遗产和非物质文化遗产的保护为前提，积极开展遗产的展示与利用；②坚持以社会效益为主，科学兼顾经济效益；③利用标识、展示牌、出版、视频、广告、网络等多种途径充分展示遗产；④将与遗产相关的学术研究和教育普及相结合[79]。

历史城市展示与利用规划一般包括展示利用线路规划、展示利用主题规划、文化活动展示利用规划等。

（一）展示利用线路规划　以北京为例，《北京城市总体规划（2016年—2035年）》提出，在老城范围内以各类重点文物、文化设施、重要历史场所为带动点，以街道、水系、绿地和文化探访路为纽带，以历史文化街区等成片资源为依托，打造文化魅力场所、文化精品线路、文化精华地区相结合的文化景观网络系统。[80]

又如，《广州北京路文化核心区起步区保护规划和控制性详细规划》提出，利用主要交通与公共空间廊道串联各种文化遗产资源，构建北京路起步区的文物及各种文化遗产的展示网络。具体内容包括：①规划建设北京路千年商贸展示轴、珠江滨江风光带展示轴、广州特色历史文化展示轴与近代城市活力带展示轴线四条主要展示线路；②以上述主要展示路径作为主干，利用与之相交的重要历史街巷、历史水系等，建立若干次要展示线路，形成遗产展示网络；③整合北京路商业街周边1000米步行距离范围内的文化旅游资源，将文化资源导入商业购物体系中；以北京路步行街"千年古道"为起点建设文物路径，串联分散的历史遗存，打造区域精品步行文化展示与旅游线路（图2-29）。[81]

（二）展示利用主题规划　《昆明历史文化名城保护规划》针对昆明地区，尤其是环滇池地区作为多民族、地域文化浓郁，多元文化特色突出的区域，结合各文化遗产聚集区的历史文化资源，提出在环滇池区域建立多个特色文化展示主题。其中包括：古遗址文化特色、近代革命文化特色、宗教文化特色、特色历史村镇等。规划结合不同的展示主题提出不同展示线路。例如：古遗址文化特色展示线路以15个古遗址、10个古墓群为主；近代革命文化特色展示线路以8个名人故居、6个科研机构旧址、8个名人墓为主。规划要求，通过一定主题将相关的历史文化遗存加以串联并阐释，充分展示环滇池地区的多元文化特色。[82]

又如，《银川历史文化名城保护规划》结合银川历史文化价值与特色和市域范围内遗产聚集区分布状况，提出四个特色文化展示主题：西夏文化、回族风情、塞上江南、明清边防文化主题。通过这四大主题，着力展示银川地区多元文化、民族文化及特色地域环境的独特魅力。[83]

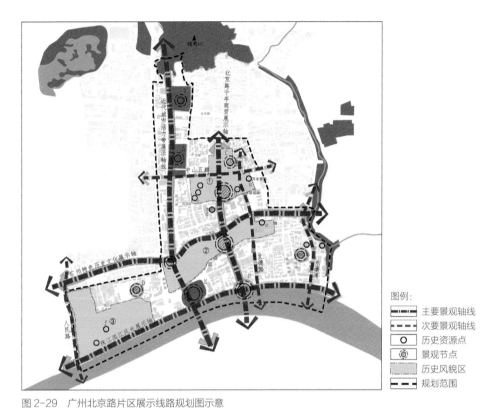

图 2-29 广州北京路片区展示线路规划图示意

注：1—城市历史文化休闲体验片区；2—高第街前年商都文化活力片区；3—长堤大马路民间金融商业展示片区；
　　　A—中山纪念堂；B—人民公园；C—南越国宫署；D—圣心堂；E—海珠广场；F—天字码头；
　　　a—万木草堂；b—市立中山图书馆旧址；c—合族祠；d—大佛寺；e—文德楼；f—儿童公园

（三）通过文化活动展示优秀的文化传统　同样以《广州北京路文化核心区起步区控制性详细规划》为例，针对该片区广府地域文化资源富集等特点，提出定期举办广府庙会、迎春花市、非遗文化节、南越国卫兵巡游仪式等传统民俗节庆；建议举办中国国际版权博览会、广府文化旅游嘉年华、动漫文化节、国际纪录片节、创意文化节、文艺展演活动六大文化节庆活动推动文化旅游发展。[84]

注释

[1] 参见国际古迹遗址理事会《保护历史城镇与城区宪章（华盛顿宪章）》（1987）。联合国教科文组织世界遗产中心，国际古迹遗址理事会，国际文物保护与修复研究中心，中国国家文物局.国际文化遗产保护文件选编[M].北京：文物出版社，2007：128.

[2] 中华人民共和国住房和城乡建设部.历史文化名城保护规划标准：GB/T 50357—2018[S].北京：中国建筑工业出版社，2018.

[3] 参见第一届历史纪念物建筑师及技师国际会议《关于历史性纪念物修复的雅典宪章》（1931）。同[1]：1.

[4] 参见第二届历史古迹建筑师及技师国际会议《关于古迹遗址保护与修复的国际宪章（威尼斯宪章）》（1964）。同[1]：52.

[5] Barry Cullingworth, et al. Town and Country Planning in the UK[M].London：Routledge，2015.

[6] 同[1].

[7] 参见国际古迹遗址理事会《西安宣言》（2005）。同[1]：374.

[8] 参见世界遗产与当代建筑国际会议《维也纳保护具有历史意义的城市景观备忘录》（2005）。同[1]：326.

[9] 参见联合国教科文组织《关于城市历史景观的建议书》，由大会第36届会议于2011年11月10日通过。

[10] 梁思成.北平文物必须整理与保存[N].大公报（天津版），1948-4-13（3）.

[11] 仇保兴.风雨如磐——历史文化名城保护30年[M].北京：中国建筑工业出版社，2014：202.

[12] 根据中华人民共和国中央人民政府网www.gov.cn公布数据统计，截至2020年11月29日。注：按住房和城乡建设部、国家文物局统计报告，琼山和海口视作一处。

[13] 根据北京清华同衡规划设计研究院有限公司统计.

[14] 参见《历史文化名城名镇名村保护条例》（2008）。曹昌智，邱跃.历史文化名城名镇名村和传统村落

保护法律法规文件选编[M].北京：中国建筑工业出版社，2015：34-39.

[15] 张杰.论聚落遗产与价值体系的建构[J].中国文化遗产，2019（03）：4.

[16] 参见《历史文化名城名镇名村保护规划编制要求（试行）》（2012）。同[14]：213-219.

[17] 联合国教科文组织《保护世界文化与自然遗产公约》（1972）。同[1]：70.

[18] 同[15]：9.

[19] 同上.

[20] 清华大学，北京清华同衡规划设计研究院有限公司，广东省城乡规划设计研究院有限责任公司.广州历史文化名城保护规划.2014.

[21] 同[16].

[22] 同上.

[23] 同[2].

[24] 同上.

[25] 同上.

[26] 霍晓卫.历史文化名城的风貌保护——以承德为例[J].上海城市规划，2017（06）：29.

[27] 同[2].

[28] 同[11]：216.

[29] 同[2].

[30] 同上.

[31] 同上.

[32] 北京市规划和自然资源委员会.首都功能核心区控制性详细规划（街区层面）（2018年—2035年）.2020-8. http：//ghzrzyw.beijing.gov.cn/.

[33] 北京清华同衡规划设计研究院有限公司.长春历史文化名城保护规划.2017.

[34] 北京清华同衡规划设计研究院有限公司.济南历史文化名城保护规划.2016.

[35] 同上.

[36] 同上.

[37] 同上.

[38] 同[2].

[39] 北京清华同衡规划设计研究院有限公司.南京明城

墙沿线总体城市设计 . 2012.

[40] 同上 .

[41] 北京清华同衡规划设计研究院有限公司 . 常州历史文化名城保护规划（2013—2020）. 2014.

[42] 北京市文物局，北京市古代建筑研究所，北京市城市规划设计研究院城市设计所，清华大学建筑设计研究院有限公司文化遗产保护中心 . 北京中轴线风貌管控城市设计导则，北京中轴线申遗综合整治规划实施计划 . 2018.

[43] 北京清华同衡规划设计研究院有限公司 . 昆明传统中轴线城市设计与更新规划 . 2015.

[44] 同 [2].

[45] 北京清华同衡规划设计研究院有限公司 . 正定历史文化名城保护规划 . 2011.

[46] 同 [2].

[47] 同 [20].

[48] 同 [45].

[49] 同 [14].

[50] 同 [2].

[51] 吴良镛 . 中国传统人居环境理念对当代城市设计的启发 [J]. 世界建筑，2000（01）：82-85.

[52] 同 [16].

[53] 北京清华同衡规划设计研究院有限公司，承德历史文化名城保护规划 . 2014.

[54] 同 [53].

[55] 北京清华同衡规划设计研究院有限公司 . 临海历史文化名城保护规划 . 2012.

[56] 霍晓卫，孙祎曲，张捷 . 历史文化名城保护规划中文化景观的保护探索——以临海巾山、东湖为例 [A]. 中国城市规划学会 . 多元与包容——2012 中国城市规划年会论文集（12. 城市文化）[C]. 中国城市规划学会：中国城市规划学会，2012：9.

[57] 北京清华同衡规划设计研究院有限公司，济南市园林规划设计研究院 . 济南古城冷泉（地下水）利用系统申遗研究 . 2016.

[58] 北京清华同衡规划设计研究院 . 昆明历史文化名城名城保护规划 . 2013.

[59] 同 [53].

[60] 同 [16].

[61] 参见赵中枢，胡敏，徐萌 . 加强城乡聚落体系的整体性保护 [J]. 城市规划，2016，40（01）：77-79；张兵 . 历史城镇整体保护中的"关联性"与"系统方法"——对"历史性城市景观"概念的观察和思考 [J]. 城市规划，2014，38（S2）：42-48+113.

[62] 北京市规划和国土资源管理委员会 . 北京城市总体规划（2016—2035）. 2017.

[63] 同 [20].

[64] 同上 .

[65] 同上 .

[66] 同上 .

[67] 同 [55].

[68] 张杰 . 中国古代文化溯源 [M]. 修订版 . 北京：清华大学出版社，2016：142.

[69] 同 [45].

[70] 同上 .

[71] 同 [53].

[72] 同 [16].

[73] 同 [2].

[74] 同 [32].

[75] 同 [20].

[76] 同 [62].

[77] 上海市人民政府 . 上海市城市总体规划（2017—2035 年）. 2018.

[78] 同 [34].

[79] 同 [58].

[80] 同 [62].

[81] 北京清华同衡规划设计研究院有限公司，广州市城市规划设计所 . 广州北京路文化核心区起步区保护规划和控制性详细规划 . 2015.

[82] 同 [58].

[83] 北京清华同衡规划设计研究院有限公司 . 银川历史文化名城名城保护规划 . 2014.

[84] 同 [81].

历史城市保护
规 划 方 法

第 三 章

历史街区的保护

01

历史街区的类型

1.1　功能类型

　　历史街区[1]由于所在地域的地理、城市的文化、历史、功能、保护区划等原因，类型丰富多样，并成为我国历史城市重要的遗产类型和城市特色的基本载体。为讨论方便起见，我们将从功能和空间两大方面对其进行分类分析。

　　历史街区是历史城市的重要组成部分，它们在历史上可能承载着不同的城市功能和文化特色等，过去它们常见的功能为居住、宗教、商业和防卫等。绝大多数的历史街区都曾是历史上的居住区，是居民日常生活的场所，同时很多历史街区除了承担居住功能外，还常常兼有商业、宗教等其他城市职能[2]，呈现出功能混合的面貌，也有很多历史街区的功能随着历史演进发生过变迁。

　　居住功能主导型　在秦汉时期，中国城邑以"闾里"为基本居住单元，后至唐代都是以带有坊墙且较为封闭的"里坊"作为城市居住单元，北宋里坊开放，居住街区的功能变得日益复杂。例如，有700多年历史的南锣鼓巷历史街区是北京最老的居住区之一。[3] 元朝时，分称为昭回、靖恭二坊，明代合并称为昭回靖恭坊，清朝称南锣鼓巷。东不压桥以东的区域，历史上多为大户人家，四合院规格较高，街巷格局规整。西侧至地安门外大街区域靠近街市，多为平民居住，且地形低洼，街巷不规则。直至1990年代初，整个地区都以居住为主，南锣鼓巷沿街的商铺也较少。

　　北京老城内的新太仓也是典型的居住区。在元、明时期，这里属于南居贤坊，并筑有"新太仓"，曾是京城重要的粮仓之一。仓南侧由于西邻皇城，靠近城门交通方便，为达官贵人和王公贵族的居住地。像法国和意大利的一些早期斗兽场被改成平民区一样，清代粮仓废弃，内部逐步改为平民居住区。再比如，晋江五店市传统街区位于青阳街道，是市区的中心地带。青阳古称五店市，"五店市，唐开元时，东石、安平之善商集行陆路之中站，后蔡氏七世，卜居于青阳之山麓，七世孙五人，设肆以饮行人，行人德之，称曰'青阳蔡五店市'。后来庄氏入居。蔡氏之来，始于西晋；庄氏之来，始于五代。"[4] 从此，蔡氏、庄氏成为此地最大姓族。直至2009年初，这里一直是家族性的居住区，至今保留有这些重要家族的祠堂。居住功能主导型占历史街区的绝大多数（图3-1）。

行政功能主导型　在我国的传统城市中，重要的区域多为官府、衙署等行政机构。例如，位于北京皇城外的东交民巷是这一类历史街区的代表。从元代开始，东交民巷就是重要的政治机构驻地。这里不仅是元代管制漕运的税务所和海关的所在地，也是明代礼部、鸿胪寺和会同馆的所在地，还是近代著名的使馆区。第二次鸦片战争以后，英国、法国、美国、俄国、日本、德国、比利时等国相继在此设立使馆。今天的东交民巷历史建筑群形成于1901至1912年，其类型涵盖了使馆以及服务于使馆的官邸、教堂、银行、俱乐部等建筑，体现了政治功能的主导地位（图3-2）。

教育功能主导型　清代以前的中国古代教育大致可以分为官学和私学两大类。官学由官方创办，例如太学、府学和国子监等。私学为私人创办，是官学教育的补充。近代以来，随着西方文明进入中国，出现了现代意义上的教育机构。早期的现代大学大多由教会创办，比如当时的远东第一所西式大学——澳门圣保禄学院是天主教学校。山东大学西校区——由教会所创立的原齐鲁大学医学院——就是以教育功能为主导的历史街区。其中包括了1904年由英国基督教浸礼会传教士怀恩光等人兴

图3-1　山西祁县古城内居住型街道

图例：
■ 各国使馆和行政机构
　所在地
▭ 各国在京租界范围
▯ 历史街区范围

图 3-2　北京东交民巷历史
街区行政功能
注：1—美国使馆；
　　2—荷兰使馆；
　　3—英国使馆；
　　4—意大利使馆；
　　5—海关税务司北平公署；
　　6—法国使馆；
　　7—西班牙使馆；
　　8—日本使馆；
　　9—德国使馆；
　　10—匈牙利使馆；
　　11—比利时使馆

建的广智院——中国最早的博物馆建筑之一。1909 年医学院成立，至 1924 年基本形成校区的格局。就功能而言，街区现存建筑分为两类：一类是教育科研，包括圣保罗楼等教学和医疗建筑等；另一类是居住建筑，包括景蓝斋、美德楼等，以及长柏路、青杨路教授别墅等建筑。

商业娱乐与居住功能混合型　商业娱乐功能与人的生活息息相关，是城市中不可或缺的功能之一。北宋中后期，封闭的"里"和"市"解体，商业娱乐与居住功能逐渐开放，并在一定程度上出现了混合。例如，鲜鱼口与大栅栏历史街区分居北京古城轴线两侧，是北京著名的商贸居住区。位于前门大街西侧的大栅栏历史街区自古就是市井生活之地。明永乐年间，这里就已经是繁华的商业区。到了清代，更有风化业者聚集于此，其中以珠市口以北的区域最为兴盛，形成了著名的"八大胡同"。至今，大栅栏一带依然保持着浓厚的商业氛围。街区内除了老字号商铺、会馆、钱庄银行等商业建筑，还包括梨园旧居、四合院等居住建筑。从分布来看，商业与居住功能相对独立。位于东侧的鲜鱼口历史街区则真正兴起于清代。[5] 在清朝满族统治下，汉官外迁导致大量内城店铺、汉官商贾向外迁徙，同时由于科举考试，外官进京需要大量会馆，使得鲜鱼口名店云集，一派繁荣景象。街区内既有老字号店铺、会馆和戏院，也有高官名人故居和平民住宅。与大栅栏相比，鲜鱼口的居住功能比重更大（图 3-3）。

位于福州市八一七路西侧的三坊七巷历史街区也经历了从居住区向商住混合区的转变。三坊七巷的格局形成于唐代。到了宋代，三坊七巷已是福州城内士大夫、富绅之家的聚居地，是典型的居住区。南宋时期，南街（今八一七路）成为繁荣的

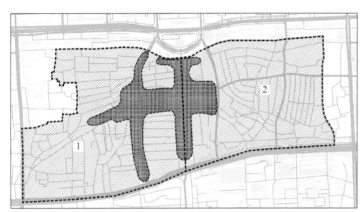

图例：
商业功能
居住及其他功能
历史街区范围

图 3-3　北京大栅栏与鲜鱼
口历史街区功能分布
注：1—大栅栏历史街区；
　　2—鲜鱼口历史街区

商业中心，而近代人口的增长进一步使得商业开始在南后街一带聚集，促进了商住功能的混合（图 3-4、图 3-5）。

　　此外，还有一些历史街区占据古代交通要道，形成了地区性的贸易中心。北京的模式口以及重庆的磁器口就是这一类型的代表。模式口位于京西古道之上，紧邻古隘口，是西山的煤炭等资源进入京城的必经之路。磁器口历史街区位于嘉陵江畔，在明朝，这里就是水陆交汇的商业码头。由于磁器口附近的沙坪窑所产瓷器色精美，除在镇上出售外，还通过码头上船远销省内外。

　　宗教与居住功能混合型　宗教功能在历史城市中占有举足轻重的地位。在中国，除了佛寺、道观，文庙是常见但又特殊的庙宇类型。此外，像城隍、关帝、土地等地方信仰也普遍存在于各地的城市。

　　宗教既可以为统治阶层服务也可以为平民阶层服务，因而也就有了皇家寺庙和民间寺庙之分。皇家寺庙一般远离市井，服务于百姓的民间寺庙大多位于闹市区。

图 3-4　平遥古城内商业型街道

图 3-5　太谷古城内的商业街

由于文化习俗，在我国古代寺庙周边一般都是中下阶层的居住区，大户人家距离寺庙相对远些。除居住功能外，在民间寺庙周边还有服务于世俗生活的商业功能。例如，位于北京皇城东北的国子监—雍和宫历史街区与南锣鼓巷一样，是北京最老的街区之一，与元大都同期建成。[6] 街区内宗教寺庙众多，既有雍和宫、柏林寺等佛教寺院，也有元明清三代的皇家孔庙。白塔寺街区是一个典型的寺庙、商业、居住混合的街区。同样，作为泉州古城东西主轴线的重要组成部分的西街历史街区也是以地区重要的佛教寺庙开元寺为核心发展起来的商业、居住综合街区。

　　济南芙蓉街—百花洲历史街区位于济南明府城中心偏北的地区，这里明代曾有王府，豪门大院众多，商贾云集，至民国时期都是古城重要的商业生活区。街区内有府学文庙、关帝庙、龙神庙、泰山行宫、基督教堂、武岳庙等众多的宗教建筑（图3-6）。

　　产业与居住功能混合型　近代以前，手工业是我国城市中的重要功能，常见的手工业类型主要有纺织、制瓷、工具制造等生活生产服务型产业。近代以后，城市产业大为丰富，新增加了造船、冶金、机械加工等产业，这些都反映在不同的历史街区或同一历史的不同部分中。

　　在传统城市中，受早期运输条件和技术水平的限制，生产者为了便于生产和生活，一般将作坊与住宅设置在邻近区域，形成了"产住一体"的功能混合体。例如，瓷都景德镇的制瓷业从汉唐开始，历经千年，逐步形成了陶瓷生产、包装、运输、外销一体化的体系[7]。这种产业模式促使生产和居住功能混合，比如，在景德镇紧邻御窑厂的彭家弄和葡萄架历史街区内，既有官窑，也有大量民窑的窑房、坯房和民居，它们毗邻而建，共同形成了产住混合的整体。再比如，自1950年代起，我国参照苏联模式建造了大量围绕工业厂矿的职工宿舍区，生产和居住一体化的"工厂办社会"几乎成为那个时期的标准模式。

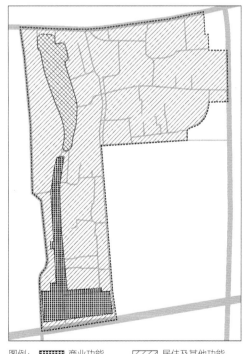

图例：▦ 商业功能　　▨ 居住及其他功能
　　　 ▩ 宗教功能　　▤ 历史街区范围

图3-6　济南芙蓉街—百花洲历史街区功能分布

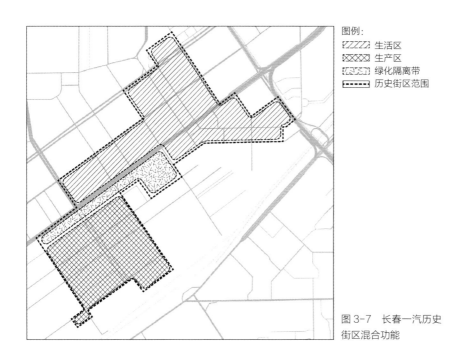

图例：
▨ 生活区
▧ 生产区
▨ 绿化隔离带
┅ 历史街区范围

图 3-7　长春一汽历史
街区混合功能

长春第一汽车制造厂就是"工厂办社会"的典型案例，长春一汽历史街区包括了分工明确的厂区和生活区（图 3-7）。

1.2　空间结构类型

依据街巷组织的特点，街区的空间结构大致分为两类：一类是街巷分布相对均匀的均质型结构，一类是街巷存在疏密差异的非均质型结构。

均质型结构　这类街区由于街巷分布均匀，所以无明显的空间核心。常见的均质型结构有棋盘形、鱼骨形等。例如，南锣鼓巷历史街区几乎完整地保留了元代坊巷格局，鱼骨状的胡同将整个街区划分成均匀的地块。清末开始建设的济南商埠区则参照西方密路网规划方法，形成棋盘型的城市区域，与济南老城的传统街区形成鲜明对比。地处长江下游的苏州平江路历史街区，网格状街巷和河道相互交错，形成了"水陆并行、河街相邻"的双棋盘格局（图 3-8）。

非均质型结构　这类街区最突出的特征就是空间的不均质性，也有的会出现一处或几处核心，街巷围绕核心以环绕或放射等方式排布。核心既可以是寺庙、官邸等重要建筑，也可以是广场公园等公共空间，或自然山体等。

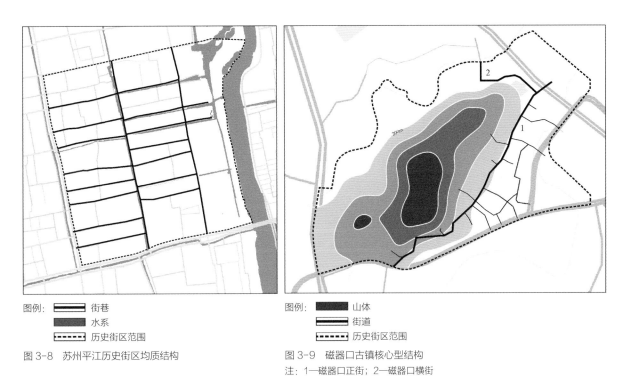

图例： ▬▬▬ 街巷
　　　 ▰▰▰ 水系
　　　 ┅┅┅ 历史街区范围

图 3-8　苏州平江历史街区均质结构

图例： ■■■ 山体
　　　 ▭▭▭ 街道
　　　 ┅┅┅ 历史街区范围

图 3-9　磁器口古镇核心型结构
注：1—磁器口正街；2—磁器口横街

　　青岛中山路历史街区的浙江路天主教堂和观海山历史街区的胶澳总督府都是放射形道路的焦点。济南芙蓉街—百花洲历史街区的芙蓉街和骡马市街交汇于文庙前的广场。新疆喀什古城艾提尕尔风貌区的街巷以艾提尕尔清真寺为空间核心呈放射状分布。即便没有交汇的道路或街巷，有的街区中也会存在一个主导型的建筑或建筑群。如北京的国子监历史街区就以国子监、孔庙为中心，这两个公共建筑在规制上明显有别于周边低矮的民居，起主导作用。

　　在我国，无论是传统城市还是后来受西方文化影响的近代城市中，很多历史街区都与自然山水环境要素相关，街区呈现出不均匀的结构。比如北京的什刹海街区包括了大面积的湖面，与沿岸较为均匀的四合院区形成对比。又如，位于山地之上的重庆磁器口历史街区为了适应环境，逐渐形成了以环绕马鞍山的两条主要街道——磁器口正街和横街构成的街区骨架，较为陡峭的山顶被环山街道围抱，成为整个街区的空间核心。福州的烟台山历史街区也是类似情况（图 3-9）。

　　需要指出的是，有些历史街区为单一的结构类型，有些则包含两种结构类型，比如新疆喀什古城的艾提尕尔风貌区是典型的核心型结构，而青岛中山路、观象山、八关山等历史街区则是核心型和均质型结构的混合体。

02

历史街区的格局与肌理

2.1 功能、环境与街巷格局

历史街区格局包括空间格局与社会格局，是在长期的历史过程中由环境、功能、文化传统、历史事件等因素共同塑造的街区主要结构。

功能类型在一定程度上决定了街巷的空间组织方式。例如，在泉州西街历史街区，位于开元寺前的西街为商业街，街两侧的腹地为居住区。《晋江县志》记载，西街不仅是设"市"的商业街，更是开元寺每月廿六的勤佛日赶庙会的交通要道。绝大多数商铺分布在西街两侧，长达 1600 多米。西街在民国时期拓宽到 7 米左右，被新辟的新华街分为东西两段。两侧居住用地呈面状分布，街巷呈近似的棋盘式排布，间距较大。西街东端居住密度极高的通政巷片区和旧馆驿片区街巷宽度一般不足 4 米，最窄的街巷仅有 1.5 米（图 3-10）。

在以传统商贸和生产为主要功能的景德镇彭家弄历史街区，商贸区位于交通便利的昌江沿岸，居住和生产区大多位于远离河岸的腹地。与功能对应的街巷密度也呈现外密短、内疏长的特点。与远离江岸的彭家上弄的生产、生活区相比，紧邻江岸的彭家下弄商贸区街巷密度更高、地块单元更小（图 3-11）。

像功能一样，既有的自然或人工环境也影响着街区的整体格局。例如，苏州、绍兴、常州等城市的历史街区受水网影响较大。济南芙蓉街历史街区的街巷格局同样受到水体的影响，"家家泉水，户户垂杨"是济南泉城最典型的特征，其"城泉共生"的特色堪称国内孤例。[8] 泉水在济南古城内集中出露，形成丰富多彩的泉井与池渠。当泉水因水量较大而溢出时，就需要通过街巷辅助排水，由此形成了顺泉渠建设街巷的传统。古城内地势南高北低，泉水向北汇流。因此，城内的南北向街道多且长，以利于排泄积水，而东西向街道少且短，利于引导积水。[9] 同

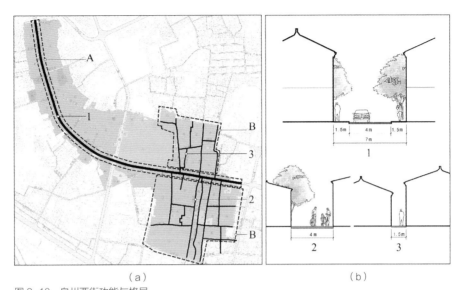

图 3-10　泉州西街功能与格局
（a）街巷格局分析；（b）街巷断面尺度
注：A—商业区；B—居住区；1—西街；2—壕沟墘；3—陈厝巷

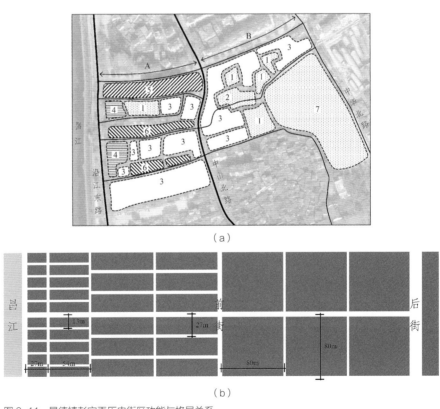

图 3-11　景德镇彭家弄历史街区功能与格局关系
（a）功能布局；（b）地块尺度
注：A—商住混合型社区；B—生产型社区；1—作坊；2—窑房；
　　3—住宅；4—商铺；5—物流和住宅；6—会馆；7—御窑厂

时，街区内还设有完善的明渠和暗渠，连通泉眼和泉池，形成水巷交织的街巷格局。南北走向的主要泉渠还影响了两侧绝大多数建筑的朝向，它们多呈东西向，以面朝泉渠。北京的鲜鱼口历史街区历史上曾是低洼的鱼塘，地势由西北向东南倾斜。[10] 为防"雨水多溢"，明朝"正统年间修城壕，作坝，蓄水……于正阳桥东南低洼处开通壕口，以泄其水。"[11] 清代，河水干涸，居民开始在河流形成的地形上修建房屋，于是塘梗变为胡同，塘地变为四合院，形成了斜街、转向胡同等特殊格局（图 3-12）。

澳门的历史城区是格局受山地环境影响的突出案例。葡萄牙人入澳以后，沿山脊线建设了一系列的地标性建筑及广场，形成线性空间序列，其他街道沿等高线或山坡延伸发展。由一条主街和七条小巷组成的交通体系被称为"直街"[12]，它连接了圣安多尼堂、大三巴、圣母玫瑰堂、大堂等十余座大大小小的教堂，曲折的形态反映了山体的走向。除"直街"外，澳门历史城区内的其他道路或平行，或垂直于山地等高线和海岸线。如花王堂街——大三巴——卖草地街——板樟堂街顺应大炮

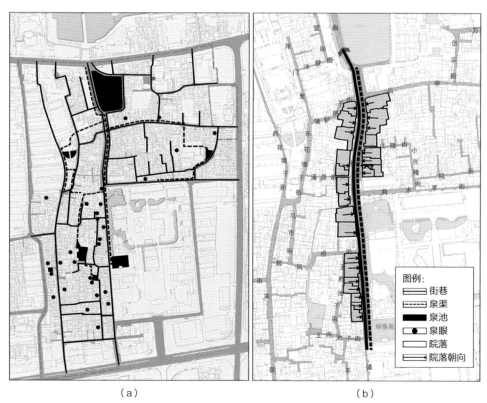

（a）　　　　　　　　　　　　　　　　（b）

图 3-12　济南芙蓉街历史街区泉水与格局关系
（a）泉水疏导体系；（b）院落与泉水的朝向关系

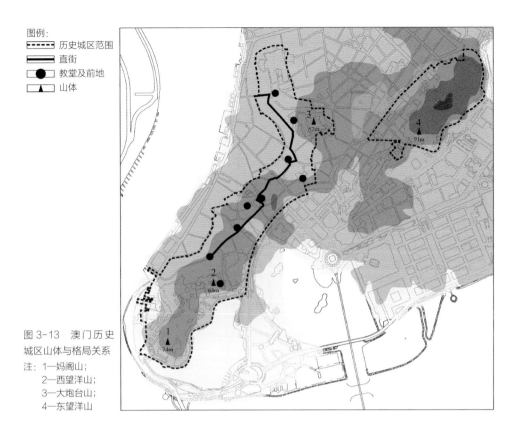

图例:
- - - - - 历史城区范围
━━━ 直街
● 教堂及前地
▲ 山体

图 3-13　澳门历史
城区山体与格局关系
注: 1—妈阁山;
　　 2—西望洋山;
　　 3—大炮台山;
　　 4—东望洋山

台山; 下环街——三层楼上街——红窗门街——营地街大街——关前街——工匠街顺应半岛西南部原来的海岸线（图 3-13）。[13]

　　此外, 气候也在一定程度上影响街巷格局。这一点在新疆喀什古城的恰萨街区中得到充分体现。由于日照时数长、紫外线辐射强, 新疆喀什古城普遍采用高墙窄巷的布局模式, 这样不仅可以在夏天减少日晒, 且易形成"冷巷风"效果。同时, 街区内普遍使用丁字形交叉口和尽端路, 加大风阻, 减小街道风速。[14]

　　除自然环境外, 历史建成环境也可以对街巷格局产生巨大影响。北京的新太仓历史街区就是在明代新太仓的基础上逐渐演化而来的。曾经新太仓的所在地正是今天石雀胡同、板桥胡同、东四十四条以及北沟沿胡同围合而成的区域。清代新太仓废弃以后, 居民在原有格局的基础上自发修筑房屋、开辟道路。在仓库区内, 贯穿南门和北门的新太仓胡同成为街巷格局的主干, 其余街巷则以四面边界道路和新太仓胡同为基础生长, 形成了有机形态的街巷格局。历经数代变迁, 虽然粮仓已经不复存在, 但通过街巷格局依然可以清晰地读出古仓的轮廓（图 3-14）。

图 3-14　北京新太仓地区的格局演变
（a）明代的新太仓地区；（b）现在的新太仓地区

2.2　文化、事件与街巷格局

　　我国古代等级化的空间体系不只体现在城市格局层面，在街巷格局层面同样有显著的体现。在三坊七巷历史街区，除了南后街、三坊和七巷外，还有明巷和暗弄作为联系坊巷的辅助交通系统，形成了由"街—巷—弄"构成的多级空间序列。其中，坊的间距大，其间还有明巷，格局清晰。巷的间距较小、形态曲折。院落内部有大量暗弄，格局较为模糊。从社会构成来看，七巷紧邻商业区，居民的社会阶层相对较低，而三坊远离市井之地，因此贵族和士大夫多居住在三坊和南后街一带。类似的情况在北京的南锣鼓巷历史街区也有所反映。东不压桥以东为富人区，胡同呈规整的棋盘式；西侧主要为中下阶层居民居住区，胡同细碎曲折（图 3-15）。

　　多元文化背景也会是导致同一街区内格局产生差异的重要因素。例如，澳门历史城区的多元空间格局源自中葡文化的融合。澳门历史城区的空间格局由"直街"、放射形路网以及"里"和"围"构成。[15] 在教堂和前地的周围形成放射形的主要路网结构，各条道路均指向中心的建筑和公共空间，这种路网结构带有典型中世纪城市规划的色彩，与教权统治相匹配。[16] 与"直街"、放射形路网不同，"里"和"围"

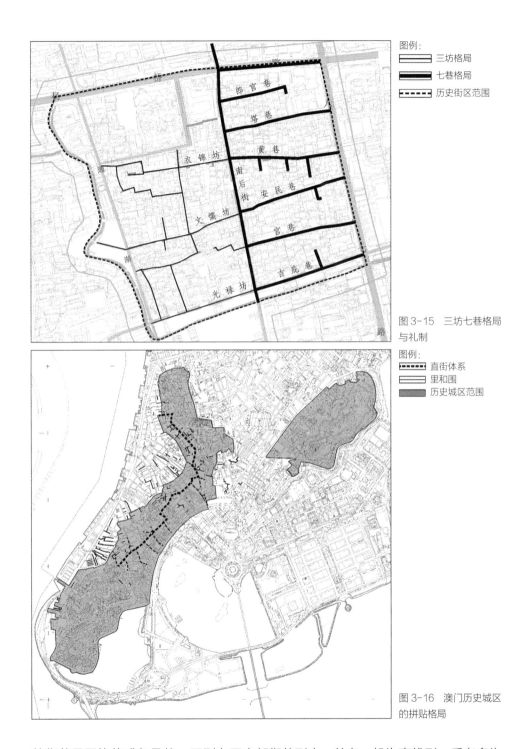

图例：
三坊格局
七巷格局
历史街区范围

图 3-15　三坊七巷格局
与礼制

图例：
直街体系
里和围
历史城区范围

图 3-16　澳门历史城区
的拼贴格局

的街巷呈网格状或鱼骨状，区别在于内部街巷形态，前者一般为直线形，后者多为"U"形。这与中国传统的"里坊"模式一致，因为澳门在明清时期曾实行与里坊制度相配合的"里保甲制度"（图 3-16）。[17]

　　济南商埠区的格局是近代西方文化和中国地方传统文化融合的产物,其主体结构具有典型的近代西方城市的特征,但细部结构则有很多我国传统街巷的印迹。[18]由主要道路划分而成的地块,除少数被一家独占外,多数被里弄进一步划分为更小的条形地块。这些里弄空间的尺度既受中国传统街巷格局的影响,又反映了当时新兴的核心家庭为主的高密度居住区生活方式(图3-17、图3-18)。[19]

　　如新城的发展、道路的开辟等重要的城市历史事件同样也会给街区留下重要的空间痕迹。在北京的大栅栏历史街区,大栅栏街、大栅栏西街、铁树斜街、杨梅竹斜街和樱桃斜街等几条斜向街道与绝大多数南北或东西走向的胡同形成鲜明对比。辽代的燕京沿用了唐代的位于今北京西城区菜市口一带的幽州蓟城,金中都又继承

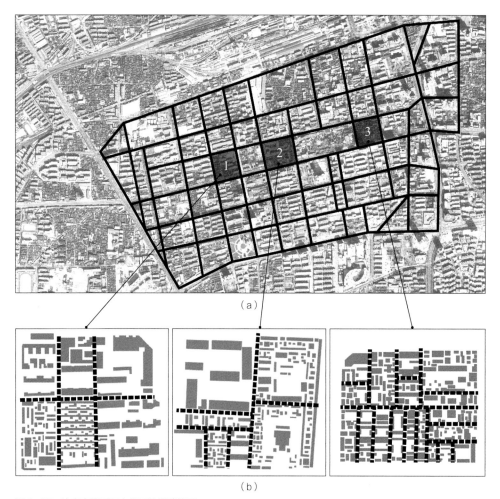

（a）

（b）

图3-17　济南商埠区历史街区的拼贴格局
（a）近代西方网格;（b）中国传统里弄

图 3-18　济南商埠区北方里弄建筑

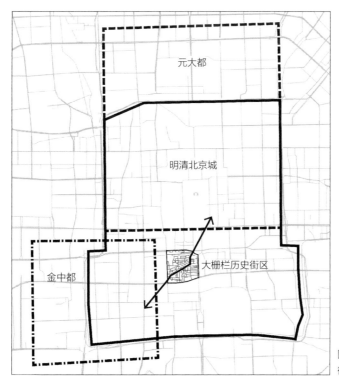

图 3-19　北京大栅栏历史街区斜街与城池演变关系

了辽旧城，称中都。这时大栅栏所在地区是城东的郊区。到了元代，新建的元大都位于金中都东北方向，金中都在此时被称为"南城"。旧城与新城之间人员来往不断，于是形成了联系两城的多条斜路捷径，后斜路两侧逐步增建铺面住宅，逐渐形成了今天的斜街格局（图 3-19）。[20]

2.3 历史街区的社会组织格局

社会成员通过生产关系、亲缘关系、信仰习俗关系等复杂社会关系联系在一起，形成了秩序化的社会组织体。社会组织的特点往往可以透过历史街区的空间形态得到体现。

在产业主导的历史街区中，生产活动是空间组织的核心。比如在景德镇的民窑集中区，"一窑十坯"的组团化的空间单元反映了当时陶瓷手工业独特的社会组织模式。[21] 在罗汉肚、彭家弄、刘家弄和方家弄等历史街区，窑坊为街区的中心，外围修建有作坊群，最外为住宅，它们共同形成"窑房—坯房—民居"的空间单元。此外，有些单元还在主要街巷两侧设置店铺（图 3-20）。

在古代，聚落都围绕可饮用的水资源建设，水体往往成为整个社会组织的核心。比如"逐泉而居"的生活模式曾经是济南芙蓉街历史街区社会网络的基础。很多儒释道宗教建筑也依泉而建，因而泉边的空间成为后世诸多祭祀等活动的场所。除了满足日常生活外，泉水空间环境还是社会交往活动发生的纽带。早在北魏时期（公元 5 世纪），济南名士阶层便有在泉边举行曲水流觞等雅集活动的爱好。到了清代，随着济南古城内平民居住区的产生，王府池子以及府学文庙等公共建筑周边渐渐形成了平民化的公共活动空间。

共同的信仰是维系社会组织的重要途径，它既可以是宗教信仰，也可以是自发的民间信仰。例如从 1557 年至 17 世纪中叶，澳门葡城内陆续建立起许多天主教

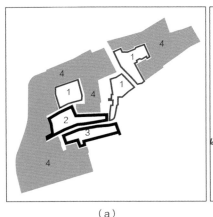
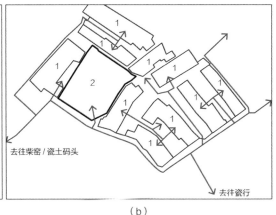

（a）　　　　　　　　　　　　　　　　　（b）

图 3-20　景德镇民间窑作群一窑十坯模式
（a）黄老大窑；（b）徐家窑
注：（a）1—作坊；2—刘家窑；3—黄老大窑；4—民居；（b）1—作坊；2—徐家窑

堂[22]，成为澳门居民日常生活的重要组成部分，并影响了社区的管理与分区。由于葡萄牙人一般是在教堂周围建立居所，因此，随着教堂数量的增加，居住区不断扩展，澳门的城市规模也进一步扩大（图 3-21）。在新疆喀什古城，清真寺是社会组织的重要组成部分。古城中心的艾提尕尔清真寺是城市级清真寺，其余八十多个小型清真寺则分布在整个古城中，形成了以清真寺为核心的社区组织单元（图 3-22）。[23]

再比如，铺镜体系是明清泉州城市重要的社会组织方式，这一点在西街历史街区有突出的体现。明清以后，铺镜成为泉州城市的行政区划单位，并逐渐发展成为地方的基层组织体系和社会结构的基本单位。铺镜体系由政府认可的"铺"与民间自组织的"境"逐渐融合而成。依据信奉的神祇居住在相应铺境单元内的居民，通常因共同的信仰而具有相似的意识形态和价值观，这使得每个铺境单元都形成一个社区。铺境庙作为铺镜单元的核心，不仅是信仰的重要载体，更是居民重要的公共活动空间。可以说，民间信仰是泉州西街乃至整个古城社会组织的纽带（图 3-23）。

宗族组织是历史街区常见的社会组织形式，拥有共同祖先的族人聚集在一起形成稳固的家族组织。三坊七巷历史街区就是家族群聚式社会组织的代表。以血

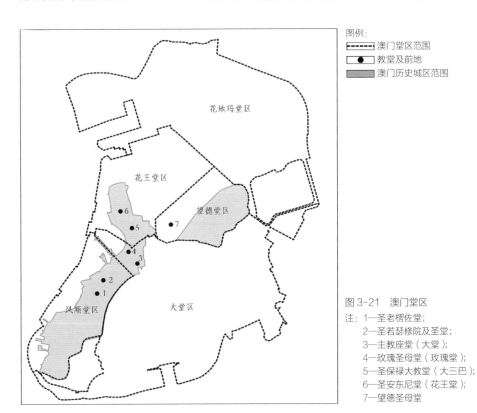

图 3-21 澳门堂区
注：1—圣老楞佐堂；
　　2—圣若瑟修院及圣堂；
　　3—主教座堂（大堂）；
　　4—玫瑰圣母堂（玫瑰堂）；
　　5—圣保禄大教堂（大三巴）；
　　6—圣安东尼堂（花王堂）；
　　7—望德圣母堂

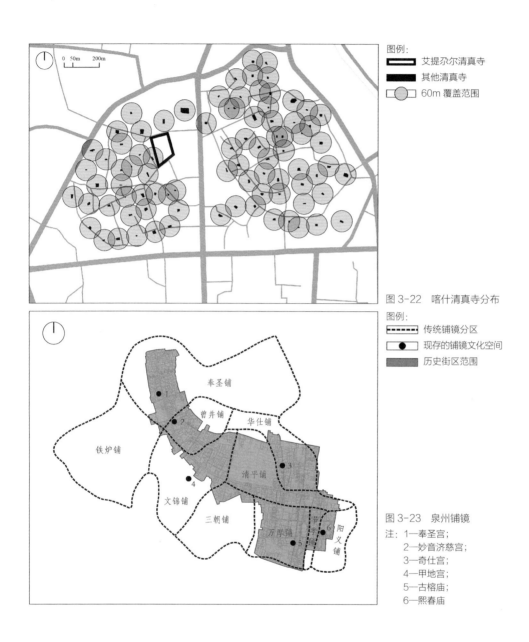

图 3-22　喀什清真寺分布

图 3-23　泉州铺镜

注：1—奉圣宫；
　　2—妙音济慈宫；
　　3—奇仕宫；
　　4—甲地宫；
　　5—古榕庙；
　　6—熙春庙

缘为纽带的家族制度虽始于西晋末年的衣冠南渡，但以儒家伦理为规范的家族制
度的最终建立仍应归功于南宋闽学的广为推行。现今宗族制度虽已经瓦解，但三
坊七巷的大家族，如郎官巷严家，黄巷郭家，宫巷沈家和林家，文儒坊陈家、尤
家和叶家，光禄坊刘家和许家，以及现存的七处祠堂，依然传达着关于宗族制度
的历史记忆。[24] 此外，像泉州西街、晋江五店市等传统街区的家族文化依然活跃，
许多家族依然保持着聚族而居状态，并通过祭祀活动维系在同一街区生活的家族
情感与认同感。

2.4　历史街区的肌理

城市建成环境的肌理源于城市道路对地块的划分，[25] 可分为城市和街区两个层面。城市肌理是由道路和地块组成的有一定规律可循的组合方式，街道走向、排布方式以及地块形态的差异使得城市呈现出独特的肌理。街区肌理是指在城市道路划定的一定规模的区域中，由下一级的街巷、建筑、建筑群以及建筑之间的空间等构成的具有一定规律性的组合方式。

肌理是城市形态研究中的重要层面。凯文·林奇在《城市形态》中指出：聚落的纹理（grain）是指某个聚落的各种不同要素在空间上的结合方式。[26] 要素或一簇一簇的要素重复出现就形成了肌理。作为肌理的构成成分，要素应当具有重复性和不可再分性。一方面，重复性使得要素大量聚集，它是肌理产生的基础；另一方面，要素是在满足重复性的前提下通过分解肌理能够得到的基本单位。

对应到街区空间，要素就是街巷和建筑。这里所指的建筑不仅包括单体建筑，也包括组合建筑。相同或相似的建筑通过排列组合构成组团。我们将这些建筑单体和建筑组团称为肌理的单元。

在街区范围内，建筑用地布局可以分为四类：开敞空间所围绕的住房街区、相互并列且面向街道的街区、几乎占满所有可用空间的纵深住房街区以及带有封闭院落和较小内部结构的住房。[27] 因此，可以将街区肌理的单元大致归纳为以下四种类型：独立式、庭院式、联排式和周边式（图 3-24）。

庭院式建筑单元　在中国传统街区中最为常见，它具有很强的适应性，任何阶层和功能都可以采用院落建筑。合院可以单独成户，也可以连接成多进大宅，每户都有临街的独立出入口。在气候、地形、功能和礼制等因素的影响下，合院尺度和形态千差万别。比如北方合院的天井比南方合院的更大。庭院式单元在近代西方城

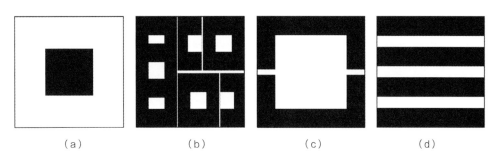

（a）　　　　　　（b）　　　　　　（c）　　　　　　（d）

图 3-24　历史街区肌理单元模式
（a）独立式单元；（b）庭院式单元；（c）周边式单元；（d）联排式单元

市中也十分普遍，以二层及以上为主；但院子主要用于通风和采光，不是功能活动的中心。近代西方的院落肌理既是文化的产物，更为高密度的城市提供了一种适应性很高的建筑类型。这种建筑类型在很多租界城市和开埠城市流行。青岛四方路的劈柴院等就是这类建筑的典型（图 3-25、图 3-26）。

独立式建筑单元　　在北京、上海、天津、青岛、广州和武汉等租界城市，这种单元类型十分普遍。[28]与我国传统建筑相比，这些建筑体型较大，建筑形式更加丰富。

联排式建筑单元　　于 19 世纪后半叶引入我国，由房地产商成片建造，有纯西方的联排式建筑与中西合璧这两种类型。前者多见于上海、天津、武汉、广州等租界区，后者如上海的石库门住宅、天津的"锁头式"里弄住宅、广州的"竹筒屋"等。[29]

周边式建筑单元　　我国城市居住建筑形态中的周边式单元借鉴了西方近代城市街区的形式，1949 年后因学习苏联模式，在工业区、行政区、住宅中也十分多见，建筑实体位于地块边缘，内部为公共空间。环状的建筑既可以是一个连续单体，也可以是多个单体的围合。

不同时期的社会环境和历史事件对历史街区肌理具有重要的塑造作用。以单一肌理单元主导的历史街区往往可以反映某个历史时期的特征。例如，福州三坊七巷历史街区是闽东地区合院建筑的典型代表，这种庭院式单元主导的肌理反映了明清时期福州传统民居的特点。田子坊是上海所剩不多的石库门里弄建筑群之一，它充分反映了我国 20 世纪初的居住形态特点。长春第一汽车制造厂历史街区体现了学习苏联时期的城市特色，尤其是生活区的建筑布局方式带有强烈的苏联风格（图 3-27）。

图 3-25　泉州传统庭院式建筑单元

图 3-26　日喀则传统民居肌理

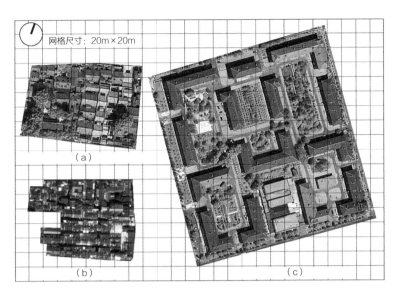

图 3-27　历史街区肌理反映典型历史时期
（a）福州三坊七巷历史街区；（b）上海田子坊；（c）长春一汽历史街区

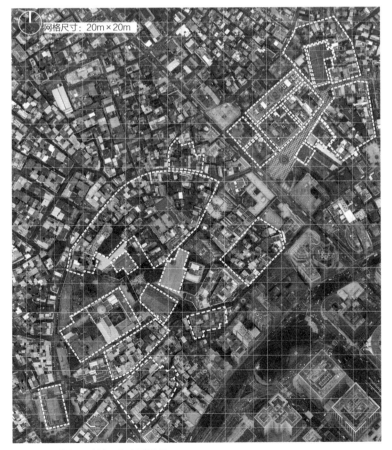

图 3-28　澳门历史城区复合型肌理

复合型肌理由多种肌理单元组成，是多个历史时期"时间拼贴"的结果。比如，广州的骑楼街区、西关大屋等都代表了不同的肌理片区，也记录了特殊的社会、功能与建造方式等糅杂的历史过程。同样，澳门历史城区的肌理由三种单元复合而成——联排式、独立式和庭院式，生动展现了澳门历史城区自开埠之后 400 余年的发展与变化（图 3-28）。

济南商埠区历史街区的复合型街区肌理源于这一地区在发展过程中的社会拼贴。片区内涵盖了中心独栋型、合院联排型、前楼后院型、工厂型和保留在城市用地中原来的村落等类型（图 3-29）。[30]

功能也在一定程度上塑造着丰富的历史街区肌理。例如，在北京国子监—雍和宫历史街区，雍和宫、孔庙、国子监等公共建筑与民居建筑，虽然都是院落式建筑单元，但因为功能不同导致的尺度与肌理差异非常明显。功能的变化可以影响街区肌理的变化，在景德镇的建国瓷厂地区，由于规模化生产对大空间的需求，建国瓷厂内单体式的厂房肌理与周边庭院式民居以及"一窑十坯"的传统窑作建筑群的肌理形成鲜明对比（图 3-30）。

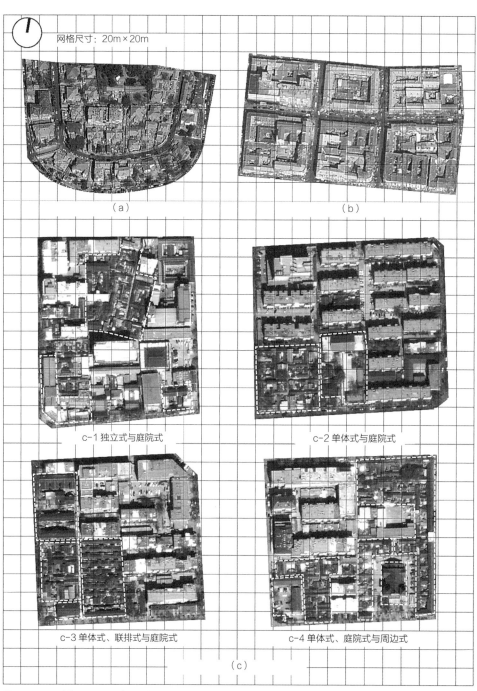

图 3-29　历史街区肌理反映文化背景

（a）青岛八关山历史街区；（b）青岛四方路历史街区；（c）济南商埠区历史街区

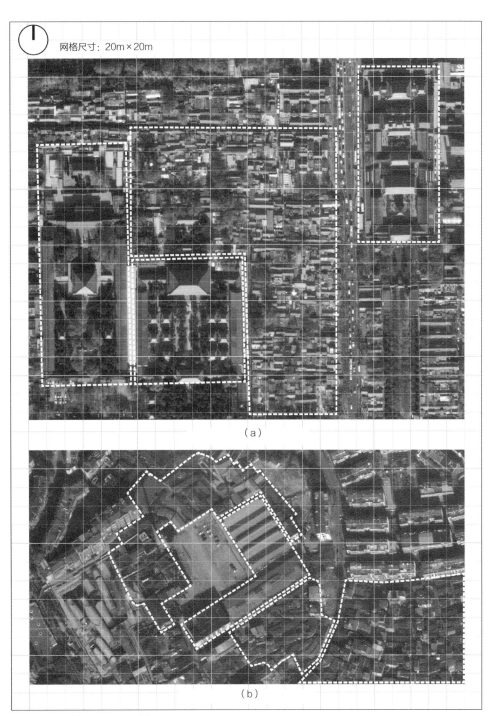

图 3-30　历史街区肌理反映功能

（a）北京国子监地区；（b）景德镇建国瓷厂地区

03

历史街区的风貌

3.1 文化、历史与街区风貌

　　广义的风貌既包括物质空间之"貌"，也包括社会生活之"风"，两者是相辅相成的整体。一个地方的风貌是指其物质与非物质环境的综合呈现。对历史街区而言，风貌要素包括建筑高度、体量、材料和街道空间，以及依附于空间的装饰物、招牌、室外陈设以及人的活动等。历史街区风貌的形成受多种因素的作用，如历史、文化、环境、技术等。但是，这些因素对不同的历史街区的作用力并不相同，比如有些历史街区带有多元文化的风貌特征，而有些街区则受地形地貌的影响更强烈。

　　传统社会的文化反映在人们的行为之中，[31] 它决定了人们利用和改造环境的方式，并逐步形成独特的建造习惯和审美习惯，从而塑造独特的建成环境的风貌。因此，在塑造街区风貌的诸多因素中，文化对建筑形式起到了决定性作用，而气候、材料和技术等则是辅助因素。[32]

　　有些历史街区的风貌受单一文化影响而表现出统一或近似统一的特征。例如，北京南锣鼓巷历史街区在传统北京文化的影响下形成了由胡同和四合院构成的相对单一的风貌特色。又如，绍兴地处长江中下游平原，温润的气候和多水的地貌形成了人们崇尚朴素的审美情趣和依水而居的生活方式，最终形成了地域性极强的水乡文化。位于中山南路的青岛中山路历史街区修建于 1897 年的德占时期，当时德国人编制的《青岛城市规划》将这一区域划定为"欧人区"。在德国文化的影响下，街区形成了以高大的欧陆建筑为主的风貌特色。

　　多元化的社会结构常常带来多元文化的共生与融合，对历史街区的风貌产生影响。在历史上，尤其是近代，一些文化交流与融合程度高的城市的历史街区风貌往往呈现混合性的特征。比如，泉州古城很早就有清真寺存在，并成为城市的地标。

又如，澳门的历史城区由当地的华人文化、葡萄牙文化融合而成，风格迥异的建筑也反映了澳门文化融合的历史与现状（图 3-31）。

　　泉州自古就是我国的侨乡，华侨群体和传统闽南社会的融合造就了西街历史街区多元化的风貌，街区除了古厝、手巾寮等闽南传统建筑外，还有泉西基督教堂和番仔楼等混合了西洋和闽南风格的建筑（图 3-32）。晋江五店市历史街区也有类似融合了南洋风格的闽南建筑（图 3-33、图 3-34）。另外，与青岛中山路历史街区一街之隔的四方路历史街区，这一区域是德占时期划定的"华人区"，居民以华人为主，建筑风貌受到了德式建筑的影响，形成了富有特色的中西融合的风貌特征（图 3-35）。有"万国建筑"之称的厦门鼓浪屿更是一种文化"并置"的多元风貌。

　　历史街区的风貌并不是一成不变的，而是始终处于动态发展之中。在历史的更迭过程中，有些风貌要素因具有较强的适应性和持久性而得以保留，有些则弱化甚至消失。这些被保留的要素在历史的作用下叠加和拼贴，形成了今天所见到的历史街区。从某种意义上说，历史街区的风貌是历史沉淀的产物，而非一个特定时期所独有。有的历史街区以某一时期的要素为主。由于历史原因，历史街区中能够保留到现在的建筑大多修建于距今较近的历史时期，因而反映单一时期风貌特色的历史

（a）　　　　　　　　　　　（b）　　　　　　　　　　　（c）

（d）　　　　　　　　　　　（e）　　　　　　　　　　　（f）

图 3-31　澳门历史城区风貌
（a）康公庙；（b）郑家大屋；（c）骑楼；（d）玫瑰圣母堂；（e）大堂前地；（f）议事亭前地

图 3-32　泉州西街风貌
（a）西街街景；（b）古厝；（c）泉西基督教堂；（d）番仔楼商铺；（e）番仔楼民居

图 3-33　晋江五店市
南洋风格的历史建筑

图 3-34　晋江五店市历史建筑独具文化特色的木雕装饰

图 3-35　青岛四方路历史街区

街区数量相对较多。受建筑材料与形式等因素的影响，西方城市中保留下来的建筑多修建于 18 世纪至 20 世纪初，而我国各历史城区中的老建筑一般是以清末和民国时期的建筑居多。例如，南锣鼓巷现存的绝大部分建筑修建于清朝，少部分为明朝建筑；虽然民国时期建筑也有西洋建筑的烙印，但总体上还是保持了比较典型的清代风貌特色，青岛八大关历史街区形成于殖民时期，建筑风貌深受西方文化影响。由英、法、日、美、俄等 24 国建筑师以及深受西方建筑影响的中国建筑师共同设计完成，被称为万国建筑博览会。大杂烩式的风貌恰恰反映了我国近代半殖民地半封建社会的建筑风貌特征，这一点在天津五大道历史街区中也可以得到印证。南京是明代都城，作为都城重要的居住区的老城南兴盛于明代，然而其保留至今的却并非明代风貌，多数老建筑建于清代晚期到 1940 年代。北京南城也存在类似的情况（图 3-36）。

图 3-36　北京南城多样的建筑风貌

有些历史街区呈现不同时期混合的特点，能反映几个时期的风貌特色。例如，泉州西街历史街区的风貌就反映了宋至明清以来的历史积淀。从宋代的开元寺，到清代传统民居和基督教泉西堂，再到近代民居和沿街店铺，充分展示了巨大年代跨度的历史的连续性。

3.2　环境与街区风貌

由于受到气候、地形、地貌等要素的影响，历史街区的风貌往往表现出独特的地域性。在光照、温度、湿度和降水等不同气候条件的地区，人们通过改变建筑形式达到改善人居环境的目的，由此产生了适应不同气候条件的建筑形式。例如，新疆喀什地处沙漠和戈壁地区，气候干旱、炎热、多风，因此，喀什恰萨街区的沿街建筑大多拥有厚重的外墙和较小的窗洞以抵御风沙，突出的屋檐和外廊可以有效地遮蔽阳光。在岭南地区，独特的骑楼建筑形式与炎热多雨的气候密不可分，连续的外廊有利于遮阳和避雨，所以，在广州南华西街历史街区，南华西路和同福西路两侧的连续骑楼形成了独特的街道风貌（图 3-37、图 3-38）。

在历史街区中，水体既可以是风貌的一部分，又可以影响其他的风貌要素的形式等。比如，济南"泉城共生"的风貌特色就得益于泉水，在芙蓉街历史街区，大、小泉池就有二十余处，另外还有明渠、暗渠、水塘等；街区内还有众多与泉相关的桥，它们与街巷、建筑组合成泉水公共空间、泉水街巷和泉水宅院三类特色空间（图 3-39）。再比如，苏州平江路历史街区是以河流塑造风貌的典型代表。

图 3-37　潮州骑楼街

图 3-38　海口骑楼街

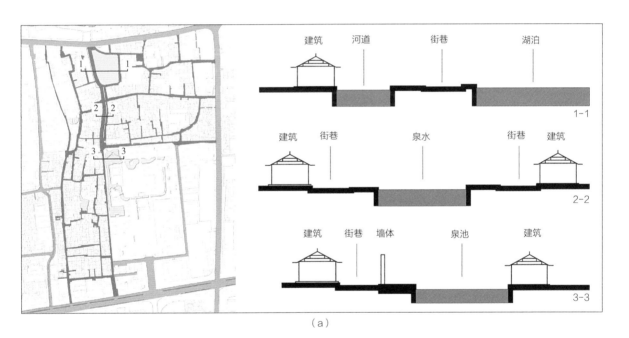
（a）

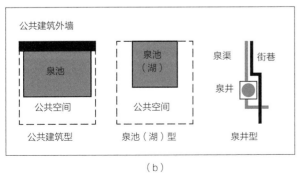
（b）

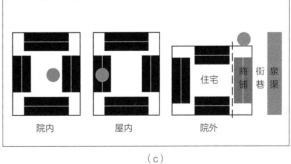
（c）

图 3-39　济南芙蓉街历史街区泉水特色空间
（a）泉水街巷；（b）泉水公共空间模式；（c）泉水宅院模式

一方面，河流与街巷、建筑之间存在多样化的组合模式，包括多种建筑和公共空间类型；另一方面，"因河而生"的古桥同样是这幅水乡图景中不可或缺的元素（图3-40）。而对于澳门这座滨海城市而言，海洋对历史城区风貌的塑造则更加明显。色彩明快的葡式建筑以及耸立在东望洋山山顶的教堂和灯塔在为来往船舶指明航向的同时，也形成了澳门独具一格的海港城市风貌。

我国很多历史城市都充分利用了山体环境，形成了垂直维度多层次的街区景观。例如，磁器口历史街区位于地形起伏多变的山地之上（图3-41），与平地之上的街区不同，这些修建在自然山地之上的街区多顺应山势，建筑在竖向维度上错落有致，形成了独特的山地街区风貌，展现了人工街区与自然山地之间随形就势的依附关系。同样，青岛的八关山、小鱼山历史街区和厦门鼓浪屿历史文化街区等同样反映了巧妙利用山体环境进行建设的风貌（图3-42）。

图3-40　苏州平江路历史街区

图3-41　重庆磁器口历史街区

图3-42　厦门鼓浪屿历史街区

3.3　技术、功能与街区风貌

色彩形成了人们对街区整体风貌的最初体验，在传统城市中色彩常源于地方性的材料，传统建筑多就地取材，因此城市风貌能够与自然环境高度协调。例如，在喀什恰萨街区，居民利用沙漠最常见的木材和生土作为材料，修建以木框架编笆墙体系和黄土的原生土、全生土、半生土建筑体系为结构主体的阿以旺民居，形成了与戈壁沙漠相协调的土城风貌。在景德镇方家弄历史街区，居民使用修窑时废弃的窑砖、匣钵、垫饼、尾砂等作为修建房屋的材料，这些经高温烧制的材料有着特殊的颜色和质地，产生了独特的"窑"文化的街区风貌。在传统社会，色彩和材料还反映了社会的等级制度与习俗。例如在明清时期的中国城市中，黄色为帝王象征，只能用于皇家宫殿、陵墓和寺庙中，一般民居禁止使用。这一点在国子监—雍和宫历史街区得到充分体现。国子监、雍和宫、孔庙的黄琉璃瓦与民居的灰瓦形成了鲜明对比。

地方材料不但影响地区的总体色彩，还会通过影响特有的建造技术与建筑形式，进而影响街区的整体风貌。比如，在苏州平江路历史街区，街区内临河的居住建筑多采用砖结构，连续的实墙形成了幽静的居住空间；而临街一侧的商业建筑则采用木结构，轻巧通透的门面营造了开放的商业氛围。当然，建造技术影响风貌的本质仍然是地方历史、文化和环境等因素在发挥作用。比如，晋江五店市、泉州西街等历史街区都呈现红色的主色调。从地域分布来看，中国南方仅闽南沿海民居使用红色筒瓦，其余皆为板瓦，而红瓦的使用与本地环境和历史因素有关。在此基础上，这些地区的居民还将当地石块与橘红色砖以"出砖入石"的方式混合使用，形成了红白穿插的色彩变化（图 3-43、图 3-44）。

|（a）|（b）|（c）|

图 3-43　技术与风貌
（a）景德镇方家弄历史街区使用瓷器废料修建房屋；（b）泉州西街历史街区"渐次升高"的多层次空间；（c）泉州西街历史街区"出砖入石"的建造方式

使用功能对街巷风貌影响明显。比
如，商业街的风貌比居住街巷要更开放、
活跃等。在济南芙蓉街历史街区，商业
街与居住型街巷具有截然不同的风貌。
芙蓉街和后宰门街作为传统的商业街，
两侧的老字号鳞次栉比，大大小小门面、
匾额、幌子和招牌等景物塑造了繁荣的
商业景象。相反，王府池子街、起凤桥
街等以居住功能为主的街巷则幽静朴素（图 3-45 ）。

图 3-44　晋江五店市历史街区的蚝壳墙

（a）　　　　　　　　　　　　　（b）　　　　　　　　　　　　　（c）

图 3-45　济南芙蓉街历史街区功能与风貌的关联
（a）芙蓉街；（b）起凤桥街；（c）王府池子街

3.4　优秀传统文化与街区风貌

　　传统文化与社会生活息息相关，涉及民间习俗、口头传统和手工技艺和地方信
仰等。其表现形式丰富多样，建筑装饰、招牌以及人的活动等都是传统文化的载体，
构成了历史街区风貌中"活"的部分，即街区的氛围。

　　传统礼俗都离不开礼俗场所，重要的礼俗场所自然就成为街区文化景观中最核
心的部分，并形成风貌中具有地方特色的部分。地方信仰是民俗的重要方面，又分
为宗教信仰和民间信仰。济南芙蓉街历史街区每年秋天在府学文庙都要举办盛大的
祭孔仪式，这也曾是中国古代重要的官方祭祀仪式。腊月二十六日在泉州开元寺有
勤佛仪式，是开元寺乃至泉州地区最重要的佛事之一。农历正月廿六是道教重要的
观音开库日，这一天，南方很多有寺庙的街区的人们会去观音堂和妈祖庙参拜观音。
在我国的历史街区中，不仅佛教、道教等中国传统宗教信俗活动十分丰富，西方传

入的宗教活动及各色民间信仰也十分普遍，例如，澳门历史城区拥有丰富的东西方宗教信俗。除了官方的宗教神，各地还有众多的民间神祇崇拜，并形成了颇具地方特色的民间信俗活动。泉州西街历史街区至今保留着铺境信俗，以铺境庙为单位的祭祀活动和普度活动是铺境信俗的重要内容，这些活动在城市街区中塑造了妈祖庙、土地庙、神龛等多样的宗教场所以及巡游、祭神的广场街道空间。又如，澳门有信奉妈祖、土地神、哪吒、玄武大帝等民间神的习俗。妈祖又称娘妈，是最受澳门居民尊敬的海神，供奉妈祖的天后庙随处可见。

此外，民间信俗还影响着建筑装饰。例如，泉州地区的官式大厝常使用燕尾脊的屋脊形式，像晋江五店市的庄氏家庙、泉州西街的开元寺等。其屋脊两侧和山墙之上常常雕刻蝙蝠、龙、云、水等纹饰，它们具有祈求祥瑞平安的意蕴。这种文化赋予了闽南城市特有的装饰标识。

在宗族礼俗中，祭祖占有重要地位，它来源于祖先崇拜。今天这一传统在南方很多地区仍然鲜活，成为族群认同感和凝聚力的纽带。像晋江五店市、泉州西街等闽南地区的历史街区依然保留着祭祖的习俗，来自台湾地区、香港特别行政区以及东南亚地区的同姓族人每年都要到家庙祭拜祖先。

除了宗教习俗外，还有很多与传统节日相关的民间风俗。例如，三坊七巷作为福州重要而独特的文化社区有着浓烈的人文气氛，其民俗活动更是异彩纷呈，热闹非凡，这些源自民间的社情民风，经历多年的延续与积淀，亦凸显出深厚的文化底蕴和隽永淳厚的民风民俗。其中，最具特色的民俗活动有：春节期间的南后街的灯市，立春剪纸为花，除夕供"公婆"、烧火炮，中秋排塔，民间社火等。[33] 在晋江五店市传统街区，端午节还有"嗦啰嗹"习俗。除了传统的节日外，各地还有地方性的节日。地方节日大多与历史事件、民间传说和信仰礼俗相关。

历史街区的地名大多与民间故事和传说关系密切。例如，绍兴仓桥直街流传的民间传说和故事已经被列为非物质文化遗产。其中最有名的当属《晋书王羲之传》中记载的王羲之为老妪题扇的故事，"题扇桥""笔飞弄"和"躲婆弄"也由此得名。此外，福州三坊七巷街名的由来、泉州西街的鲤城老地名以及济南芙蓉街的泉水和街巷名称的由来与变迁等也包含了大量的民间传说和故事。

文学作品也对历史街区有重要影响，它们或是作品创作的地点，或是作品描写的某一地点。例如，三坊七巷名师硕儒辈出，演绎出许多文坛佳话。如宋代福州知州程师孟与闽山保福寺僧唱和并题刻"光禄吟台"，清代文化名流常常在梁章钜的小黄楼进行诗会雅集活动，并有《三山唱和集》流传于世。清代中叶以后，三坊七巷文人尤好折枝诗，诗社活动频繁，如宫巷关帝庙常有"野战"活动，至今安民巷12 号的"三山诗社"仍很活跃。[34] 由此可见，无论是民间故事和传说还是文学作品，它们都赋予了历史街区的物质空间环境很多人文内涵，塑造了历史街区的气质。

历史街区传承的表演艺术门类众多，最常见的就是戏剧、曲艺、音乐和舞蹈等。在许多历史街区中，历史上都有专门的场地以供表演。每逢演出，都能吸引十里八乡的居民前来观看。久而久之，就形成了固定的社会生活场景。例如，三坊七巷内最典型的闽剧观演场所为水榭戏台，每年演戏数次。此外，许多会馆、寺庙和大宅也有演出场所，像欧阳氏花厅、光禄吟台、古闽山庙、天后宫、各镜社和宗祠。南华剧场、郎官巷讲书场则是福州评话、伬艺的演出场所，现如今已经被拆除或改作他用。这些文化空间和传统曲艺一起成为街区风貌不可分割的一部分。

传统手工艺是古代生产的重要手段，主要包括雕刻、工艺品制作、传统食品制作、中医药等传统技艺。许多传统手工艺因其工艺突出、产品精良而流传至今，成为大众熟知的老字号。比如，据 1914 年叶春墀编写的《济南指南》记载，当时的济南芙蓉街共有 10 类有影响的商业老字号共 36 家，其中石印店 2 家、古玩店 4 家、鞋帽店 4 家、首饰店 4 家、丝线店 2 家、银号 7 家、菜馆 2 家、理发店 3 家、律师所 4 家、照相馆 4 家。[35] 现如今街区内保留广聚恒洋货店、燕喜堂、远兴斋酱园等老字号，生意依然兴隆，成为街区乃至城市传统文化的重要标志。

04

历史街区的整体保护

4.1 保护范围的划定

《历史文化名城名镇名村保护条例》指出，"历史街区是保存文物特别丰富、历史建筑集中成片、能够较完整和真实地体现传统格局和历史风貌，并具有一定规模的区域。"[36] 一般认为，历史街区应具有以下五个方面的价值与特征："一、在其所在城市的形成和发展过程占有重要地位；二、与重要历史名人和重大历史事件密切相关；三、其空间格局、肌理、风貌等体现了传统文化思想（如礼制、'风水'、宗教等）、民族特色、地域或时代特征；四、具有丰富的非物质文化遗产和优秀传统文化及其场所；五、保持传统生活延续性，记录了一定时期社区居民的记忆和情感。"[37]

划定核心保护范围进行重点保护、划定建设控制地带进行外围协调保护，是历史街区保护的重要保护措施，核心保护范围和建设控制地带统称为历史街区的保护范围。相关规定中进一步明确了核心保护范围和建设控制地带的划定标准，指出"历史文化街区内传统格局和历史风貌较为完整、历史建筑或者传统风貌建筑集中成片的地区应当划为核心保护范围，在核心保护范围之外划定建设控制地带"[38]。

历史街区必须具有一定的规模才能真实完整的体现传统格局与风貌。《历史文化名城保护规划标准》明确规定"历史文化街区核心保护范围的最小面积应不小于 1hm²"。[39] 对于街区保护范围的上限没有相关要求，保护范围的划定要体现真实性、完整性的原则，并充分考虑历史街区保护与城市发展的整体关系以及遗产管理的可操作性等，所以保护范围面积不是越大越好。

核心保护范围是街区格局与风貌的集中体现。《历史文化名城保护规划标准》对于划定历史文化街区核心保护范围的界线定位提出了三点要求："第一，文物古迹或历史建筑的现状用地边界；第二，在街道等处视线所及范围内的建筑物用地边界或外观界面；第三，遵从构成历史风貌的自然景观的边界。"[40]

例如，泉州西街核心保护范围的划定就考虑了院落边界的完整性和历史风貌的完整性，保护范围边界由开元寺、基督教泉西堂等文物保护单位的保护范围以及历史建筑和传统风貌建筑的院落边界共同组成，面积为 24.3 公顷。福州三坊七巷保护范围的划定除了考虑民居院落边界和文物保护单位的保护范围，还考虑土地权属、行政边界等因素。

历史文化街区的建设控制地带是《城市紫线管理办法》中规定的为确保历史文化街区的风貌、特色完整性而必须进行建设控制的地区。[41] 该边界的划定需兼顾建筑用地边界、肌理完整性、现状道路以及环境要素景观界面的完整性等。例如，泉州西街建设控制地带外围边界既结合了孝感巷、大寺后、象峰巷、园石巷等街巷，还结合了开元寺的保护范围和民居院落边界。三坊七巷的建设控制地带为核心保护区范围以外，北到杨桥路，东至八一七北路，南到安泰河南岸，西至安泰河西岸，面积 19.78 公顷。[42] 这一范围的划定是以历史上三坊七巷的范围为依据的，以保证历史街区的完整性。

在有些情况下，可根据实际需要划定历史街区的环境协调区，它是对街区周边自然环境与历史街区的统一关系的一种保护控制措施。一般可将沿主要城市道路、河流等空间要素的可视范围内的自然与人文环境相对完整的区域划定为环境协调区。例如，三坊七巷历史文化街区的环境协调区的划定充分考虑了乌山、安泰河等外围环境，为了加强与乌山的对接，保护规划将三坊七巷的环境协调区的南侧边界扩展至道山路，与乌山风貌区的建设控制地带形成对接（图 3-46）。[43]

划定不同的保护控制区是为了在保护过程中采取不同的管控措施。在核心保护范围内，采取最严格的措施保护传承历史风貌的文物和传统建筑等要素，整治与传统风貌不协调的建、构筑物，维持历史街区的整体空间形态和尺度。除基础设施和公共服务设施外，一切建设活动都受到严格的制约。在建设控制地带内，允许新建、扩建和改建建筑，但要求其在高度和体量上保持与传统格局和肌理相协调。同时，建设控制地带内的整治更新应有计划、分阶段进行，避免大拆大建。在环境协调区，主要管控外围环境的总体风貌与环境不对历史街区构成威胁。[44]

例如，《三坊七巷历史文化街区保护规划》要求，在三坊七巷的核心保护范围内，要保持街区传统空间形式及建筑格局，保持古坊巷原有的空间尺度。针对质量较差的片段，坚持以"微循环""有机更新"的方式予以更新，对于不协调建筑集中的地块，应采取小规模渐进的方式进行改造，并注意街区整体肌理的延续，与历

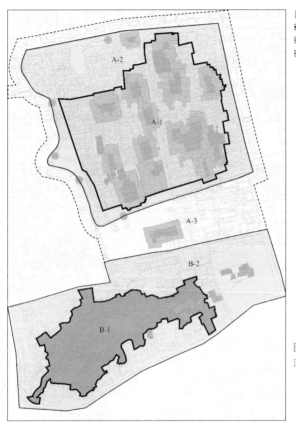

图例:
▬▬ 核心保护范围
▭▭ 建设控制地带范围
▭┄┄ 环境协调区范围

图 3-46　三坊七巷历史街区缓冲区划定
注: A-1—三坊七巷历史街区核心保护范围;
　　 A-2—三坊七巷历史街区建设控制地带;
　　 A-3—三坊七巷历史街区环境协调区;
　　 B-1—乌山风貌区核心保护范围;
　　 B-2—乌山风貌区建设控制地带

史风貌协调。在建设控制地带范围内,各种修建性活动应依据保护规划,经规划、文物等主管部门批复同意方可进行,其中文物保护单位保护范围内的建设应根据文物保护要求进行。[45]

4.2　物质遗产与环境风貌的保护

《历史文化名城名镇名村保护规划编制要求(试行)》提出了历史街区保护应当遵循下列原则:"保护历史遗存的真实性,保护历史信息的真实载体;保护历史风貌的完整性,保护街区的空间环境;维持社会生活的延续性,继承文化传统,改善基础设施和居住环境,保持街区活力。"[46]

对于历史街区来说,历史遗存及其历史信息的真实性首先体现在其历史格局上,它包括街区自身与相关自然环境共同形成的空间格局,对其应予以整体保护。街区的空间格局主要指街巷形态的总体格局,包括历史街巷结构、尺度与整体肌理。比如,泉州西街、福州三坊七巷、北京南锣鼓巷、济南商埠区等历史街区或风貌区的保护规划都提出了保护历史街巷格局的要求与措施。其中《泉州西街历史文化街区保护规划》提出保护西街由开元寺及双塔、西街构成的"一核一轴"的基本结构的要求,同时提出严格保护新华路以西部分鱼骨状的传统街巷结构和新华路以东网格状的传统街巷结构,禁止在这两个区域扩建道路。保护规划还要求,对现有道路进行局部改建时应当延续或者恢复传统街巷的空间、肌理和景观特征。为改善街区通达性和消防安全性需要增加的巷道应按规划要求将宽度控制在 3 米以下。[47]

　　保护物质空间风貌需要从街巷、建筑以及环境要素等方面入手。历史是多层次的,风貌特色也是多元的,即使一个历史街区主要反映了某一时期或某种文化类型的风貌特色,也并不代表街区内完全不存在其他时期或其他文化类型的风貌要素。因此,保护历史街区风貌应当注重对风貌多样性的保护,这也是遗产保护中真实性、完整性原则的要求(图 3-47)。

　　街巷与建筑的分类保护控制　按照保存状况,历史街区的街巷可以分为一类传统街巷、二类传统街巷和一般街巷。其中,一类传统街巷为现存走向、尺度及传统风貌保存较好的街巷;二类传统街巷为现存走向、尺度及传统风貌保存一般的街巷;除一类和二类传统街巷之外的街巷则为一般街巷。由于三类街巷在价值和保存状况上的差异,所采取的保护措施和控制强度也应当有所区别。总体来说,一类和二类传统街巷以保护街巷的走向、空间尺度和风貌为主,应严格控制建设活动;一般街巷则通过对其空间和风貌的适度控制达到与街区的整体协调。例如,在三坊七巷历史街区,传统街巷的走势、空间收放都受到严格保护,而且街巷边界线的自然轮廓也不得拉齐取直,以保护"曲折有致,凹凸变化"的巷道特点。[48] 在泉州西街历史街区,西街、甲第巷、象峰巷、旧馆驿巷、裴巷等一类传统街巷的线位、宽度、断面形式以及胡尾巷、奉圣巷、台魁巷等二类传统街巷的走向和宽度都受到严格保护。对一般街巷新华路进行严格控高,街巷两侧建筑高度应符合《开元寺文物保护规划》的相关要求,并与历史文化街区的整体风貌相协调。

　　"历史街区保护范围内需要保护的建筑包括文物保护单位、尚未核定为文物保护单位的不可移动文物、历史建筑和传统风貌建筑等。"[49]

　　对于文物建筑,应按照文物保护法及文物保护规划的要求严格保护。对于历史建筑,对建筑外观以及内部有价值的建筑部分或构件参照文物保护的标准进行保护,允许甚至鼓励对建筑内部改造以满足更为灵活利用的需要。

图 3-47 山西太谷
古城整体风貌

    在这里有必要对传统风貌建筑的概念进行解释。在我国的历史街区中，文物与历史建筑数量与面积占比并不高。比如，北京老城区内的历史街区的这一比例多在10% 以下，仅仅保护这些文物与历史建筑远远不够。我国多数历史街区都存在大量建造年代并非很早、遗产价值并非很高、但是在营建技艺或者外在风貌方面仍然具有一定地方特色的建筑，它们构成了历史街区风貌特色的本底，故将它们界定为传统风貌建筑，保护传统风貌建筑对历史街区至关重要。实际上一个街区内的传统风貌建筑往往会包括不同时代、不同材料与风格的多种老建筑类型，传统风貌建筑的判定主要是依据建筑的年代及其代表的时代特征。比如可将一个街区的传统风貌建筑定为 1949 年以前的所有建筑，也可将 50 或 30 年以上历史的老建筑定为传统风貌建筑。因此对于传统风貌建筑的保护应该在对建筑进行分类的基础上，采取不同的方式开展。传统风貌建筑的保护，应该尽可能保护外观岁月价值较为突出、质量较好的部分，其余则可采取翻建、改建等策略，翻建、改建时应保持建筑的基本尺度（图 3-48、图 3-49）。

    相关自然环境与历史环境要素的保护   自然环境包括与历史街区相关的地形、地貌、水系等关系，这种关系反映了街区建设者的观念与智慧，也可能具有一定的历史价值。本书在第一章讨论了中国传统城市与自然山水之间存在着密切关联，历史街区作为古代城市的一部分，自然也存在这种关联。历史街区遗产价值的分析有必要将相关的地理环境纳入研究范围，确定街区与它们的关系，在保护中加以考虑。例如，泉州西街的开元寺大殿中轴线与双塔连线构成的"十字"轴线与

图 3-48　晋江五店市历史街区保留的残墙片段

图 3-49　晋江五店市历史街区风貌的延续

清源山、龙头山、东山、南山存在对位关系，其中龙头山就在西街的片区的最西端，因此，这样保护龙头山的地形地貌以及其周围的庙宇等就显得十分重要。另外，在济南芙蓉街曲水亭街区，其中的文物建筑龙神庙与其背面的水系有清晰的构图关系，所以应将相关水系与龙神庙完整保护。在以山地为基地的历史街区，保护地形地貌更是街区保护不可分割的一部分，如青岛的八大关、小鱼山、重庆的磁器口历史街区等。苏州、绍兴、常州等历史城市以水巷为特征的历史街区的保护更离不开对水系的保护。

　　"除文物古迹、历史建筑之外，还有构成历史风貌的围墙、石阶、铺地、驳岸、树木等景物"[50]，称为历史环境要素。保护范围内的保护类建筑和历史环境要素都

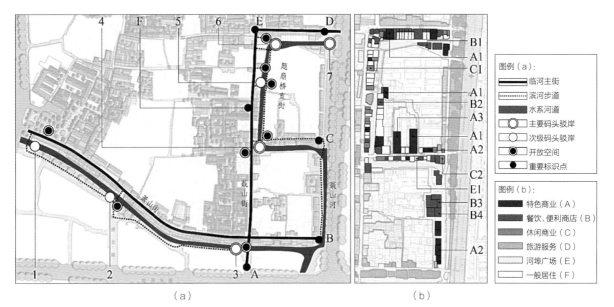

图 3-50　绍兴蕺山历史街区滨河空间整治
（a）河埠空间整治规划；（b）河埠空间功能提升
注：（a）1—小江桥码头，2—斜桥码头，3—探花桥码头，4—题扇桥码头，5—蕺梅桥码头，6—咸宁桥码头，
　　7—书圣故里码头，A—书圣故里南门，B—萧山街东门，C—题扇桥直街东门，D—西街东门入口，E—王羲之故居，
　　F—尚德当铺；（b）A1—民宿，A2—老字号，A3—美食会所，B1—临水餐厅，B2—院落餐馆，B3—便利商店，
　　B4—精品商店，C1—咖啡吧，C2—茶馆，E1—烧烤驳岸

应列入保护内容。例如，福州三坊七巷历史街区确定的历史环境要素则包括安泰桥、公约碑、文儒坊门楼、衣锦坊门楼、闽山庙福财神龛、都护境牌坊墙体等特色构筑物。在济南芙蓉街历史街区，包括濯缨泉、芙蓉泉、岱宗泉、泮池、百花洲等 38 处名泉水体都被列为重要的保护内容。又如在绍兴蕺山历史街区，萧山河和蕺山河的滨水空间保护措施包括三个方面：整治河埠空间环境，对沿河驳岸埠头进行修缮维护，并恢复部分码头功能；结合题扇桥等重要资源点，新增次级码头驳岸以及滨河步道，形成水路与步行并行的滨水空间体系；对河埠头、古桥等历史环境要素提出保护（图 3-50）。

4.3　建筑高度与视廊控制

历史街区的老建筑一般在三层以下，在以传统平房合院为主的历史街区，建筑高度一般在 7 米以下。随着城市的发展，建筑高度控制成为历史街区面临的一个难题。这种压力一方面来自街区内居民自行翻改建或内部改造导致的建筑层高或层数的增加，一方面来自街区周边城市发展对土地与房屋价格的推升所引发的建筑高度的改变。

为保护历史街区的风貌，需要对建筑高度进行分区控制。具体高度值的设定需要综合考虑不可移动文物、历史建筑、传统风貌建筑等的高度、视线通廊以及街巷宽高比等因素。例如,福州三坊七巷历史街区处于《福州历史文化名城保护规划》所划定的"三山"之间的视线通廊内，按照"视线通廊之内的建筑高度限于 24 米以下"的要求，街区内总体建筑高度控制在 24 米以内。同时,《三坊七巷历史文化街区保护规划》还对文物保护单位保护范围内的建筑高度做出了明确规定。在此基础上，结合保护类建筑的原高度，历史街区被划分为五个高度分区。在文物保护单位保护范围内，建筑保持原高，其余建筑原则上控制在三层以下，檐口限高 10 米。核心保护范围内的建筑，檐口高度不超过 7 米，屋脊总高不超过 9 米，并视具体情况，对超高建筑分别采取整修、更新等措施降低高度。除个别地块外，建设控制地带以内沿杨桥路和沿南街一线的更新建筑，檐口高度不高于 15 米，屋脊高度不高于 18 米，靠近三坊七巷保护区范围一侧的建筑及坊巷口区域的建筑仍然执行檐口高度 12 米以下，总高度不超过 15 米的高度控制。此外，对于民国、西洋风格的平屋顶建筑及周边，其建筑高度不得超过同地段坡屋顶建筑的檐口控制要求。[51]

除分区控制高度外，重要视线廊道区域内的建筑也要进行高度控制，以保障视线廊道的畅通。由于视线廊道是由视点、目标和视线限定而成的锥形区域，这就需要选择重要的空间节点作为视点，并参考目标物的尺度和距离，确定沿线范围内建筑的控制高度。例如，在泉州西街历史街区，开元寺"双塔"具有统领地位，观塔视线十分重要。因此，以西街地区重要传统街巷的交叉口以及开敞空间为视点，划定视线廊道范围。在视锥范围内，新建及改建建筑檐口高度控制在 4 米以下，民国风格平屋顶建筑所在地块总高度控制在 4.5—5 米，对超高建筑逐步予以整改（图 3-51、图 3-52 ）。与之类似的还有绍兴蕺山历史街区，探花桥—文笔塔和题扇桥—文笔塔两条视线廊道同样是高度控制的重要区域。

历史街区内的新建、改建建筑高度的控制是为了保护完整的街区形态，延续主要街巷两侧良好的尺度关系以及视廊的通视。分区控高的方式可以在一定程度上解决大面的控制，但在落实到具体地块内建、构筑物的高度控制时，要以更细致的城市设计分析为基础进行细化控制。目前，虚拟现实技术为高度风貌的精细控制决策提供了很好的技术支持。

图 3-51　泉州西街历史
街区的视廊控制

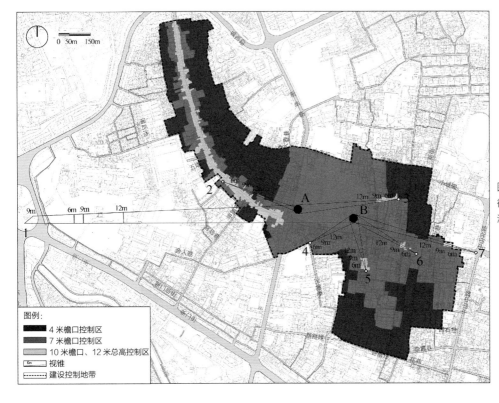

图 3-52　泉州西街历史
街区高度与视线控制
注：A—西塔；
　　B—东塔；
　　1—临漳门视点；
　　2—孝感巷与西街交
　　　　汇处视点；
　　3—裴巷与炉下埕交
　　　　汇处视点；
　　4—象峰巷与三朝巷
　　　　交汇处视点；
　　5—旧馆驿 85 号建筑
　　　　南侧视点；
　　6—肃清门视点；
　　7—西街东入口视点

4.4　街区的文化生态保护

历史街区的保护不但要保护物质的空间形态与历史遗存，还要关注街区内的功能与社区。传统功能是历史街区真实性和延续性的重要体现，应当予以保护和延续。在这一原则下，历史街区用地功能的调整应当满足两个要求：第一，在维持历史街区原有主要功能的基础上，积极提升、完善传统功能的品质；第二，外迁与历史街区保护相冲突的功能，适当增加与街区发展相适应的复合功能。例如，对于济南商埠区这种传统商住混合区，保护规划要求除了延续原有的商住混合功能外，还应积极引入一些特色功能如小型艺术旅馆等，增强地区活力。济南芙蓉街的保护整治则通过调整沿街商业业态强化了与文化旅游相关的商业功能，提升了街道品质。

福州三坊七巷是传统的居住区，保护规划提出保护街区作为"居住性街区"的定位，规划建议对影响城市居民生活的行政办公、工业、仓储等功能进行外迁，同时适当引入商业、文化等复合功能，增加街区活力，如改建部分建筑作为福建省文学馆、福州工艺美术馆以及鼓楼区文化馆等文化类设施。此外，街区内还增设了公共服务设施和小型民宿，以满足街区旅游发展的需求。

历史街区中文化的传承与生活的延续分不开，目前保护活态的历史街区已经成为我国历史街区保护的共识。首先，要保护传承非物质文化遗产与优秀传统文化。根据联合国教科文组织《保护非物质文化遗产公约》，"非物质文化遗产"包括以下五个方面："①口头传统和表现形式，包括作为非物质文化遗产媒介的语言；②表演艺术；③社会实践、仪式、节庆活动；④有关自然界和宇宙的知识和实践；⑤传统手工艺。"[52]

"非物质文化遗产"在国家遗产保护政策中是具有法律地位的，它们仅仅是优秀传统文化中的一部分。优秀传统文化所涉及内容更加广泛，它们与其载体、环境是不可分割的整体，因此作为载体的文化空间也应当受到保护。诸如泉州西街历史街区中承载家族文化的董杨大宗祠，福州三坊七巷历史街区中承载传统戏曲表演艺术的水榭戏台，以及承载民间信俗文化的天后宫，济南芙蓉街历史街区中作为传统手工艺代表的燕喜堂、大成永帽庄等老字号都是重要的保护对象。

保护传统文化首先应通过文字、影像、录音等多种形式对优秀传统文化项目开展记录和保存工作，这是保护传统文化的基础。其次，保护传统文化赖以依存的社会组织，同时注重保护和扶持传统文化传承人与相关传统特色文化产业。最后，在保护已有文化空间的基础上，塑造新的文化空间，为传统文化提供更多更适宜的生存环境。

　　在我国历史街区，大部分保存较好的文化空间均可被列为各级文保单位、历史建筑等，应当按照相应的物质文化遗产保护要求对文化空间场所本体进行保护和整治。以此为基础，通过文化空间的物质与非物质属性有机结合，还原其承载的非物质文化遗产的文化功能属性。比如，福州的三坊七巷修复了水榭戏台，并恢复了其观演功能，成为闽剧、评话等传统曲艺文化的重要演出、教育、传承场所（图 3-53）。社区在三坊七巷的南后街结合重要节庆开展灯市、排塔等活动，使传统商业氛围得到恢复，带动了三坊七巷成为福州乃至福建的非物质文化遗产集中展示和传承中心。[53]

　　对于消失的文化空间场所，可以采用展示、装置、多媒体等方式恢复历史记忆，还可以复建老字号和作坊，或将部分老建筑改建为文化展示馆。例如，在泉州西街，宋文圃故居和奇仕宫旧址等历史建筑被改造成西街华侨文化社区博物馆和铺境文化社区博物馆。当地社区还在孝感巷口、象峰巷口、裴巷增加南音文化、南拳文化等活动室和"西街人家"民俗文化社区博物馆等。在沿西街店铺业态的整治中，社区还为西街老字号预留了部分空间。这些举措都促进西街更好地成为当地传统文化的聚集地。

　　留住原住民是延续历史街区历史文化传统的重要前提。首先要积极改善社区的居住条件与环境。居民通过投资、建设、管理等途径参与住宅与街区环境整治，这样不仅可以就地提升原有居民的居住水平与品质，还可以使活态的社会网络得以延续。例如，在泉州西街历史街区的孝感巷口、象峰巷口利用新增设的社区活动室鼓励社区居民参与文化活动，主要内容包括：①举办一年一度的"东亚文化之都"展；②举办元宵文化节、中秋文化节等吸引海内外华侨、展示西

（a）　　　　　　　　　　　　　　　　　　（b）

图 3-53　福州三坊七巷历史街区水榭戏台修缮对比
（a）修缮前的水榭戏台；（b）修缮后的水榭戏台

街传统民俗的节事展演活动；③医药文化展、闽南特色饮食文化展、南拳武术文化展等主题活动；④定期邀请木偶剧团、高甲戏剧团等团队来西街演出；⑤定期组织全市范围的南音、南戏、南拳表演比赛，并对获奖者进行表彰、奖励，提高居民参与积极性；⑥鼓励其他以闽南文化为主题的小规模活动。

　　居民参与文化活动，不仅可以提高自身的文化素养，营造良好的社区文化氛围，提升社区认同感，也有利于活态文化的传承。

4.5　历史街区的治理与技术支撑

　　历史街区保护与利用是一项综合的社会工程，从国内外发展趋势看，社区营造已成为与历史街区保护发展密切相关的社会治理模式，社区营造可以从"空间营造""产业营造""人群营造"等方面充分发挥社会各方力量共同协作。我国的历史文化街区往往处于城市中心，街区保护的社区营造可从三方面入手：首先是社区意见的收集和传达，作为传统"自上而下"的规划管理方法的重要补充，为政府决策的有效性提供保障；其次是新技术的广泛应用，发挥移动互联网、大数据的作用，让公众参与覆盖更广泛的群体；最后是实现多元参与，区别于村镇的单一主体，城市中的历史街区应发挥不同主体的优势。

　　"自下而上"的意见收集与传达　现行城市规划设计的空间范围较大，在城市管理方式上追求统一高效，但这种规划模式落实到历史街区层面往往考虑不够仔细，难免导致良好意图无法充分实现。通过社区营造和公众参与，能够在一定程度上纠正粗放设计和管理的问题。比如，在北京老城东四三条至八条历史文化街区，政府采购的一批小型健身设施使用情况不尽如人意。通过设计师、志愿者和社区人员的调研探访，发现布置位置存在不合理之处，它们或接近于马路缺乏私密性，或靠近垃圾收集点，或靠近居民窗户，干扰居民休息等。在广泛收集民意的基础上，在第二次街道精细化提升中，街道采取由居民共同商议的方式决定健身设施形式、位置和使用时间，充分尊重了居民的意见，提高了使用效率，也形成了居民的自我约定。

　　新技术在社区营造中的广泛应用　传统的社区营造和公众参与需要通过召集居民，共同开会商议决策。对于相对开放的街区来说，召集工作将花费较大的人工成本，同时在诸如疫情等特殊时期也受到很大局限。在移动互联网广泛应用的时代，大量新技术被应用在街区的公众参与中，如基于大数据的交通优化、公共服务设施选点，基于微信等线上小程序的公众调研、线上意见征集等。

北京景山街道在皇城历史文化街区的综合整治提升工作中就充分应用了相关移动互联网技术，通过线上微信小程序平台搭建，居民可以随时随地线上提案，类型包括自行车停放、公共厕所、超市菜店、胡同地面、夜间照明、健身设施等。小程序运行三个多月，收到了 1200 多条建议，有 700 多人参与提议，信息建议能够精确到路灯死角、低洼院落等平时难以关注到的细节。[54]

实现不同主体的多元参与　根据北京、济南、福州等地的探索，不难发现，在历史街区中，"社区营造"的普遍做法是倡导以当地居民为主体，鼓励利益相关方多元参与，其中一般包括专业规划设计师制定规划、设计、运营方案，历史街区保护专家群体提供技术支持，志愿者协助，社区工作人员进行社区宣传、引导，游客等消费者提供正向的经济回报和社会反馈等。以北京大栅栏历史文化街区为例，来自规划院、设计院的设计师搭建"居民会客厅"，并举办讲座和沙龙等活动，来自清华大学、北京工业大学等学校的教师和学生志愿者长期跟踪研究社区居民的需求，通过北京国际设计周等活动，大量游客和社会组织参与其中，提升了街区的整体文化氛围，也带动了大量微更新工作，与居民形成了很好的互动。

注释

[1] 2008 年国务院颁布的《历史文化名城名镇名村保护条例》中提出历史文化街区的法定保护概念。本书中的历史街区既包括已法定保护的历史文化街区，也包括尚未列为历史文化街区的历史地段等。

[2] 本章相关内容根据《历史街区的主体构成及其价值内涵》改写而成。张杰，牛泽文.历史街区的主体构成及其价值内涵 [J].城市建筑，2017（18）：6-13.

[3] 北京市规划委员会.北京旧城二十五片历史文化保护区保护规划 [M].北京：北京燕山出版社，2002，157.

[4] 庄为玑.晋江新志（上册）[M].新志出版委员会，1948：43-44.

[5] 同 [3]：356.

[6] 同 [3].

[7] 江西省城乡规划设计研究院，江西省市政工程设计研究院有限公司.景德镇市历史文化名城保护规划（2013-2030）.2015.

[8] 北京清华同衡规划设计研究院有限公司.济南市芙蓉街—百花洲历史文化街区保护规划.2015.

[9] 北京清华同衡规划设计研究院有限公司，济南市园林规划设计研究院.济南古城冷泉（地下水）利用系统申遗研究.2016.

[10] 同 [3]：356.

[11] （清）英廉，于敏中，等.日下旧闻考·卷三十七·京城总纪一 [M].文渊阁四库全书电子版.上海：上海人民出版社，迪志文化出版有限公司，1999.

[12] 严忠明.一个海风吹来的城市：早期澳门城市发展史研究 [M].广州：广东人民出版社，2006：108.

[13] 吴尧，朱蓉.澳门城市发展与规划 [M].北京：中国电力出版社，2014：86.

[14] 清华大学.喀什文化区聚落遗产保护与环境可持续发展研究.2012.

[15] 同 [13]：87.

[16] 同上：88.

[17] 同上：91.

[18] 清华大学，北京清华城市规划设计研究院.济南商埠区历史文化城区保护规划.2008.

[19] 吕俊华，彼得·罗，张杰.中国现代城市住宅：1840—2000[M].清华大学出版社，2003：49-51.

[20] 同 [3]：278.

[21] 北京清华同衡规划设计研究院有限公司.景德镇中渡口到瓷都大桥修建性详细规划.2018.

[22] 同 [12]：62.

[23] 陶金，张杰，刘业成.宗教习俗与建成环境——对新疆喀什老城的分析 [J].建筑学报，2013（05）：100-104.

[24] 北京清华同衡规划设计研究院有限公司.福州市三坊七巷文化遗产保护规划.2013.

[25] 齐康.城市建筑 [M].南京：东南大学出版社，2001：332.

[26] 凯文·林奇.城市形态 [M].林庆怡，陈朝晖，邓华，译.北京：华夏出版社，2001：188.

[27] 罗西.城市建筑学 [M].黄士均，译.北京：中国建筑工业出版社，2006：50.

[28] 汪坦，等.中国近代建筑总览 [M].北京：中国建筑工业出版社，1993.

[29] 同 [19]：38，43.

[30] 同 [18].

[31] 威廉·A·哈维兰.文化人类学 [M].瞿铁鹏，译.上海：上海社会科学院出版社，2005：36.

[32] 拉普普.住屋形式与文化 [M].张玫玫，译.台北：境与象出版社，1985：57.

[33] 同 [24].

[34] 同上.

[35] 叶春墀.济南指南 [M].北京：中国文联出版社，2004：52-102.

[36] 参见《历史文化名城名镇名村保护条例》（2008）。曹昌智，邱跃.历史文化名城名镇名村和传统村落保护法律法规文件选编 [M].北京：中国建筑工业出版社，2015：34-39.

[37] 建办规函 [2017]270 号《住房城乡建设部办公厅关于进一步加强历史文化街区划定和历史建筑确定工作的通知》.2017-4-17. http：//www.mohurd.gov.cn/wjfb/201705/t20170504_231727.html.

[38] 住房和城乡建设部令第 20 号《历史文化名城名镇名村街区保护规划编制审批办法》.2014-10-15. http：//www.mohurd.gov.cn/fgjs/jsbgz/201411/t20141113_219513.html.

[39] 参见《历史文化名城保护规划标准》规定，历史文化街区应具备以下条件：①应有比较完整的历史风貌；②构成历史风貌的历史建筑和历史环境要素应是历史存留的原物；③历史文化街区核心保护范围面积不应小于 1hm^2；④历史文化街区核心保护范围内的文物保护单位、历史建筑、传统风貌建筑的总用地面积不应小于核心保护范围内建筑总用地面积的 60%。中华人民共和国住房和城乡建设部.历史文化名城保护规划标准：GB/T 50357—2018[S].北京：中国建筑工业出版社，2018.

[40] 同上.

[41] 参见《城市紫线管理办法》（2003）。同 [36]：211-212.

[42] 北京清华同衡规划设计研究院有限公司.三坊七巷历史文化街区保护规划（修编）.2013.

[43] 同上.

[44] 参见《历史文化名城保护规划标准》中对历史文化街区保护规划的要求。同 [39].

[45] 同 [42].

[46] 参见《历史文化名城名镇名村保护规划编制要求（试行）》（2012）。同 [36]：213-219.

[47] 北京清华同衡规划设计研究院有限公司.泉州西街历史文化街区保护规划.2014.

[48] 同 [24].

[49] 同 [39].

[50] 同 [39].

[51] 同 [42].

[52] 参见联合国教科文组织《保护非物质文化遗产公约》（2003）。联合国教科文组织世界遗产中心，国际古迹遗址理事会，国际文物保护与修复研究中心，中国国家文物局.国际文化遗产保护文件选编 [M].北京：文物出版社，2007：228.

[53] 同 [24].

[54] 北京清华同衡规划设计研究院有限公司.景山街道"百街千巷"环境整治任务设计.2018.

历史城市保护
规 划 方 法

第 四 章

风貌环境整治

01

山水环境景观的整治修复

1.1 历史城市山水环境面临的问题

历史城市的历史风貌是其物质形态特征、社会文化和经济特征的综合呈现，反映了城镇历史文化特征的自然环境与人工环境的整体面貌和景观[1]，具有丰富内涵，是历史城市的重要特色。城市的历史风貌在物质层面具有多层次、多元性的特点。历史风貌的物质特征包括：传统民居建筑或院落、建筑群、街巷、街区等的外观，以及通过城墙、轴线、重要公建或开放空间、绿化等加以限定的具有一定秩序的格局与综合面貌。我国历史城市多与山水环境依存紧密，因此，山水环境也是历史城市风貌特征的重要构成要素。

历史风貌依托于历史城市独特的自然环境、历史变迁、文化内涵，是地方性长期累积的外在呈现。严格来讲，每一座历史城市的风貌都具有独特性。历史城市经历长期发展演变到今天，其历史风貌并非一成不变，而是叠加了不同时代变迁的信息，是融合的结果。

2020年4月，住房和城乡建设部、国家发展改革委发布《关于进一步加强城市与建筑风貌管理的通知》[2]，强调了城市与建筑风貌管控的重要性。历史城市风貌的综合整治是对特色历史风貌区域开展的、基于历史风貌传承的保护、修复、改善、提升等系列工作。本章主要探讨历史城市、街区在保护的前提下，对历史风貌与人居环境的整治提升。

由于现代城市与历史城市在组织结构、技术基础、建设规模、观念等方面存在巨大差异，致使现代城市建设与既有的传统城市产生矛盾与冲突。历史城市风貌的保护就是将城市与地域特色视为可持续发展的重要资源，并加以维护与加强，推动城市及其地区更高质量的发展。对我国历史城市的历史风貌的保护与整治主要集中在历史城市的山水环境、不同层次的历史风貌、交通环境，以及居住环境改善等方面。

前文已述，中国古代城市与山水环境有着密切的关系，山水环境不但构成了历史城市的生态本底，也是其区域特色、历史环境与文化景观的重要组成部分。但随着城市的扩张与现代化建设，历史城市与山水环境的既有关系面临严峻挑战。洪涝频发、河流断流、地下水过度开采、水系污染等不但威胁着城市遗产的安全，更影响整个城市乃至区域的生态安全，保护好历史城市赖以生存的生态环境与历史脉络、营造韧性历史城市环境已成为历史城市保护与可持续发展的基础。

目前，我国历史城市山水环境普遍存在以下主要问题：

首先在山体环境方面，很多城市所依附的山区的森林面积减少。比如，地处皖浙赣山地的历史文化名城景德镇全市森林覆盖率高达 58.89%。在过去的 30 多年间，建设用地扩张使景德镇中心城区的山体总面积缩小了 80 多平方公里，老城周边原有山体被严重蚕食 [3]。城市开发的无序导致生态斑块碎片化，山体被局部开挖、出现大量裸露断面、景观被破坏。对山区不合理的开发可能引发或加剧潜在地质灾害。由于多数历史城市原本就缺乏集中的绿地，周边山体环境的生态退化进一步使历史城市的整体生态环境恶化（图 4-1）。

在水环境方面，历史城市建设用地的扩张使水域面积减少，水系的生态功能退化，水体自我净化和微气候调节功能减弱乃至消失；城市建成区内很多水系暗渠化。我国很多历史城市内部曾经有丰富的水系，但近百年的城市发展使这些水系遭到较大的改变与破坏。以北京为例，1900 年至 1985 年期间，各种建设行为对历史河道水系改变较大，河道总长度大幅减少（图 4-2）[4]。同样，广州古城曾有"六脉皆通海"的排洪体系，但至 20 世纪 80 年代这些体系多被覆盖。由于城市雨洪系统失去对特大降雨的排洪能力，致使洪涝频发，城市整体与遗产本身都面临巨大的安全隐患。在洪涝灾害威胁加大的同时，很多城市由于地下水开采过多，城市地下水生态受到威胁，比如济南泉城经常面临趵突泉等泉眼停止喷涌，乃至干涸的问题。在我国北方，很多流经历史城市的沟渠由于常年无水或过水时间短暂而造成沿线环境严重退化。如何恢复旱河、沟的行洪能力与生态环境，处理好旱季与汛期防洪的矛盾，是一些历史城市面临的重要问题。比如，承德的狮子沟位于避暑山庄北侧，曾经特色鲜明的旱河被承北路挤压至路南，路北侧的部分河道被杂乱的植物占据，环境特色丧失，影响了山庄与外庙的整体历史环境 [5]。

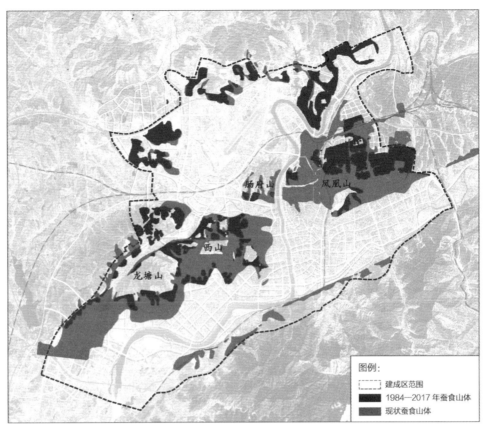

图 4-1　景德镇山体蚕食示意图

1.2　总体规划对策

　　历史城市的山水环境修复是近年来我国城市开展的一项重要工作，它涉及城市不同尺度的多方面问题。历史城市的山水环境修复首先要从城市生态本底出发，系统分析山、水、林、田、城等基本要素体系的现状与主要问题，然后结合生态系统修复、景观保护以及土地利用、交通等的调整等，提出逐步恢复城市山水格局的策略与措施。

　　历史文化名城景德镇近年来在山水修复方面做了有益的探索。从历史来看，由于陶瓷的发展离不开陶土、水、柴等原料，所以景德镇的陶瓷发展史就是一部与山水环境互动的演变史。从宋代发现高岭土后，景德镇的陶瓷业的发展塑造了一条从山区沿溪流向昌江发展的时空线索。同时，历史城区选址以及现存的主要遗产要素都与山水要素有着密切的联系。

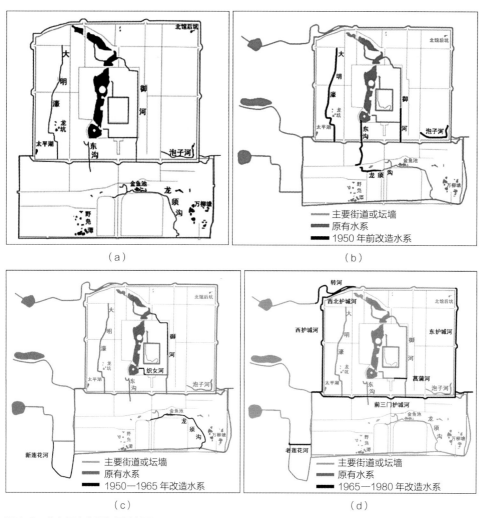

（a）　　　　　　　　　　　　　　　（b）

（c）　　　　　　　　　　　　　　　（d）

图 4-2　北京历史水系恢复示意图
（a）清代乾隆年间北京城内河湖水系复原图；（b）1950 年前北京水系改造示意图；
（c）1950—1965 年北京水系改造示意图；（d）1965—1980 年北京水系改造示意图

　　作为山水生态城市的景德镇，原本水系丰富，但在 21 世纪初，昌江两岸、凤凰山片区、老南河等多个区域已出现水面消失的问题，岸线硬质化突出，大雨天气外洪内涝。市区内现存的水流也大多暗渠化，上盖建筑，生活污水直排，水质恶化（图 4-3）[6][7]。针对历史城市建设过程中山水环境的主要问题，景德镇城市生态修复工作确定了恢复生态景观功能、构建整体生态廊道、山体复绿、水流复清的修复目标，并提出包括土地功能重置、生态景观化工程改造、完善配套市政设施、分区分类管控等措施。

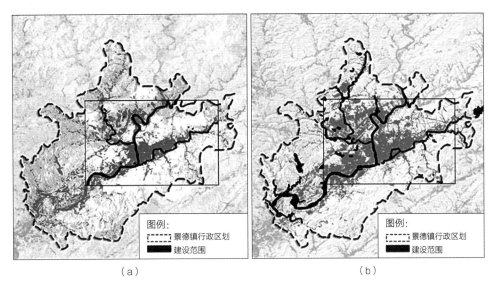

图4-3　景德镇历史水系变迁示意图
（a）1989年；（b）2017年

　　整体生态廊道的构建，就是按照景观生态学原理，选择生态服务功能重要性最高的区域，划定大型生态斑块作为生态源地，通过生态廊道，串联城市生态要素。在城市内部，加强保护与优化现有绿地，推进公园建设与局部绿化改造。在城市街道层面，增加绿化的覆盖率与多样性，选择本土或当地适宜树种，乔灌草合理搭配。构建以"斑块—廊道—基质"为基础结构的景观生态网络。

　　在此基础上，景德镇城市生态修复规划通过划定山体保护绿线、清退绿线内影响生态的大型建筑、保育山体，建设山间景观廊道及连接山体空间步行通廊等措施，恢复原有山体。而在水流复清方面，规划提出了"治污—疏通—保育—安全"四大步骤与相关措施。在此基础上，恢复历史城市的山水格局，改善与遗产相关的自然景观环境（图4-4）。

　　分区分类管控是城市生态修复的一般原则，同样适用于历史城市。首先要将历史城市的绿地体系以及水体周边区域划分为不同的管控区域，确定管控标准，划分蓝线和绿线。在森林覆盖率以及坡度高程分析的基础上，可以将山体分为山林生态涵养、山缘缓冲区域、城市绿地等。在生态敏感性以及雨洪分析的基础上，将水系分为湿地保育区、雨洪蓄滞区、生态缓冲区等。针对不同区域采取不同的管控手段（图4-5）。

　　除了雨洪外，干旱少雨也同样威胁着历史城市的风貌特色。以泉水著称的济南古城，多年来由于城市地下水的无序开采，干旱的年份，趵突泉等名泉面临停止喷

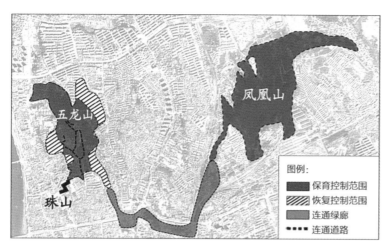

图 4-4　景德镇山体修复示意图

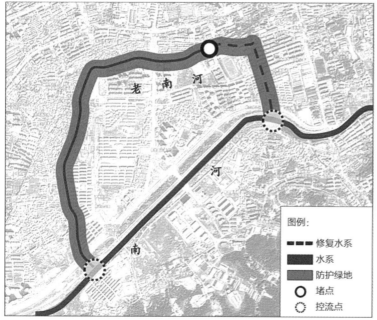

图 4-5　景德镇水系修复示意图

涌乃至干涸的危险。为了保泉，在多年研究的基础上，济南在南部山区的雨水渗漏区划定了泉水生态保护区，并通过在山区较高的地区建立水库，存蓄雨水，以便在缺雨的年份通过水库放水补给地下水源，保证泉系的水生态（图4-6）。

完善配套基础设施是水环境治理的重要方面。绝大多数历史城市的现有市政管网建设没有完全解决污水排放的问题，直接导致相关水系的污染。为了解决以上问题，首先要完善截污干管建设，更新改造有污染源的老旧工厂和管线。同时，整合地下空间，预留市政管线线位。在满足地下空间开发利用需求的同时，符合海绵城市与排水防涝建设要求等。其次，要根据水文气象资料和防洪标准，提升管网排水

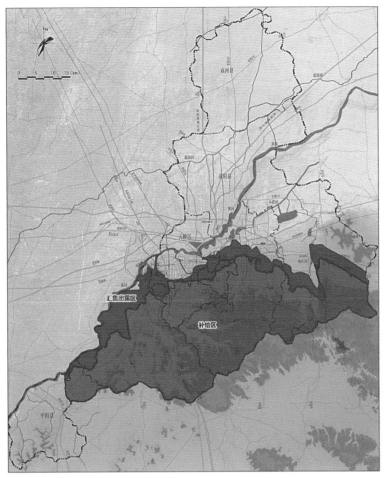

图 4-6　济南市域泉域保护规划图

能力，解决城市内涝问题。对于一些处于城市边缘的山体存在因垃圾堆放而造成的土壤污染，应该从硬件和软件两个方面完善城市垃圾收集系统。

　　在山水环境修复中，生态景观化改造是一项重要工作，应针对不同区域分别确定不同应对的工程措施。如针对山体开挖的创面裸露问题，可以应用挂网喷播或框格客土绿化等技术；在河渠水流量减少的情况下，可对硬质化河岸进行植被修复，提高河道亲水性与景观功能等（图 4-7）。《承德狮子沟地段景观环境整治方案》在研究了该地区的水文现状及历史之后，结合北侧的外庙的保护与旅游交通组织等，提出了恢复狮子沟旱河生态景观的综合建议（图 4-8、图 4-9）。[8]

　　近年来，历史城市内部历史水系的整治已成为城市保护与环境治理的重要方面。2002 年出台的《北京历史文化名城保护规划》提出：重点保护与北京城市历史沿革密切相关的河湖水系，部分恢复具有重要历史价值的河湖水面，使市区河湖形成

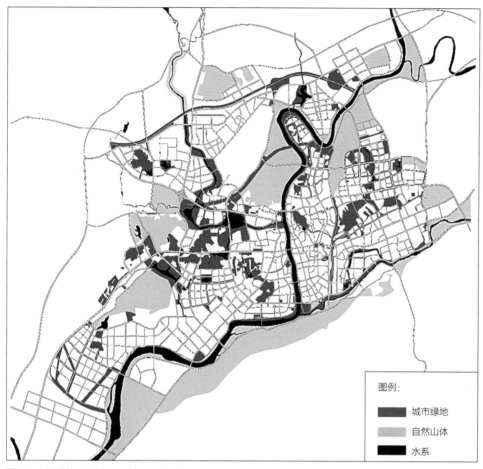

图 4-7　景德镇中心城区绿地体系规划示意图

图例：
■ 城市绿地
■ 自然山体
■ 水系

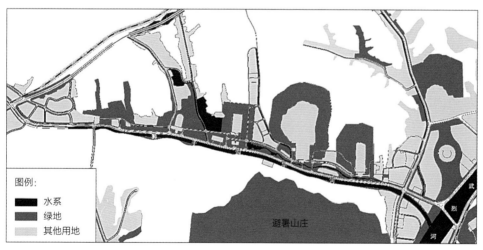

图例：
■ 水系
■ 绿地
■ 其他用地

图 4-8　承德狮子沟生态环境示意图

图 4-9　承德狮子沟景观恢复示意图

一个完整的系统。[9] 以转河、菖蒲河和御河（什刹海—平安大街段）为典型代表的历史水系恢复整治工程，为保护和重新营造北京的历史河湖水系打下了基础，累积了宝贵经验，对北京老城历史文化景观保护具有重要意义。从 2003 年起，在历史文化名城保护规划的指导下，广州启动了"青山绿地、蓝天碧水"民心工程，针对中心城区的河涌环境，采用了包括引水调水、堤岸建设、植被复绿、景观营造等一系列措施，并恢复了部分被填满覆盖的历史水系（图 4-10）。

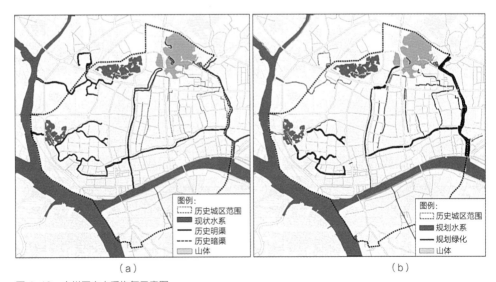

（a）　　　　　　　　　　　　　　　　　　　　　　　　（b）

图 4-10　广州历史水系恢复示意图
（a）广州旧城历史水系示意图；（b）广州旧城区规划水系示意图

1.3　防洪与滨水环境整治

我国很多古城都临河而建,后因城市扩张,河流的一部分成为穿城而过的内河,如南京的外秦淮河、承德的武烈河、景德镇的昌江等。近几十年的人口与建设用地的剧增,再加上极端天气频发,这些历史城市的防洪与生态景观保护矛盾突出。

首先,很多历史城市的防洪标准不明确,由于不能采取区域性的洪水调节措施,致使历史城区内的防洪堤坝过高,严重阻隔了城市与河流的有机联系,如广西梧州老城南的堤坝高达十几米。

另外,在城市发展的过程中,很多滨水地带常用作工业、交通、站场等功能,滨水环境处于消极的状态。比如南京的外秦淮河两岸城市因曾处于城墙外的边缘地带,到 1990 年代末已成为棚户集中、环境低劣的地区。再如,承德武烈河两岸在相当一段时间内,存在一定规模的工业和铁路交通用地。像上海一些重要的工业城市很多滨水地区,如苏州河,更是沿线聚集工业,污染严重。随着城市产业的升级,很多历史城市迎来了用地功能置换的机遇,在此背景下,如何整体提升滨水环境品质、保护文化遗产成为一个重要课题(图 4-11)。

科学做好历史城市河流防洪、排涝的规划是营造历史城市宜人环境的基础。首先要合理确定城市防洪等级,尽可能降低堤坝高度,避免造成滨河景观与城市的隔离。防洪规划应从流域的角度分析洪水分流的途径,如在河道上游修建水库调蓄洪水,在上游或下游合理位置设置溢洪区,这样可以防止过多的洪水流经历史城区,从而降低河道的行洪总量,为历史城区滨水生态环境修复和亲水岸线设计奠定基础。同时根据城市降雨等气候条件,完善排水系统,提升排涝能力,优化排水管网系统与河道渠系的耦合协调,综合加强历史城区的御洪能力。

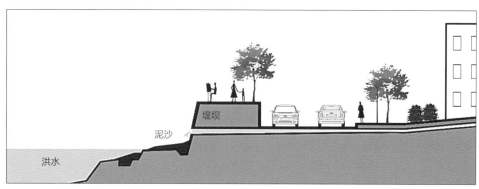

图 4-11　城市内涝示意图

　　比如，历史文化名城承德为了降低武烈河穿城段的防洪压力，在离市区 15 多公里的上游建了水库，以调节汛期流量。在基本达到在 100 年一遇的防洪标准下，利用清代修筑的堤坝与现有河道制导宽度排洪，没有过度加高堤防；同时还可以在旱季给城市河道补充一部分水源。这些措施为保护避暑山庄世界文化遗产、清朝堤坝的文物安全及环境景观创造了很好的前提条件。

　　又如，《醴陵市中心城区防洪专项研究》通过对流域、汇流、暴雨、洪水等一系列的水文分析与计算，建议新建区及老城区以 20 年一遇洪水为标准，并考虑以远期 50 年一遇的标准确定堤路结合的防洪堤形式，同时，在老城的上下游开辟蓄洪区，保障防洪安全的同时，提升区内的景观环境。在防洪设计中，结合防洪制导宽度，对北部河段提出最小河道宽度要求。在制导线与滨水道路红线之间设生态复式堤岸，形成多层次的绿化种植，其中布置漫步道等休闲设施。在景德镇城市双修规划中，规划以管网能力评估为依据，采用"提排 + 围洼蓄洪"的形式解决老城内涝积水问题（图 4-12）。

　　在解决好防洪排涝的前提下，提升滨水地带的生态环境是另外一项基本工作。

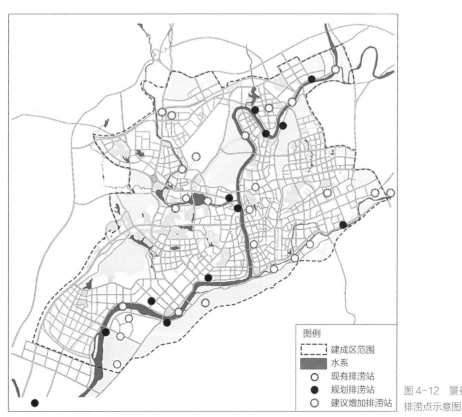

图例
☐ 建成区范围
■ 水系
○ 现有排涝站
● 规划排涝站
◎ 建议增加排涝站

图 4-12　景德镇排涝点示意图

规划要对历史城区上下游的溢洪区、湿地等提出有针对性的生态保护与修复措施，构建生态安全格局。其次要合理组织道路交通，尽可能减少沿滨水道路的通过性交通。由于历史原因，很多历史城市滨河道路都是城市的主要干道，随着城市的拓展，通过性交通量不断增加，越来越严重地影响滨河地带的可达性，尤其是步行环境的质量。这时要从更大的区域，评判区域道路交通的发展趋势，尽可能安排通过性交通的绕行，降低交通量，至少不再继续压缩滨河的步行和景观用地宽度。比如，承德武烈河沿岸的景观整治规划，就提出了将现状滨河公路改为城市干道，结合正在规划的东部山区的绕城道路，限制通过性交通量。同时，简化沿路的功能，加强公交建设，以缓解滨河道路的交通压力，提升滨河步行环境和景观。

在确定防洪堤坝的高度、滨河道路的前提下，通过进一步的景观设计提高滨水环境的公共性与可达性，使滨水区成为城市公共设施完善、具有活力的地区是滨水环境整治的重要方面。其核心是营造宜人亲水岸线。我国绝大多数历史城市内的河流旱涝汛期的水位落差较大，加之防洪堤坝的砌筑，加大了岸线亲水性的难度。合理的堤岸断面设计是设计成败的关键。一般在河岸用地允许的情况下，可采用复式河槽以增加岸线步道的亲水性，这样可以使人们在不同水位、特别是常水位下，沿不同高程的岸线行走，接近水面。比如，2002 年完成外秦淮河明城墙风光带环境整治工程就采取了这种形式，取得了很好的效果（图 4-13）[10]。

此外，很多行洪旱沟是城市遗产环境的重要组成部分，需要进行系统整治，恢复景观生态。比如，承德的《狮子沟地段景观环境整治方案》在研究了该地区的水文现状及历史之后，恢复了狮子沟旱河，一定程度提升了行洪条件，并在此基础上积极改善河道的生态景观。[11]

图 4-13　亲水岸线设计措施示意图

02

历史风貌的综合整治

2.1 典型问题

历史风貌是历史城市的历史形态、信息在当下的综合呈现。历史风貌格局要素通常包括城垣、轴线、历史水系和重要公共建筑的分布秩序等。由于历史的原因，我国历史城市面临不同的风貌格局问题，总体比较严重，从历史城市的整体层次历史风貌来看，格局破坏、模糊难辨的问题最为突出。城墙大多不完整，甚至只存留着零星片段的遗址，很多重要公共建筑被拆除或改作他用，作为城市轴线的道路以及轴线中关键节点的开放空间或重要建筑也存在不同程度的空间形态的异化甚至消亡（图 4-14 ）。历史水系是古城风貌格局非常重要的组成部分，随着古城人口的规模增长，历史河道缺少维护、水量减少，水质污染或者淤塞，很多城市对水系进行盲目改造，出现了河道盖板乃至填埋等问题。如广州在 2005 年以前历史水系除珠江、流花湖、荔湾湖、东濠涌仍为水面外，多数已经淤塞并被改为道路；有的河道填埋后被开发建设，如六脉渠中的左二、三脉沿途多为现代建筑阻隔，原有水系的线性空间已不通畅。

建筑高度失控是导致历史城区整体风貌改变的另一直接原因。广州在 1990 年代以后，由于城市经济的迅速发展，老城区内功能与人口过度集中，很多地段被迫更新改造，出于经济平衡与追逐效益的目的，广州老城区内建设了大量的高层建筑，它们远高于古城内原有的公共建筑，甚至高于广州老城内原最高点镇海楼的高度（含越秀山高度约 80 米）。高层建筑的大量出现打破了历史城区内的空间形态与顺应地形而生的空间层次，切断了城市与周边山水环境之间的视廊联系（图 4-15—图 4-17 ）。[12]

从成规模的传统民居街区层次来看，大量与传统民居不协调的新建、改建建筑

图 4-14　四川三台县留存的城门

图 4-15　广州老城内传统肌理改变

图 4-16　张家口堡子里老城风貌遭受侵蚀

图 4-17　厦门骑楼街区周边的高层建筑

吞食、冲击着街区风貌，新建建筑体量与尺度过大，屋顶形式、建筑色彩、平面形态等与传统民居冲突。街区内还存在历史街巷形态明显改变的问题，比如拓宽、拉直、消除历史街巷，以及在街区里新开道路等。当然，产生于步行时代的历史街巷存在难以满足现代功能的问题，如多数不能满足机动车辆快速通行的需求，甚至部分可能不满足一般消防、防灾等标准技术规范的要求。历史城市在近代化、现代化过程中，由于交通与居住环境改善的需要，许多道路被拓宽，虽然在一定程度上缓解了老城的交通或是出于缓解交通等初衷，但在这个过程中，存在轻视或者不能很好兼顾历史城市特色风貌的情况，道路的随意拓宽改变了街区内的空间尺度和风貌。

　　对于传统民居单体层次而言，风貌的变化与居民等使用者的需求相关。受材料、技术、经费所限，留存至今的传统民居往往年久失修，甚至存在安全性问题。

图4-18　福州历史街区自行翻改扩建的民居

图4-19　大同古城亟待修缮的民居片区　　　　　图4-20　四川三台县古城内亟待修缮的民居片区

使用者出于改善居住等使用条件的考虑，自行对传统民居翻改扩建，在这一过程中忽视原有风貌特征的延续，这种情况积少成多，严重影响了历史街区的整体风貌（图4-18—图4-20）。

　　总体而言，历史城市风貌传承面临的问题原因复杂，应采取针对性的不同整治措施。

2.2　风貌格局的强化

　　风貌格局的强化是对构成风貌格局的要素及其周边环境的整治，从现代城市设计的角度来认识历史城市的风貌格局要素，不难发现它涵盖了空间意向的五类要素。"道路"指古城的主要轴线、街巷、历史水系以及可被感知的围合它们的建筑立面与绿化景观，"边界"指城墙、护城河等要素，"区域"指功能与景观特征突出的片区划分，包括居住功能为主的街坊、商业与宗教混合的庙前区域、商贸的关厢、商埠地、湖塘水系片区等，"中心"与"标志物"则包括历史城市内重要的建构筑物。风貌整治工作的前提是从古城整体层面进行研究，深入挖掘风貌格局要素的历史文化价值，分析现状存在的问题，并加以整治。整治的目的是使诸多风貌格局要素清晰可辨，强化整体结构。

对城垣格局的强化　虽然如前文所述，我国历史城市的城墙虽然多有损毁，但通过对比历史地图以及现状踏勘，一般仍然可以清晰辨认完整的或者大部分城垣格局，结合考古勘探，在严格保护残留的城墙遗址的基础上，开放空间与绿地对城垣形态加以勾勒，并进行通联，辅以夜间照明与展示标识等利用，可以清晰呈现历史上城垣的格局。比如，安阳古城城垣原仅存西南角楼和西南、东南局部残垣，其他部分已荡然无存。《安阳古城保护整治复兴规划》通过比对历史地图、现场调研，推测原城垣线位与宽度，规划设计结合危旧建筑腾退更新，在护城河环境整治中对原城垣位置进行景观标识，力求整体展现古城城垣的整体轮廓格局。要明确指出的是，对于城垣格局的强化，在没有充分资料支撑的情况下，应避免轻率复建大量城墙、城门，实际工作中，通过连贯的绿地与步行道标识城墙、城门位置开辟开放空间或设置抽象构筑物、结合地面标识或照明标识展示城垣格局的风貌，更符合风貌真实性保护的原则。

对重要绿地及开放空间的整治　绿地与开放空间是历史城市特色风貌和宜人环境的重要组成部分，也是风貌格局的重要因素，如山体、护城河、历史水系等。整体工作应系统性考虑绿地和开放空间的安排，比如以线性开放空间如步行林荫带、自行车道、绿色走廊、滨水绿地等为纽带，连接历史城区内外重要历史资源与开放空间，形成虚实相依、自然与文化交织的历史风貌格局体系。以南京明城墙为例，2012 年编制的《南京明城墙沿线总体城市设计》提出了若干整治措施，在城墙沿线尤其是内侧沿线增设新的绿地与开放空间，构建环城墙开放空间系统，具体包括：腾退保护范围内不适宜的用地功能改为绿地，拆除违章建筑；进一步凸显山、城、墙、河景观联系（图 4-21、图 4-22）。

对历史轴线的强化　历史轴线是城市风貌格局的核心要素，需要采取综合方法对其加以强化。如昆明历史城市轴线及周边地段自然与人文景观丰富，历史文化资源众多，是古城变迁的重要见证。与轴线相关的东西寺塔始建于唐代，历经元代中庆城与明清云南府城的建设，空间特征清晰，形成传统中轴线 + 文庙轴线 + 总督

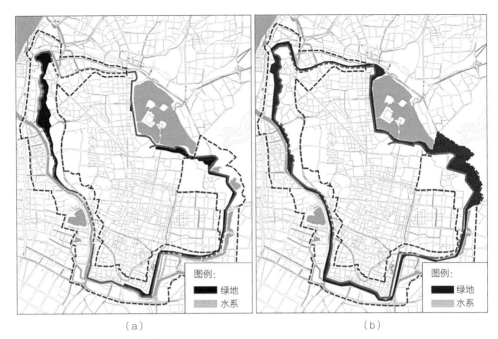

图 4-21　南京明城墙绿地与开放空间体系示意
（a）沿城墙内侧绿地；（b）沿城墙外侧绿地

图 4-22　晋江五店市历史街区开放空间环境整治与风貌延续

署轴线以及横向互联轴线共同构成的轴带空间，但因历史原因，历史中轴线已不能清晰辨识。风貌整治工作强化了这一特色。首先，通过局部降层、立面改造等措施，使轴线两侧建筑具有相对一致的高度、色彩等形态特征，街道两侧保护并补植行道树强化连贯的空间围合，提升沿线建筑至少是底层功能的公共性，将昆明城市轴线所在的正义路与文明街改为尺度宜人、环境优美、活力旺盛的商业步行街，让人们在步行中更好地感知中轴线。另外，对轴线的关键节点，根据历史资料复建或标识重要的牌坊，对轴线中的五华山与圆通山提升功能的公共性，以形成开放而富有活力的、展示城市空间格局特色的昆明古城历史中轴线。

　　对水系廊道格局的强化与环境整治　重要的水系廊道是历史城市风貌与格局的特色要素。比如，穿过昆明古城内外的洗马河、篆塘河，东北—西南斜向联通翠湖与草海，格局独特，但后来在城市变迁中，很多段河道被填埋占压或局部盖板。2017—2018 年城市投入大力气，拆除占压洗马河的建筑，建设了洗马河公园，植入历史典故"柳营洗马"群雕，发掘并展示跨河的洪化桥遗址，恢复了重要的格局要素，为春城人民提供宜人的城市核心区开放空间。

　　对重要格局要素及周边环境的整治　风貌格局要素中有很多是大型建筑群或楼、塔等标志性建、构筑物，如北京中轴线上的天坛。由于历史原因，天坛内外坛墙之间的坛域大面积被占，天坛之外的建筑则混乱无序。经过多年持续努力，尤其是中轴线申遗工作启动之后，天坛内成功腾退天坛医院、机械厂、简易楼住区等，修缮重要遗址，大力还绿复绿，亮出天坛坛墙。天坛外则采取对平房区进行平改坡、屋面整修换瓦的第五立面整治，治理违章经营，拆除违建，疏导交通与停车等措施，还天坛外干净整洁的风貌环境。天坛作为北京中轴线的重要风貌格局要素，其内外风貌均得以明显提升。

2.3　街巷风貌整治

　　历史街巷是历史街区的重要保护要素，也是感知与呈现历史风貌的重要空间。街巷风貌的整治工作需要对古城道路的整体空间格局及道路形态进行详细研究，在延续原有肌理的基础上，区分历史街巷及两侧建筑不同情况，采用多种形式予以整治（图 4-23）。如福州三坊七巷的保护整治工作对约 1/2 风貌完好的传统街道进行保护，对 1/3 街道立面或建筑质量存在问题的传统街道进行整治，对少量年久失修、建筑质量及环境较差的街巷沿街建筑进行改造更新。

　　对街巷界面的整治　　在街巷界面整治中，保护与整治沿街建筑是主要工作。特别需要注意的是，整治过程中应该强调对不同历史时期地方民居建筑开展类型学的研究，注重建筑立面连续性的织补和多样性的保护，避免将一条老街简单界定为明清或是某一种建筑风格（图 4-24）。

　　为保护历史街区的真实性和完整性，立面整治要认真研究整体和局部两个层面上的对策与措施。整体整治应以街巷现存的传统风貌为依据，注重立面连续性的织补和多样性的保护。例如，三坊七巷的保护对南后街采取了以下措施：以传统的"柴栏厝"商住建筑形态为范本进行建筑立面整治，延续明清到民国时期福州传统商业街的风貌，保护错落有序的天际线；对其余以居住功能为主的传统巷道，重点保护由排堵门罩、白墙青瓦朱门和高低错落的曲线封火山墙组成的具有连续韵律的界面，并保持外墙开窗少的立面特色；同时，由于民居门面的大小繁简不同，依据规划研究原貌或参照地方民居类型对每个民居的立面逐一整治，以保护其多样性；局部整治则将单个建筑的立面进一步分解为屋顶、墙体、门窗和细部装饰等要素，并依据具体破损程度和风貌协调程度确定整治措施；规划要求对附属于门窗、墙体和屋顶的栏杆、瓦当、柱础、山花等细部装饰，遵循延续原有历史风貌的原则进行整治（图 4-25、图 4-26）。又如，在绍兴书圣故里历史街区，戢山河的滨水界面通过

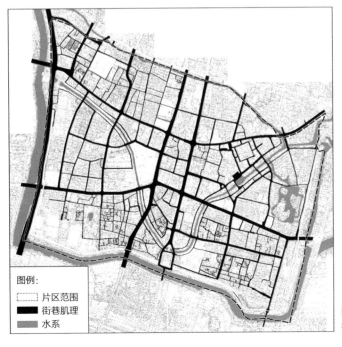

图例：
- - - 片区范围
■■■ 街巷肌理
▨▨▨ 水系

图 4-23　南京老城南片区历史街巷格局保护示意图

图4-24　整治后的晋江五店市历史街巷

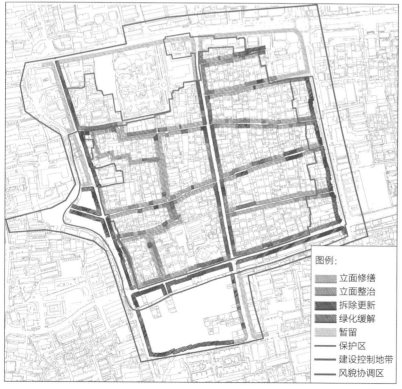

图例：
立面修缮
立面整治
拆除更新
绿化缓解
暂留
保护区
建设控制地带
风貌协调区

图4-25　三坊七巷街巷整治更新图

（a）　　　　　　　　　　　　　　　　　　　　　（b）

图 4-26　整治后的三坊七巷
（a）南后街；（b）民居巷子

修缮和恢复白墙，修复木质门窗，加固木墙面，清理杂物，增加空调机箱木质外罩以及拆除塑料雨篷等措施，进行立面整治。

　　除了建筑立面整治外，街巷整治工作还应考虑街道界面围合的完整、街巷地面铺装以及绿化的效果。比如，济南商埠区的经二路街道两侧建筑体量和建筑风格保持较好，传统风貌建筑相对集中，但 1980—1990 年代的建筑立面改造使整体风貌受到影响。相关的规划设计对现存的部分现代建筑进行了立面改造建议，以提升整条街的风貌、街道围合感和立面高度的错落感、尺度和材质上的协调；同时建议修剪、补植行道树和街道空间内的绿化（图 4-27）[13]。

　　对街道家具与设施的整治　街巷沿线摆放的标示设施、休闲设施、外显的基础设施等也是影响街道整体风貌环境的重要因素，同样需要通过环境整治予以提升。

　　在南京老门东保护区，为了加强历史风貌的保护与管控，南京市老城门东片区管理部门积极探索，针对片区内的使用经营者，制订了《南京门东历史街区装修管理手册》，以确保街区内房屋的结构安全和外观协调统一，维护街区环境。《管理手册》对装修效果及施工过程中的重要环节提出了细致、规范的要求。具体内容包括涉及街区风貌的店外广告招牌、空调安装、排烟排污设施等，涉及木建筑消防与安全的水电设施改造、公共设施保护、临时用水电安全等行为及其他多个方面。以此引导、规范个体经营者的行为，共同塑造街区的整体风貌。通过《管理手册》的普及，片区的管理者将历史地段风貌管控的措施从规划建设等前期阶段延展到日常使用的全过程，取得了良好的管理效果。

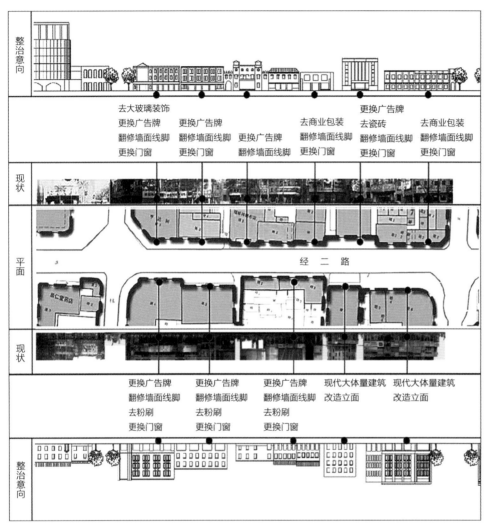

图 4-27　经二路街道立面整治示意图

又如在福州三坊七巷历史街区，有关规划对南后街沿街商铺广告牌的设置提出了管控要求。要求广告原则上不能高于建筑屋顶，且不能影响城市街道公共空间的活动。广告招牌宜在坡顶屋檐下与门楣之上的空间中安排，商店的幌子、灯笼、灯箱等悬挑设施的外边缘不得超出建筑最外侧墙面 0.7 米，底边缘不得低于 2.1 米，上边缘不得高于檐口。所有广告招牌必须经过相关部门的审批。

又如，济南芙蓉街历史街区的整治方案提出，通过管线综合改造，拆除电线杆，尽可能使各种管线入地，妥善设置相关的地面设施（如变压器等）使其不影响街巷和建筑景观环境。

　　对特色街巷其他要素的整治　特色街巷是历史城市的重要组成部分，如一些城市的水街、骑楼街等，它们的风貌品质对整个历史城市的保护举足轻重。

　　比如在济南芙蓉街历史街区，水体整治和空间塑造是城市历史景观保护的重点。水体整治方面，相关规划提出：第一，严格控制地区内以及地区以南相关地区的建筑高度和基础深度，确保整个珍珠泉群的泉脉不受影响；第二，保护和整治珍珠泉泉系的现有泉、池和明渠，疏通泉系流经的暗沟，控制并逐步制止各种污染，尤其是居民生活排污的影响，保护整治曲水亭街水渠、百花洲及珍池水体环境不受污染；第三，恢复历史上从芙蓉泉至泮池的梯云溪、太乙泉等泉水。对已失去、被填埋且不能恢复的泉眼、泉池等可立碑予以标志说明，使其成为文化旅游内容的一部分。空间塑造方面，重点刻画泉水周边的开敞空间及院落建筑，尤其要改善王府池子至刘氏泉的溪流两侧院落墙体亲水性不足的问题，提出结合院落整治更新，在溪流一侧设步道等。[14] 通过各方面特色街巷中泉水环境有关的空间整治措施，提高济南历史城区泉水景观的环境风貌品质，强化济南作为"泉城"的特色与魅力（图 4-28—图 4-31）。

图 4-28　济南黑虎泉

图 4-29　济南芙蓉街历史街区水体整治前

图 4-30　济南芙蓉街历史街区水体整治后

图 4-31　广州骑楼街的整治

2.4　建筑风貌整治

建筑风貌是构成城市历史风貌的基本元素，保护历史城市的整体风貌，最基础的工作就是对建筑风貌的整治，前述对风貌格局以及特色街巷的整治工作都离不开对建筑风貌的整治。建筑风貌的整治一要考虑从院落与单体建筑两个层面的因素，二要根据院落与建筑保护级别的不同，采取不同干预度的整治措施。

我国历史城市内的传统建筑多为院落式，院落的尺度、比例、形态与边界以及庭院内的绿化等都会对风貌产生影响。对院落的整治，首先要对现状进行详细踏勘，确定院落边界，拆除后期加建部分，并对缺损的部分予以织补，使院落单元的边界与内部虚实形态清晰可辨。对院落本体的整治应注重保护院落平面形态的多样性，避免因整治措施的同质化而削弱历史街区肌理的丰富性，整治过程中应综合考虑交通、市政等基础设施的优化。

院落整治可以按照建筑的保护等级分为保护类院落和非保护类院落，采取不同的整治措施。保护类院落是指文物、历史建筑、传统风貌建筑所在或较多的院落；非保护类院落是非保护类建筑较多的院落，包括与风貌协调或不协调的现代建筑。前者以修复和改善为主，后者则以整治改造为主。例如，在泉州西街历史街区，相关规划将平面形态明确的文物建筑、历史建筑和建议历史建筑所在院落的边界和出入口界定为保护对象。针对非保护类建筑较多的院落经居民加建、改造后边界和出入口位置模糊难辨的情况，需要从现状建筑结构和传统建筑组合方式入手，确定院落的原有边界和出入口，对建筑采取拆除、降层、补建等措施加以整治，最大限度恢复院落的格局。

建筑的风貌整治需要根据保护级别的不同，采取不同的整治措施，总体而言，保护级别越高，整治越谨慎、力度越小，反之可以适当加大整治力度。

对文物保护单位和尚未核定为文物保护单位的不可移动文物的风貌整治，应以保护修缮工作为主，应依据《中华人民共和国文物保护法》或文物保护规划的要求进行。在文物本体或文物保护范围内，对历史原物的整治应采取修缮等措施，对非历史原物则需要根据文物保护规划的要求采取改善或拆除等措施进行整治。例如，福州三坊七巷历史街区的沈葆桢故居是全国重点文物保护单位，保护工作：首先，对历史原物采取了科学修缮措施；第二，对于主体结构尚完整的建筑物进行加固，并做好木结构的防潮防蚁等；第三，对局部破损较严重的建筑的部分梁柱进行替换，补齐缺失木构件；第四，将破坏风貌建筑按照文物保护规划予以拆除、降层，恢复原有格局与风貌。在修缮整治的过程中应尽可能利用原有门窗、栏杆等装饰构件及部分原有结构构件（图4-32—图4-34）。

　　历史建筑的保护与风貌整治可参照文物保护的方法，在保持建筑原有高度、体量、外观、色彩的基础上进行修缮，通过日常保养、防护加固、局部修复等方法还原建筑原貌。但历史建筑可进行部分现代功能的植入，因此在不改变原有格局的前提下，建筑内部可进行现代化改造。例如，泉州西街468号为民国时期建造的番仔楼，是一座砖石结构的历史建筑；相关规划要求对建筑外立面进行修缮与修复，改造广告牌和底层商铺立面，同时对屋面进行防水改良，空调室外机进行遮挡，在

图4-32　大同古城亟待修缮的民居院落

图4-33　襄樊古城中亟待修缮的文物建筑

图4-34　济南芙蓉街、曲水亭街修缮后民居院落

室内进行适当的现代化改造，将电线沿墙或埋地敷设，合理布置空调等设施，保障建筑的良好利用条件。

第三章已经论述了保护传统风貌建筑对历史街区和整个历史城市的重要性，由于其现状差异较大，应对它们进一步分类，按照实际情况采取不同方式进行保护与整治，尽可能保护其岁月价值的载体，在此基础上可对其他部分通过翻建、改建等进行整治，提升建筑质量与性能。对传统风貌建筑的立面与屋顶的外观整治也可以采取不同策略，如使用传统材料，遵照传统形式、做法进行整治，也可以维持老建筑基本形态，重点保护有价值的外观元素，采取适宜的现代材料与手法进行翻建，使之呈现新旧结合的风貌。在建筑内部可以更自由地使用现代建筑材料、设备，改善建筑使用性能（图4-35）。

非保护类建筑，尤其是那些与风貌不协调的现代建筑一般都存在体量过大、材料与色彩不当，或安全性差等问题，对这类建筑，应在条件允许的情况下采取力度较大的方式加以整改。整改的方法包括：替换立面材质、替换门窗材质、建筑立面门窗洞口调整、屋顶平改坡或更换屋面瓦、降层或局部降层，甚至局部或整体拆除等。其材料做法也不拘泥于传统工艺，这类建筑的整治往往给建筑师提供了创新的机会，整改应以尊重历史环境为基本要求。对于不严重破坏整体风貌的现代建筑一般可以采取暂留的方式等。

图4-35　景德镇徐家窑风貌建筑修缮前后对比

03

交通环境整治

3.1 典型问题

　　交通环境关系到社会、经济功能是否能正常运转，对历史片区的保护与利用以及整体环境的宜人性至关重要。由于历史与现实的原因，我国城市的历史片区面临一些共性的交通问题。从总体看，受原有交通工具、组织方式以及等级制等影响，历史城市的街巷道路空间一般较狭窄，北方历史城市的街巷较南方略宽。比如，济南古城曾经最主要的商业街之一——芙蓉街最窄处只有4米，较宽处也不过8—9米；福州的三坊七巷除了南后街宽度大致有9米多，其余街道大约在2—3米左右。即使像北京这样的历史街区，宽的街道一般也不过24米（如原来的宽街），而像南锣鼓巷这样的主要南北胡同也不过9米左右。一般东西向的胡同大多6、7米以下。很多南方历史街区内的次要巷道就更窄，有的不到1.5米，如景德镇的彭家弄历史街区内部分街巷。即使到了近代，一些租界城市的街道也就十多米宽，比如上海英租界主干道18—20米，一般道路10—15米。显然，多数历史街巷的宽度难以满足现代交通的一般需求（图4-36）。

　　随着城市的发展，很多古城或老城区都已成为不断发展的城市中的一部分，而且它们很多还处于扩张后的城市中心区域的核心，这样老城原有的主要道路成为区域性干道的一部分，扩展区城市干道的尺度和交通流量都对古城或相应的街区产生巨大的交通压力。在过去二十年里，很多重要的历史城市或街区内的道路因此被拓宽，比如北京的宽街从原来的24米被拓为约40米宽的平安大街，苏州的干将路也从原来的10米拓为35米。济南的泉城路在民国时期曾由6米拓宽至25米，1990年代后期再次扩宽至40米。所有这些道路空间的改变都对古城、历史街区等造成较大影响。

　　自 1950 年代初以来，古城和历史城区的人口增长明显。比如，1949 年前的北京老城只有 100 万人，而今仅户籍人口就有 170 多万人（北京老城内人口密度约为 2.4 万人 / 平方公里）。目前，绝大多数历史城区的人口密度都普遍较高。与此同时，随着居民生活水平的提升，历史城区内居民小汽车拥有量也急剧增加。除了居住人口的增加引发的交通荷载增加外，历史城区自 1950 年代以来都集中了较多的机关、商业、医院、教育等设施，引发大量的机动车交通，这些地方常常成为交通的堵点。

　　历史城区除动态交通空间不足引发交通阻塞外，交通管理水平低、静态交通配套设施不齐全等进一步加剧了拥堵。比如，在我国南方很多历史城区中，由于道路较窄，交通组织常采取机、非混行的方式，加之摩托车、电动车数量多，行车速度快，加上一些车辆不按交通规则行驶，高峰时段交通拥堵严重（图 4-37）。

　　在保护街巷格局的前提下，妥善处理古城区和历史城区的交通问题，成为历史城市环境整治的重要工作。

图 4-36　景德镇历史街区狭窄的巷道

图 4-37　武汉得胜桥街拥挤的交通

3.2　分流地面通过性交通

正如第二章中的相关论述所说，解决历史城区的交通问题是一项系统工程，首先要对过度集中的城市功能和人口进行疏解，尤其是要重点疏解那些易吸引大量交通的、大型集中用地上的功能，如批发市场、大型超市、行政办公、重点的教育和卫生设施等。同时，控制历史城区居住用地总量，通过老旧小区改造、文物建筑征收等，逐步疏解人口，降低历史街区的居住人口密度。与此同时，可以针对交通问题，采取措施，缓解历史城区的交通压力，提升宜居性，改善遗产点的保护、展示与利用的环境。

对于多数历史城区来说，造成交通拥挤的一个主要原因是通过性交通量过大。历史上，一般城市都是以古城为核心向外拓展而成的，当城市外围的面积达到一定程度时，老城核心区不但是很多交通的目的地，还成为大量外部交通通过的地方。所以，甄别历史城区内不同的交通类型与流量是解决问题的前提。一般来说，限制通过性交通可以大大减少历史城区的交通量，常见的解决方式有两种：一是引导通过性交通在历史城区外部绕行；二是将其引入地下隧道，避开历史城区的地面道路，在地下穿行。

绕行是在保护区域的外围，通过组织建立交通保护环，引导通过性交通在保护区域外行驶的一种交通组织方式。一般来说，绕行通常设两级或多级外环引导，形成长距离的区域外绕行和短距离的保护区外绕行。区域外绕行指通过城市快速道路联系包含保护区在内的各功能片区，以此来减少穿过保护区的快速过境交通，保护区外绕行指通过保护区四周的主要城市道路来分担不以古城为目的的经过性交通，减轻保护区游客及居民的交通出行压力。

比如，安阳古城整体规模大约 250 公顷，为了减少穿过城区的快速过境交通，保护规划建议利用距离古城南侧约 2 公里的文昌大道，东侧约 4 公里的邺城大道作为第一级交通保护环，分流了部分穿过性交通流；同时利用距离古城东侧 1 公里，北侧 1.5 公里，西南环绕的中华路、人民大道、文明大道和彰德路四条城市主干道形成第二级交通保护环，最大限度地使古城成功避开通过性交通的发生。[15] 同样，武昌古城和泉州西街的相关保护规划也提出了外围分流穿越式交通的组织方式，通过多层交通环，逐层疏解历史街区的过境交通（图 4-38）[16]。

利用地下隧道将通过性交通引入地下，避开地面的保护区域是另一种减少地面交通量的方式。这种方式建设成本高，一般多在大城市人流及车流量极大的地区采用，类似地铁。像武昌的得胜桥就采取了下穿隧道的方式将古城北的城市干道引入

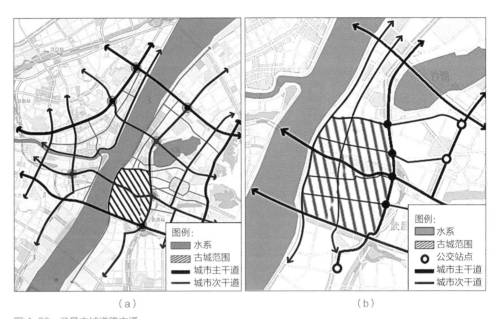

（a）　　　　　　　　　　　　　　　　　（b）

图 4-38　武昌古城道路交通
（a）古城外围城市交通示意图；（b）古城可达性示意图

古城地下穿行，减少了地面交通的负荷，保护了得胜桥街的历史格局与风貌。南京玄武湖的城东干道也由高架改成隧道，保留了原有城市景观风貌。[17] 但是，采取这种方式要慎重，因为古城地下常有文物埋藏区，在决定采用隧道方案前，要充分考虑对沿线地下文物可能造成的影响，并准备相关预案，在施工进程中积极保护可能发现的地下文物。武昌得胜桥街下的隧道工程就在施工过程中挖掘出武昌古城北城门遗址，相应地对遗址进行了保护。

　　实践证明，提升公共交通出行比例是缓解历史城区交通压力的重要途径。由于历史城区内道路较窄的限制，一般公交难以实现，建设地铁成为大城市的一种选择，如北京、南京、广州等。但在人口规模较小或受其他条件限制的城市，历史城区可能难以建设地铁，在这种情况下，就需要加强古城或历史城区外围的交通接驳，并鼓励绿色出行等，降低历史城区的机动车交通需求，以缓解交通压力。

　　完善内外交通的衔接，通常表现为多层级的疏解接驳。比如泉州为了保护西街街区，缓解交通压力，规划建议将对外交通接驳枢纽站设置于中心城区交通疏解以外，古城和街区内的交通疏解接驳则根据居民和游客的不同需求，分类设置公交总站、轨道交通站点、自行车租赁以及停车场等设施（图 4-39）[18]。为了缓解交通对武昌古城的压力，相关规划建议在古城外围设置多个交通出入口，同时增设大量公交站点，保证古城的可达性[19]。

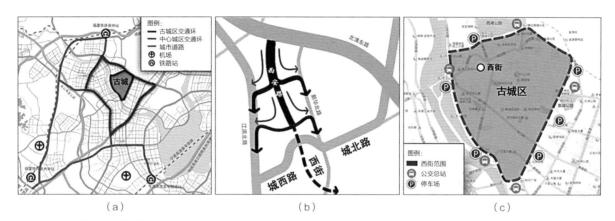

图 4-39　泉州西街交通接驳示意
（a）中心城区交通疏解接驳示意图；（b）疏解模式图；（c）古城区交通疏解接驳示意图

3.3　综合优化绿色出行设施与环境

　　为鼓励居民在历史城区或其他保护区域内采用绿色出行方式，城市需要建立发达的公交网站体系。一般应根据现有街巷的宽度，采用合适尺寸的公交车，开辟社区公交线路，满足居民的日常出行需求。济南古城保护规划在这方面进行网络有益的尝试，规划针对古城街周边地区规划了增设公交专用道和公交首末站，形成服务半径为 300 米的公交体系，以期提升社区、游客利用公交出行的比例；规划还在主要景点专门设置公交站点，方便游客换乘[20]。再比如，安阳古城相关规划根据古城外的用地和道路交通情况，在古城外选择适当的地点规划了停车场、公交总站、电瓶车站点、自行车租赁等设施点，以满足居民及游客交通需求。历史城区的道路空间有限，而交通需求则会在不同时间、季节发生一些变化，依据这种变化的需求对相对固定的道路断面资源进行动态的组织管理，也是历史城市改善交通状况的重要方法之一。比如，泉州古城相关保护规划，针对保护片区的道路状况，提出了分时期设置游客专线的方式，以疏解旅游旺季游客交通[21]。

　　引导机动车绕行或引入地下，一方面是为了保护历史城区或街区的历史环境，一方面也为其中的遗产展示与可持续利用打下坚实的基础。绝大多数历史城市是步行交通时代的产物，对历史城区合适的地区采取步行化的策略是城市保护的趋势。目前，我国已出现很多这样的例子，如上海的南京路、哈尔滨的中央大街、福州的三坊七巷、杭州的南宋御街等。但对于面积较大的历史城区难以实现完全的步行化，这就要在限制部分交通的基础上，组织好机动车交通，大力改善和提升步行环境。

一个良好的城市步行环境首先要安全，与相邻的城市空间、建筑界面有积极的互动，且成体系。城市公共空间与建筑界面为市民提供了交往和活动的场所。处理好城市外部空间及其界面与步行环境的关系是营造富有活力的步行城市的关键。

首先，要处理好公交系统或其他交通系统与步行系统的一体化组织，使人们能够方便地到达不同步行区域的地点。其次，要提升沿步行网络的城市公共空间的品质，以及界面的交互性与宜人性，将丰富日常生活功能引入步行网络之中，并通过精细的设计将分散在城市中的公园、绿地、广场、步行街、遗产与特色资源等串联起来；形成一个完整的，基于功能、文化、特色的空间网络。在我国很多近代小街坊、密路网的历史城区中，常常会面临机动车与人行道共存的情况，这时适宜的步行环境的营造要处理好几个关键问题。在保护总体格局风貌的基础上，谨慎开辟街头小型绿地广场，沿路加强带状绿地空间的设置，保证道路的景观效果，提供街坊边缘的绿色通廊。

历史城区或其他保护区内各种交通情况复杂，空间限制多，所以良好的交通环境的营造，离不开科学、高效的管理。交通组织管理是指通过对一定区域内道路交通的流量、流速、流向、车种等合理组织设计，使道路交通始终处于安全、有序、高效的运行状态。[22]

历史城区由于空间资源有限，静态交通配置严重不足，往往导致机动车乱停乱放。为满足居民的日常停车需求，历史城区内的停车场可采取以下三种方式：

一、在主要功能区外围集中设置公共停车场，在管理上减少停车位并提高停车收费标准，以此减少区域内的机动车出行需求。武昌古城的相关规划采取了片区停车的模式，在主要景点黄鹤楼及大街坊周边布置小型停车场，以此限制小汽车进入历史城区内，缓解交通压力（图 4-40）。济南商埠的相关规划考虑到区域内空间的限制，主要在现状大型公共设施周边设立单独停车场，并以停车楼和地下停车库为主要形式。[23]

二、结合周边其他交通设施及城市资源，设置公共停车场。比如济南古城相关规划，结合轨道交通站点、公交首末站及主要景点出入口等，规划了多处公共自行车及私家车停车场。

三、充分利用现有空间，分散化、小型化地设立停车设施。比如，安阳古城相关规划考虑到古城保护区域的要求以及古城内的机动车停车缺口，以见缝插针的方式设立多个小型停车场，体现了地上及地下空间的最大化利用。济南古城内的芙蓉街地区的保护规划也选择了就近分散布置停车设施，避免过于集中的停车

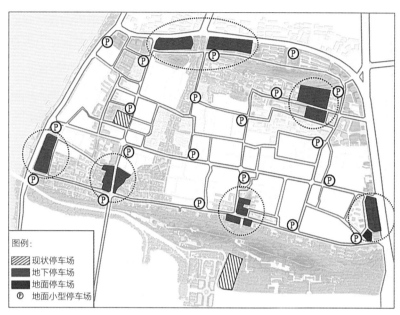

图例：
- ▨ 现状停车场
- ■ 地下停车场
- ■ 地面停车场
- Ⓟ 地面小型停车场

图 4-40　蛇山片区停车模式分布示意图

需求造成交通"瓶颈"。

　　除了以上措施外，还有一个系统的技术问题，就是现有道路交通规范与历史城区之间的矛盾。我国现行的道路交通规划设计规范主要是针对以机动车出行为主的城市新区编制的，导致我国城市道路普遍过宽，交叉口转弯半径过大。这极大地影响了历史城区的保护和宜人步行环境的营造。在历史城区，以窄马路、密路网的形式组织交通，采用尽可能小的道路转弯半径、优化交叉路口步行环境，已成为一个重要的技术共识。实践表明，小半径的道路转角使行人通过马路的距离更短、更安全，有利于提升步行环境品质，也便于提高机动车交通的组织效率；而且可以更好地保护传统街道的尺度、风貌与环境。目前，我国很多地方对历史城区、街区的道路在保护的前提下，创新性地提出了很多有益的、灵活性技术要求和控制措施。比如，济南商埠区的保护规划，提出了不再扩宽商埠区内现有的富有特色的、2 米左右的道路抹角。

　　区域层面的交通组织管理主要是对路网交通压力的分解，一般采取时间上削峰填谷、空间上控密补稀等措施，单行、禁限、流向引导、信号组织等都是常用手段。[24]以济南商埠区为例，小网格的道路格局决定了商埠区比较适宜小型化、单向行驶的公交体系，以提高路面效率。同时，在不改变道路红线宽度的前提下，通过对单行系统的合理设置，降低各城市支路在两条东西主要干道——经一路和纬六路的开放度，以增强它们的畅通性，确保道路等级的细分（图 4-41）[25]。

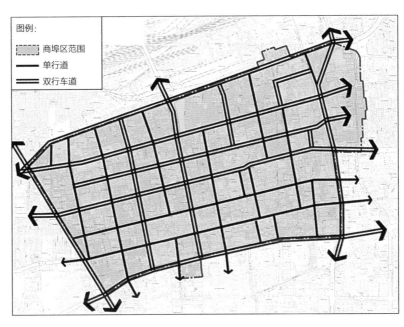

图 4-41　济南商埠区道路通行方向示意图

在城市层面，通过政策、法规引导交通发展，以扩大绿色交通供给和控制小汽车交通需求为主要手段，平衡交通供需关系。[26] 比如，济南古城相关规划提出逐步推行交叉路口公交车信号优先的方式，还专门提出了步行和自行车交通系统建设的专项规划，鼓励公共交通与绿色交通。

04

居住环境改善

4.1　居住水平提升

　　居住类型为主的历史城市片区由于历史原因，多数存在人口密度高、居住品质与环境较差、人口老龄化等问题。因此，提升居住水平成为改善民生、提升街区环境与保持街区功能延续性的基本工作（图4-42）。居住水平的提升涉及很多方面，比如人口规模与结构的调整，居民生活设施条件的改善，公共环境设施水平的提高，适老化改造等。在实际工作中，应当在充分研究实际问题与需求的基础上，在公众的广泛参与下，采取不同的措施。

　　调整人口规模与结构　我国的历史城市街区历史上多为居住型或商业、居住混合型街区。中华人民共和国成立后，产权制度的变化，住房政策、经租房等政策的推行，以及历史城市尤其是历史街区长期缺乏维修等综合因素，历史街区呈现出

图4-42　历史街区人口密度过高
注：每个水池代表一户人家，狭窄的院落中居住了6—8户人家

人口密度过高、人口与社会结构失衡等问题。例如福州三坊七巷，在实施保护改造工程前，多数大厝类文物院落人均居住面积在 15 平方米以下，街区整体居住密度达到 375 人 / 公顷，对文物和历史街区保护带来巨大压力。这种情况在北京、上海等特大城市更为突出。为了解决人口密度过高的问题，《福州三坊七巷文化遗产保护规划》提出，根据具体院落规模控制合理的居住户数和人数，以实现街区保护与可持续发展的目标。2007 年街区开始正式启动居民的疏解工作，对公有产权房政府收回，对原使用人予以安置。对私有产权房属于与风貌相协调的建筑内的住户可选择留住或外迁。对风貌不协调的建筑进行改造或拆除，居民统一异地安置，并拆除风貌不协调建筑。此外，政府通过政策引导，让具有代表性的民间商业、手工艺作坊保留下来。同时，政府还积极调动原住居民参与保护修复工作，并由政府补贴费用。[27] 类似的政策在北京等历史文化名城的历史街区也已陆续推行。

改善住户生活设施条件　多数历史城市或街区内建筑密度高、人均居住面积低、基本生活设施水平低。比如，济南芙蓉街与将军庙街区，建筑以一层平房院落为主，人均居住面积约为 8—10 平方米，居住空间拥挤，院落内缺乏厨卫等必要的生活设施。由于外来常住人口较多，对于居住空间的改造意愿不足，加剧了街区人居环境的恶化。针对街区的现状问题，《济南市芙蓉街—百花洲历史文化街区保护规划》提出，适度疏解人口、对建筑进行分类改造，针对性地策划了低限（紧凑）型、经济型、改善型、宜居（适老）型四种住房类型；并根据每户的人数，分类施策。低限（紧凑）型和经济型主要针对经济条件不佳或改造意愿较弱的住户，均是在现有面积基础上稍作扩展，主要解决室内卫生间的完善等基本需求。改善型针对院落较为完整或具有产权清晰、改造意愿较强等情况的住户，通过疏解部分院落人口，整合院落产权，增加人均居住面积，提升基础设施等措施改善居住环境。宜居（适老）型重点解决老人最关心的卧室、卫生间的问题，做到卫生间干湿分区，在室内增加必要的适老化安全保护设施等。

公共环境改善　历史城市或街区内公共环境改善是提升居住水平的重要方面。例如，2019 年北京东华门街道对韶九胡同、锡拉胡同等 7 条分布在王府井周边的街道开展了精细化提升工作。规划设计多措并举，还路于民。通过抬高部分胡同两侧人行步道、景观设计等手段分离路权，保障了行人通行的连续性和安全性。同时在胡同中增设绿化景观，将历史与现代文化融入休憩空间。提升规划还特别针对锡拉胡同阳光菜市场门口地段，引入多元主体协商共治，打造微型社区花园。这些措施进一步改善了王府井周边地区交通的微循环能力，提升了区域环境品质（图 4-43）。

图 4-43　三坊七巷中传统园林的修复

适老化改造　目前历史城市与历史街区普遍存在人口老龄化问题，积极开展适老化改造，提升老龄人口的居住舒适度已刻不容缓。例如，位于北京老城白纸坊街道东北部的万寿公园街区，人口密集，老龄化率远超北京核心区的平均水平。规划设计充分依托街区人口、设施、景观、空间等资源本底，从老龄人口的需求及行为习惯出发，强化邻里单元优势，营造便利、宜居的居住环境。规划提出了展示街区文化魅力、构建区域一体的文化探访、健身、散步道系统的思路，突出塑造与万寿公园"敬老孝亲基地"内外联动的街区环境。

4.2　防火性能提升

消防问题在我国历史街区比较突出。我国绝大多数历史街区以砖木结构为主，建筑耐火等级低；而且街巷普遍较窄，防火间距严重不足，缺乏消防救援条件和设施。另外，街区内很多建筑常年自发改建、加建，因使用要求增设的水、电、燃气等设施导致巷道内电气线路杂乱，燃气明敷，进一步加剧了火灾安全隐患。例如，景德镇御窑厂历史街区、福州上下杭历史街区等，道路狭长，宽度多在 2 米左右，最窄处不足 1.5 米，长度却达百米以上，最长的直线距离超过 180 米，一旦发生火灾事故，普通消防车无法驶入救援，内部火灾难以得到及时扑救（图 4-44、图 4-45）。

历史街区防火性能提升的目标是为了保证人员与建筑安全、控制火灾蔓延，在保护肌理的前提下，依托现行防火规范，依据街区实际情况，论证及探索有效弥补消防能

图 4-44　历史街巷火灾隐患严重

图 4-45　传统木构民居火灾隐患严重

力不足和加强消防措施。结合该历史街区与传统建筑的条件，防火性能提升的方式主要可以从三个层面考虑。在宏观规划层面，加强建筑群的防火安全距离的控制。建筑之间保持一定的安全距离是防止火灾蔓延最可靠的途径。在构造设计与建筑材料层面，在保护建筑或建筑群无法达到隔绝飞火或者热辐射的安全距离时，可以通过各种建筑构造设计，依靠一定厚度的不燃建筑构造层阻断火势的传播。例如，在传统坡屋顶建筑的木望板或者保温层上覆盖一定厚度的抹灰层使其达到 1 小时耐火极限等。最后，在这些措施都无法达到要求时，灭火设备是控制火灾蔓延的最后防线，应加强历史街区及传统建筑中消防设施的配置与防护扑救能力。例如，在合适的位置设置水幕、水枪等。

首先，在保护整体格局和风貌的基础上，合理安排消防通道。比如，利用拆除质量较差的建筑及不协调建筑的契机，局部打通断头路，优化街区内部建筑的消防救援和疏散条件。对于一般消防车道密度无法达到防火规范要求的街区，增设配备非常规消防车辆的微型消防站来加强片区的消防扑救能力，进一步疏通里弄道路，以适应小型消防车、消防摩托车通行的需要[28]（图4-46）。

其次，结合街区内传统建筑的特点，划定并控制防火分区规模。历史街区内的老建筑虽然多为木构架，但是外围墙普遍采用370毫米左右厚度的砖墙，对此类砖墙进行修缮和加固或适当改造后，即可在维持风貌的情况下达到防火分隔的要求。在防火分区之上，增设防火控制区，为阻止火灾蔓延增加一道屏障[29]。

第三，严格控制业态及火灾危险源在街区内的分布，将使用明火或者易燃设备的业态限制在耐火等级二级以上的建筑内，且在一般消防车的扑救范围内。比如，《景德镇御窑博物馆及御窑厂遗址保护设施建设项目与御窑厂周边道路街面改造工程》将餐饮业态尽量布置在街区外沿，为了满足街区内的陶艺作坊配置窑炉的需要，

图4-46　景德镇御窑厂

图例：■■一般消防车道（≥4m）　▨消防回车场（≥12m×12m）━━消防摩托车道 ··消防步道　片区消防通道布局图

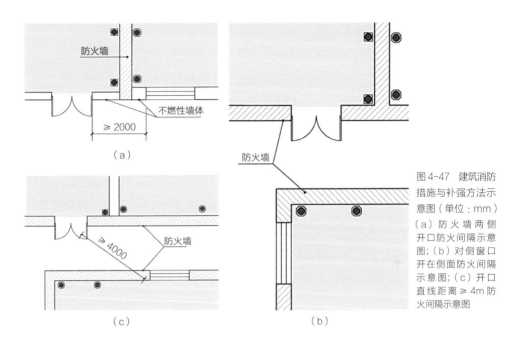

图 4-47　建筑消防措施与补强方法示意图（单位：mm）（a）防火墙两侧开口防火间隔示意图；（b）对侧窗口开在侧面防火间隔示意图；（c）开口直线距离 ≥ 4m 防火间隔示意图

将原来各家自行购置小电炉的做法改为统一沿街区外沿布置在耐火等级二级及以上的建筑中，统一建造气窑，以此加强火灾风险的管控。

　　第四，在建筑构造防火方面采取各种可能的方式控制防火间距。如果保护建筑之间出现距离和墙面开口无法达到防火规范时，按照距离进行分档，通过墙面开口错开、侧面开口等方式，在可能条件下调整老建筑的开窗位置等。同时，通过安装防火门窗、喷淋等设施，加强防火分隔。还可以通过建筑选择 B1 级以上的防火材料，并通过新型阻燃材料涂刷突出的木构件，对防水保温做法层的表面采取覆盖阻燃层等技术，进一步增强建筑构件及整体的防火性能[30]（图 4-47）。

　　第五，在消防设备方面，在街区内增加室内、室外消火栓系统的配备，有条件的重要保护性建筑增设自动灭火设施。对各种线路等进行重新设计、重新布线，落实用电安全；增加防雷接地，增加消防电源、火灾自动报警系统、消防应急照明和疏散指示标志等。

4.3　基础设施改善

　　我国历史街区内基础设施普遍落后，很多老街区无下水设施、雨污混排，排污、排雨能力差，电力、电信等线路多为明敷，且线网杂乱，造成居民日常生活不便，街巷景观不佳，且消防隐患较多。

　　基础设施提升是街区建筑防火性能提升和居住品质提升的必要基础性工作。现代城市通过系统规划建立起来的设施网络难以适应历史街区街巷狭窄、建筑密度大、建筑材料易燃等情况。在保护历史街区风貌格局的前提下，最大限度地提升街区的基础设施水平是市政设施规划设计的核心[31]。

　　一般来说，在条件允许的情况下，历史街区内的工程管线铺设应遵循如下原则：首先，应根据地方及片区实际生活与其他功能的需求合理安排必要的管线进行敷设；第二，应充分结合街区现实空间条件采用合理的方式进行敷设，在有条件的情况下宜尽量采用地下方式为主[32]；第三，应充分调动基础设施实施涉及的各单位，综合协调解决不可避免的冲突等问题。例如，根据需要合理安排基础设施提供方式，北京在很多历史街区很难有条件敷设热力管线，而是采用低谷电价的电采暖方式提供采暖供应，不强求每条胡同铺设热力管线。根据空间条件进行铺设，应按照不同的街区道路宽度合理安排管线，以适应现状街巷狭窄的空间限制条件。一般道路宽度在 3 米以下时，宜布置给水、污水、雨水管线。宽度在 3—4 米范围内，可在以上基础上加电力管线。宽度在 4—6 米范围内，可再增加通信和燃气管线[33]。管线布设受到空间限制时，可采用综合管沟、提高管线强度和承载能力、加强管线保护、甚至局部沿建筑墙面铺设等措施，以满足工程管线的安全、检修等条件[34]。市政站点宜采用新型及小型化的设施。

　　对于不同类型的基础设施来说，在给排水工程方面，埋地管道宜采用强度高、接口可靠、使用时间长，便于在狭窄场地施工的管材，以提高管道的耐压、耐腐蚀等级。消火栓井、阀门井、检查井可采用非标准图进行设计，或采用钢筋混凝土及其他材质的成品检查井，以减小检查井的外形尺寸。阀门宜采用免维护的新型阀门并提高压力等级；设置阀门井有困难时，可采用闸罐形式。用户水表等宜安排在院落内。对市政管线实施困难的路面狭窄街巷，可采用灵活多样的形式，按规划目标分阶段、分步骤进行。具备自流排除雨水条件的路段，鼓励采用地面径流排水或边沟排水的方式排除雨水，以减小埋地管线的种类及所需空间。不具备自流排水条件的路段，确无空间埋设的情况下，可暂时保留合流制排水系统，在接入干线前实施雨污分流。[35] 有条件的地区可采用真空排水或压力排水技术等。化粪池宜采用体积较小的卫生环保型，且布置在道路用地外方便清掏的地方，在空间紧张的街区也可以在院落等角落空间、并配合相应的清掏方式布置化粪池。

　　在电力、电信工程方面，线缆有埋地和明敷两种方式。在小于 4 米的道路及埋地有困难的地段，与有关部门协商同意的前提下，可结合建筑外立面及屋檐进行明敷；优先采用装饰线槽，利用屋檐加以遮挡。宽度不小于 4 米的道路，线路宜埋入地下；电缆管井靠近房屋基础敷设时，其埋深不宜超过房屋基础深度。同一通路少于 6 根的 35kV 及以下电力电缆宜采用直埋；电缆数量较多时，宜采用排管，管孔数宜预留适当备用。供电电缆线路应强、弱电分开设置；10kV、1kV 电缆应进管井，电缆管管径宜选用直径为 125 毫米规格（开闭站外电源除外），管材采用 HDPE 或钢管。当供电电缆电压不大于 380V，且电力、通信线缆均有套管保护时，电力、通信管道可以合并为一个路由，同沟不同井。室外电缆排管敷设距离超过 50 米时，应加室外人（手）孔井，方便电缆敷设及检修。人（手）孔井宜采用非标准的新工艺异形井，以减小外形尺寸。

应结合历史文化街区用地规划和院落建设平面布局，合理安排开闭站、配电室、箱式变压器的位置，且应根据分区预留集中计量表；通信设备箱等设施宜设置在用户院落内，外置的设施设备采用符合风貌的装置遮挡。路灯应由路灯箱变引出专路低压电缆，供路灯使用。无条件做路灯电源时，路灯电源应与区内配电箱结合。路灯电缆宜进管井，现场无条件时可采用直埋方式，也可在建筑外墙埋设套管。

在燃气工程方面，应结合历史文化街区规划，合理安排调压站或调压柜的位置，保证其安全距离要求；次高压及以上压力等级燃气管线不应进入历史文化街区的道路内；输气管材可采用钢管或 PE 管，宜采用直埋阀门。

需要指出的是，历史街区、保护类建筑群的消防与管线布置是一个需要技术创新的领域，工程复杂综合。相关的规划设计应该深入现状调查，把握现有规范的技术精髓与出发点，相关专业应打破专业边界，加强沟通协作，在保护与安全为目的的前提下，实事求是地改善街区与传统建筑的基础设施条件，提升人居环境质量。在这一过程中，更需要相关部门的组织协调，为解决相应的技术问题搭建有效的平台，提供指导与服务。

注释

[1] 中华人民共和国住房和城乡建设部.历史文化名城保护规划标准:GB/T 50357—2018[S].北京:中国建筑工业出版社,2018.

[2] 建科[2020]38号《住房和城乡建设部 国家发展改革委关于进一步加强城市与建筑风貌管理的通知》.2020-4-27. http://www.mohurd.gov.cn/jzjnykj/202004/t20200429_245239.html.

[3] 中国城市规划设计研究院,北京清华同衡规划设计研究院有限公司.景德镇生态修复·城市修补系列规划.2018.

[4] 北京建设史书编委会.建国以来的北京城市建设资料[M].北京:北京印刷二厂,1986.

[5] 北京清华同衡规划设计研究院有限公司.承德狮子沟地段景观环境整治方案.2017.

[6] 同[3].

[7] 同[4].

[8] 同[5].

[9] 北京市城市规划设计研究院,北京市文物局,北京市规划委员会.北京历史文化名城保护规划.2002.

[10] 北京清华同衡规划设计研究院有限公司.南京秦淮河风光带规划.2004.

[11] 同[5].

[12] 清华大学,北京清华同衡规划设计研究院有限公司,广东省城乡规划设计研究院有限责任公司.广州历史文化名城保护规划.2014.

[13] 北京清华同衡规划设计研究院有限公司.济南古城区及商埠区保护与发展研究.2007.

[14] 北京清华同衡规划设计研究院有限公司.济南市芙蓉街—百花洲历史文化街区保护规划.2015.

[15] 北京清华同衡规划设计研究院有限公司,北京建工建筑设计研究院,安阳市规划设计院.安阳古城保护整治复兴规划.2017.

[16] 北京清华同衡规划设计研究院有限公司,武汉市土地利用和城市空间规划研究中心.武昌古城蛇山以北地区保护提升规划设计.2015.

[17] 同上.

[18] 北京清华同衡规划设计研究院有限公司.泉州西街历史文化街区保护规划.2014.

[19] 同[16].

[20] 北京清华同衡规划设计研究院有限公司.济南历史文化名城保护规划.2016.

[21] 同[15].

[22] 李瑞敏,夏晓敬,等.城市道路交通组织方法与实践[M].北京:清华大学出版社,2017:2.

[23] 同 [16].

[24] 同 [22]: 4.

[25] 同 [13].

[26] 同 [22]: 4.

[27] 北京清华同衡规划设计研究院有限公司 . 三坊七巷历史文化街区保护规划（修编）.2013.

[28] 参考《历史文化名城保护规划标准》第 4.6.1 条，历史文化街区宜设置专职消防场站，并应配备小型、适用的消防设施和装备，建立社区消防机制。同 [1].

[29] 防火隔离带是连片的老城区范围内防止火灾大规模蔓延的有效措施，参考各地历史文化街区经验和做法，一般以防火控制区面积不超过 20000m² 作为设防要求。防火控制区四周需要设置一定宽度的防火隔离带，防止发生火灾时，火灾通过热辐射或飞火在防火控制区之间蔓延，同时利用该空间为消防救援和人员疏散提供便利。

[30] 参见《建筑设计防火规范》第 5.1.5 条，改造或复建建筑较多使用保温或防水材料，因此需要严格控制保温材料的燃烧性能。中华人民共和国住房和城乡建设部 . 建筑设计防火规范: GB 50016—2014[S]. 北京: 中国计划出版社，2014.

[31] 参见《历史文化名城保护规划标准》第 3.5.3 条，

[32] 参见《历史文化名城保护规划标准》第 3.5.3 条，3. 管线宜采取地下敷设的方式，当受条件限制需要采用架空或沿墙敷设的方式时，应进行隐蔽和美化处理。同 [1].

[33] 参见《历史文化街区工程管线综合规划规范》第 4.1.1 条，历史文化街区内管线设置的种类应根据需求及道路宽度、管线断面等因素综合确定。北京市政工程设计研究总院有限公司，北京市城市规划设计研究院 . 历史文化街区工程管线综合规划规范: DB11/T 692—2019[S]. 2019.

[34] 参见《城市工程管线综合规划规范》第 4.2.1 条，工程管线宜采用综合管廊敷设的情况: 3. 道路宽度难以满足直埋或架空敷设多种管线的路段。中华人民共和国住房和城乡建设部 . 城市工程管线综合规划规范: GB 50289—2016[S]. 北京: 中国建筑工业出版社，2016.

[35] 韦巧 . 浅谈城区控规编制中的给排水项目规划 [J]. 建筑学研究前沿，2018（16）.

4. 当在狭窄地段敷设管线无法满足国家现行相关标准的安全间距要求时，可采用新技术、新材料、新工艺，以满足管线安全运营管理要求。同 [1].

历史城市保护
规 划 方 法

第五章

城市工业遗存保护与更新

01

概述

1.1　相关概念与遗产分期

在讨论中国城市工业遗产的保护与更新之前，我们有必要明确三个基本概念：一是工业区。按照《城市规划基本术语标准》，工业区指城市中工业企业比较集中的地区[1]，它在空间上包括了若干较为临近的工业用地，及配套和服务工业企业的居住区、交通运输、动力公用设施、废料场及环境保护工程、施工基地等[2]，它们共同构成城市的一个区域；二是工业厂区。根据《城市用地分类与规划建设用地标准》对工业用地的定义[3]，工业厂区可以理解为：工矿企业的生产车间、库房及其附属设施，包括专用铁路、码头和附属道路、停车场等[4]；三是工业遗产。根据《关于工业遗产的下塔吉尔宪章》，工业遗产指工业文明的遗存，它们具有历史、技术、社会、建筑和科学价值。这些遗存包括建筑、机械、车间、工厂、选矿和冶炼的矿场和矿区、货栈仓库，能源生产、输送和利用的场所，运输及基础设施，以及与工业相关的社会活动场所，如住宅、宗教和教育设施等[5]。《都柏林原则》进一步将工业遗产细分为有形遗产与无形遗产[6]。《无锡建议》[7]结合我国的特殊工业化进程，进一步对工业遗产的内涵进行拓展，不仅将与工业生产流程相关的工业设备纳入到工业遗产的范围，而且增加了工艺流程、企业历史等无形要素的内容。[8]

结合中国工业发展与社会发展的分期特征，参照有关研究，中国工业发展可划分为三个阶段：1840 年以前为古代工业时期，1840—1948 年为近代工业时期，1949 年至今为现代工业时期[9]；相应的工业遗存也可分为这三个历史阶段。1840 年鸦片战争后，中国的社会性质发生根本性改变，主要生产方式由传统手工业过渡到机器工业生产，工业化思想逐渐成形，催生了中国的近代产业革命。本章节将重点讨论 1840 年之后形成的近现代工业遗存。

近代工业遗存（1840—1948 年）按时期可细分为三个阶段。[10—12] 第一阶段 1840—1894 年，为近代工业的产生时期。近代中国的新式工业是直接引进、移植西方国家的机器设备与生产技术的产物 [13]。这一时期，外国资本入侵，大量洋货倾销，传统手工业受到冲击。与此同时，机器工业生产方式引入我国，船舶制造业兴起。洋务运动时期兴起的军事工业、民用工业是这一时期的重点，也是"自强""求富"社会意识的重要实践。这一时期代表性的项目包括始建于 1866 年的福州马尾船政局（图 5-1）和始建于 1880 年的天津大沽船坞等，它们是中国近代化源头的见证。[14—16]

第二阶段 1895—1927 年，为近代工业的初步发展时期。在这一时期，民族企业兴起，逐步走上机械化和工厂化的道路。如常州在清末民初秉持"实业报国"精神，大力发展近代民族工商业，尤其是盛宣怀创办的近代工矿交通事业与刘国钧推行的纺织染联营工商业，在中国均具有首创意义（图 5-2）。

第三阶段 1927—1948 年，在这一时期，半封建、半殖民地的经济经历短时期的繁荣后很快走向崩溃，同时，新民主主义经济在解放区开始发展 [17]。1927 年至 1937 年，民族资本主义工业得到较快发展，以轻工业为主。例如，1930 年大成纺织染公司在常州成立，该公司是在传统纺织业与印染业的基础上发展起来的，大成公司引入当时先进的织布技术和管理经验，发展迅速，一度被称为"大成奇迹"。在 1937 至 1945 年抗战时期，日本在我国疯狂掠夺。华东地区主要城市沦陷后，工业企业内迁，促进了西南地区的工业化进程 [18]。昆明钢铁厂的发展是该时期的缩影。1937 年"国立中央研究院工程研究所"迁至昆明，成立了中国电力制钢厂（昆明钢铁厂的前身）。钢厂开展大规模生产、培养技术人员，为支援抗日战争做出了重要贡献。[19]1945 年至中华人民共和国成立前，国民党政府官营工业因接收了大批敌伪工矿企业而得到一定的发展，但民营工业受重创。[20] 例如，最初由日本建立的鞍山钢铁厂，在这一时期短暂恢复了生产。1948 年东北解放后，东北行政委员会正式接管并成立鞍山钢铁公司，并正式恢复生产。

现代工业遗存（1949 年至今）按时期可细分为三个阶段：[21-22] 第一阶段 1949—1965 年，为社会主义初步发展时期。这一时期依托于国家"一五"与"二五"计划，国有工业化建设取得巨大成就。一方面，公私合营的工业企业夯实了工业基础；另一方面，在苏联专家的援助下，以发展重工业为主的"156 项重点工程"在全国展开，引进了基础工业的技术标准、技术流程，初步建立了完整的工业体系。此间建设的工厂一般占地规模大，有完整的规划，如今这些项目的厂区、建筑等基

图 5-1　福州马尾船政轮机厂

本保存完整。例如，辽阳的庆阳化工厂是国家"一五"计划的扩建重点，到"二五"末，已经成为我国规模最大的火炸药工厂（图 5-3）。再如长春第一汽车制造厂，是 156 项重点工业建设项目之一，被誉为"中国汽车工业的摇篮"。

图 5-2　凤阳英美烟草公司门台卷烟厂住宅（1917 年）

图 5-3　辽阳庆阳化工厂

第二阶段 1966—1976 年，为社会主义经济曲折发展时期。出于备战考虑，国家"三五""四五"计划的重点均转向"三线"建设。这一时期，大量沿海企业向内地迁建，促进了西南地区的发展，并形成一批新兴工业城市。如贵阳经济技术开发区的小河地区就是这一时期的真实写照[23]。

第三阶段 1976 年至今，为社会主义工业大发展时期。1978 年改革开放后，计划经济开始转向社会主义市场经济，轻工业迅速发展，乡镇企业崛起，逐渐改变了重工业、国有工业企业在整个国民经济中的比重，工业经济呈现出多元化特征。在这一时期，常州等地开创了著名的"苏南模式"，推动了乡镇工业化和城市化。

1.2　工业遗存区位与分布特征

按照工业区与城市建成区的地理区位关系，工业遗存可主要分为城区工业遗存、城郊工业遗存、郊野工业遗存以及依附于航运水系、铁路等运输性质的特殊线性工业遗存。

城区工业遗存主要是那些与城市密切交织的工业遗存，如景德镇市中心的"十大瓷厂"[24]，在城市不断东扩的过程中，带动了整个东部城区的发展（图 5-4）。城郊工业遗存是指相对独立于城市中心区边缘地带的老工业片区，如位于北京主城区西部的首钢工业园区等。而郊野工业遗存则是指那些与城市建成区具有一定距离的老旧工业区，如唐山市南湖矿区等。线性工业遗存一般是指依托于水系、铁路等运输线的工业遗存，它们因共同的交通基础设施等存在内在的关联，比如沿京杭运河及其相关水系分布有大量历代工业遗存，再如中东铁路沿线、胶济铁路沿线等很多工业遗存也都与这几条铁路的发展密切相关。

在空间分布上，工业遗存大致可分为散点分布、卫星分布、成片分布与线性分布四种类型。散点分布的工业遗存一般较匀质地散布在城市建成区内，如散布于景德镇老城区内的 14 个国有陶瓷厂及其周边配套片区。

卫星分布的工业遗存是指那些在占地面积和区位上有主次之分的工业区，它们多由一个或几个较大的厂区为主，在其周边散布有多个小厂区，主要厂区与外围的厂区往往具有上下游的产业关系。如贵阳市小河地区的矿山机械厂（原国民政府兵工署四十四兵工厂）在三线建设之前就为小河地区打下重要工业基础，成为小河地区第一家大型工业企业；随着三线工业的发展，在矿山机械厂周边建起

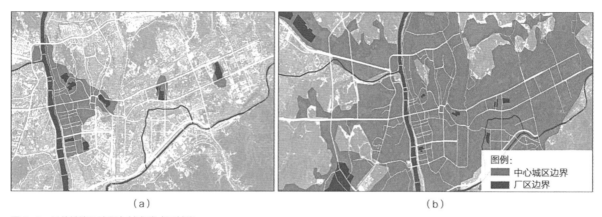

图 5-4　景德镇瓷厂变迁与城市建成区扩张
（a）1960 年中心城区边界与瓷厂区边界；（b）2010 年中心城区边界与瓷厂区边界

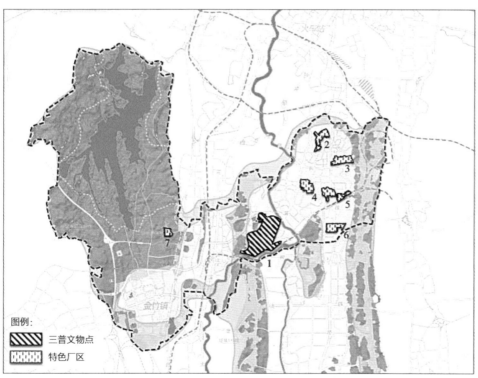

图 5-5　贵阳市小河地区三线工业厂区分布
注：1—矿山机器厂；
　　2—黔江机械厂；
　　3—华烽电器厂；
　　4—电力线路器械厂；
　　5—永力轴承厂；
　　6—西南工具厂；
　　7—齿轮厂

了一系列基础部件制造工厂（图 5-5 ）。

　　在"一五""二五"期间，很多重要的工业项目在建设初期都具有完整的规划，包括生产、生活等多种用地功能。按此规划建设的工业厂区、生活区缀连成片，形成成片分布的格局。如长春一汽既包含工业厂区又有配套生活区，吉林市的丰满水电站大坝及周边配套工业设施等。

与交通线路相关的线性遗产一般沿铁路、运河等线性要素呈分段或散点分布。线性遗产一般包括与遗产主题相关的建筑物、构筑物、建成区、自然文化景观与环境。如原胶济铁路线性工业遗存就包括铁路及沿线站场、设施、重要站点的近现代建筑群等。本章节重点讨论历史城市中的工业遗存保护与规划方法，因此跨区域等工业遗存在后面不做重点展开。

1.3　产业类型与价值界定

参考工信部颁布的《国家工业遗产名单（第一、二、三批）》，工业遗产始建时期分布如下：现代工业遗产 42 项，近代工业遗产 48 项，古代工业遗产 16 项。目前，我国已具有完备的工业门类，覆盖联合国产业分类中全部工业门类。尽管如此，由于时代原因，我国近代侧重发展某些工业门类而忽视其他，同时，其工业体系与现代体系标准多有不同 [25—31]；因此，本书将工业遗产产业门类划分参照各个时代较为通用的划分方法。

其中，近代工业遗产中，不同资本来源的工业企业，其产业门类各有侧重。[32] 当时由外资（包括中外合资）经营的产业涉及船舶制造业、面粉工业、食品加工业（茶、糖、油等）、纺织业、建材业（水泥、玻璃等）、烟草工业、交通运输业、基础设施与公用事业等。由官僚资本（国家资本）经营的产业涉及军事工业（军器、军火、船舶制造业、机械制造业、采矿业、冶金业、建材业、印刷业等）、民用工业（采矿业、冶金业、纺织工业、交通运输业、食品工业等）、基础设施与公用事业等。而民族资本工业涉及的产业主要包括纺织、面粉、采矿、冶金、机器制造、烟草工业等，并有规模不大的食品加工（糖、油、茶、酒）、印刷、火柴制造业等。

现代工业经历了三大工业建设高潮，在不同建设阶段，现代工业遗产产业门类也有所不同。"一五"时期的"156 项工程"建设阶段的工业产业门类涉及煤炭、电力、钢铁、有色金属、石油、机械、化工、轻工、医药、兵器、电子、航空航天、船舶业等 [33]。三线建设期间涉及的产业包括交通运输、钢铁、煤炭、电力、化工、石油、机械、汽车、军事工业等 [34][35]。改革开放后涉及的产业则包括冶金、化工、机械、石油、煤炭、纺织、建材、食品、消费品、电子、通信、交通运输业等 [36]。

工业遗产的价值通常从保护价值与利用价值两个方面界定。保护价值指的是工业遗存固有的文化、历史、科技等本征特征，剥离了其现今所处的时代与地域限制的价值；利用价值指的是工业遗存在特定的时代与地域背景下可以为经济、社会提供一定功用的价值。国际共识文件《都柏林原则》，将工业遗存价值分为历史、技术和社会经济几个维度[37]。

历史价值　工业遗产是工业活动的见证，记录着工业文明的价值观与工业发展不同阶段的状况，这些活动对后世产生着深远的影响，工业遗产拥有作为历史证据的普遍价值。[38] 例如，景德镇瓷业遗产体系反映了中国延续千年的瓷业发展史[39]；以第一汽车制造厂为代表的重工业建设则见证了我国 1949 年后自主建设工业城市、集中发展重大工业门类等一系列战略举措的重要历史。

科技价值　我国的工业遗存主要是工业革命后在近代科学发展中产生的。工业生产是一种技术实践形式，作为其重要载体，工业遗存中承载的工艺流程、技艺代际发展等体现了不同时代生产力与生产关系下生产方式的特征，是科技发展的重要见证。如昆明钢铁厂曾生产出中国第一根拉磁钢、云南第一根无缝钢管，开创了高性能抗震钢筋生产线，在全国具有首创意义，是我国钢铁产业承接全球技术转移的首个例证。[40]

经济价值　在保护工业遗存特定要素的前提下，将工业遗存的保护与社会经济活动相结合，对其进行积极、合理的再利用，体现了工业遗存的经济价值。其一，城市工业用地是历史城市中珍贵的土地资源，工业用地转型与工业区再利用可实现城市土地的集约利用；其二，工业建构筑物的内部空间一般具有体量大、灵活性高等特点[41]，保留建筑主体、转换功能的做法节约了建设成本，可实现建设资源的重复利用；其三，对于仍在进行工业生产的"活态遗产"企业，工业旅游在实现其教育功能的同时也可带来部分经济收益。如洛阳的"东方红"工业遗产旅游路线，展示了一批"共和国长子"工业企业的建筑环境、生产设备与工艺流程、企业文化与工人工作、生活场景等工业要素，实现了工业旅游与生产并进。又如青岛啤酒厂通过过去与当前生产方式的对比展示，使游客身临其境地感受其百年发展历程。

社会价值　工业遗存记录了工厂职工的日常生产、生活，因此具有身份认同意义。具体体现在工业遗存反映的企业文化、居民生活相关度、归属感等[42]。如昆明钢铁厂经过数十年的发展，逐渐形成了占地约 6 平方公里的职工生活区，它凝聚了几代人奋斗的成果，成为具有高度认同感的社会共同体。再如铜川市黄堡镇因其独特的自然资源聚集了一系列工厂，并沿主要厂区形成了定期的生活市集，构成了当地居民的重要生活载体。

1.4　工业遗产体系基本要素

工业遗产主要涉及典型工艺、代表产品、特征建筑与构筑物、生产与社会组织等方面的含义，这些含义相互之间的连结关系形成工业遗产的价值体系。

典型工艺与代表产品　工艺的空间布局反映不同年代的工业技术、工业谱系。例如，1950 年代景德镇在全市引入了煤烧的圆包窑，结束了大规模传统柴窑的历史，较早实现了现代化的陶瓷制作生产线，率先对原料工艺进行改造，提高泥釉料质量（图 5-6）。再如，天津碱厂是中国制碱工业的发源地，"侯氏制碱法"的联碱工程代表了世界先进的制碱生产工艺，具有典范价值[43]。

代表产品反映了某些特定时期的工艺水平与社会文化，与其所处的时代背景密切相关。景德镇"十大瓷厂"是现代陶瓷文化的先驱，过去生产的瓷器产品各有偏重，独具特色。例如，雕塑瓷厂主要生产艺术陶瓷、雕塑、工业瓷手模具等。为民瓷厂是以出口日用瓷为主的企业，曾为国家生产外事接待用瓷，该厂为接待尼克松访华生产的"尼克松杯"名噪海内外。而宇宙瓷厂则主要生产餐具，代表作有 201 头青花牡丹国徽瓷等。艺术瓷厂是景德镇市内唯一的彩绘工厂，以生产粉彩艺术瓷为主。所有这些代表产品既是景德镇各个瓷厂的重要发展史的点睛之笔，它们综合在一起又勾勒出那个时代景德镇陶瓷工艺、产品的总体面貌，折射出一个历史时期的社会文化。

此外，如，天津碱厂通过"侯氏制碱法"生产的"红三角"纯碱，获 1926 年美国费城万国博览会金质奖章，打破了纯碱的外资垄断。再如长春第一汽车制造厂

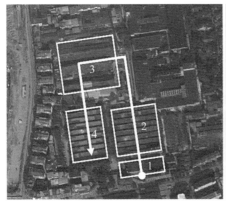

图 5-6　景德镇为民瓷厂、光明瓷厂的技艺流程空间示意图
注：1—原料车间；2—成型车间；3—烧炼车间；4—彩绘车间

于 1956 年装配生产的解放牌汽车，是国产汽车的第一个品牌，揭开了中国汽车制造的崭新一页。这些工业产品对于历史演变与技术发展等都是重要的见证。

特征建筑与构筑物　特征建筑一方面是时代特征的反映，建筑技术与质量受时代影响，建筑风格呈阶段性变化；另一方面它们又是工艺流程的延伸，建筑形态对应着不同的工艺需求。

首先，从我国工业厂房建设的发展史看，厂区建设与时代背景息息相关。例如，景德镇众多瓷厂在 1958 年之前的厂房具有典型苏联建筑风格的形态特征。1958 年苏联专家撤走后，厂房形态发生变化，除技术原因之外，还与随后的"大跃进"政策有关。1962 年之后，国家提出"调整、巩固、充实、提高"的基本方针，"大跃进"时期低下的建设标准得到一定的纠正，所以这一时期景德镇的工业厂房的建设质量也有所好转。但 1966 年之后，受"文化大革命"的影响，厂房建设质量又开始下降，该时期建筑质量整体较低，多采用砖木结构，跨度小，用材俭陋。进入 1980 年代后，大量厂房建筑开始采用砖混和钢混结构，厂房跨度变大，材料更为耐久。1990 年代以后，建筑开始广泛采用人字形钢桁架屋顶，空间跨度进一步扩大。景德镇工业建筑的这一发展轨迹总体上反映了同一时期全国的情况（图 5-7）。

其次，建筑的工艺空间部分反映了生产工艺的特征。以景德镇瓷厂建筑为例，根据原料、成型、烧炼、选瓷与彩绘相应的工艺，其建筑形态表达出生产工艺对光环境、风环境、体量与跨度、建筑材料、建筑结构等不同的要求。比如，原料车间多为一层砖木结构，跨度一般在十多米，少设门窗，多在山墙上设较宽的门和上部通气孔，用以形成避光无风的环境。而成型车间一般采用锯齿形厂房，北向高窗，这种形式容易满足坯体干燥需要的特殊温度、湿度以及采光的要求。烧炼车间通常为两个人字形屋顶相连的大型厂房，厂房内部建窑，开高窗，顶上设通风采光屋脊。屋顶上

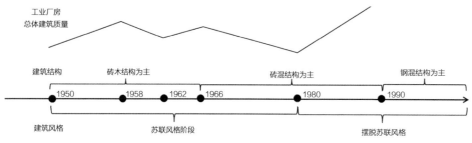

图 5-7　景德镇瓷厂厂房建筑的时代特征

有多层采光通风窗，旁边常建有巨型烟囱。立面开大窗或花格窗以满足烧炼车间对排烟、排热的要求。彩绘车间由于其生产工艺要求较为灵活，所以常采用二至四层平屋楼房，常与办公空间合并建设（图 5-8）。安徽池州茶叶加工厂房和仓库也有类似的情况，特殊的采光与通风设计塑造了独特的建筑形式（图 5-9、图 5-10）。

图 5-8　景德镇瓷厂的不同工艺建筑
（a）原料车间；（b）成型车间；（c）烧炼车间；（d）选瓷车间；（e）彩绘车间

图 5-9　池州茶叶加工厂房（建于 1950 年代）　　　图 5-10　池州茶叶仓库（建于 1950 年代）

工业遗存中常见的构筑物有铁路线、烧炼设备等，它们体现了当时独特的生产工艺，是历史价值与科技价值的集中反映，也常常构成工业遗产环境中标志性的景观。如首钢园区的高炉、冷却塔等成为一个地区的地标。再如吉林市哈达湾工业区的货运铁路线、架空蒸汽输送管道等构筑物，串联了工业生产过程的重要节点，构成特殊的工业景观。又如景德镇老城区的各大陶瓷厂高耸林立的烟囱，反映了当时景德镇陶瓷业的兴盛状况，这些烟囱形成了景德镇城市景观的重要标志，在一个较大区域构成了一个工业景观的网络。

生产与社会组织　　近现代工业文明的发展既是一种不同于以往的经济活动，也催生了全新的社会组织与生活方式。与工业生产密切相关的社区就是典型代表。工厂的工人以及相关人员，在工业生产、日常生活中会形成一定的社会认同，其中包含了重要的历史事件，特殊的生产、生活组织方式等，它们构成了无形的工业遗产要素体系。

比如，在中国现代钢铁业发展中占有重要地位的鞍山钢铁厂，1960年代初改革不合理的规章制度，形成了"两参、一改、三结合"的全新管理模式。"鞍钢宪法"提出的工人、技术人员和管理者"团队合作"的生产组织方式，实现了工业企业从工厂制到现代企业的转变，尤其是为劳动密集型企业的管理提供了样板，是工业生产管理组织发展的重要例证。[44]

在生活组织方式方面，计划经济时期"工厂办社会"的模式形成了我国特定时期重要的社会生活方式。工业的快速发展使大量工人涌入工厂所在地区，住宅需求剧增。厂区周边往往聚集大量的宿舍、住宅区，甚至由此延伸出生活服务与商贸等功能。如长春第一汽车制造厂、齐齐哈尔第一重型机器厂等，当时不但建有完善的工厂，还配有统一规划建设的工厂生活区，它们共同构成一个完整的工业区（图5-11、图5-12）。再如，陕西铜川市黄堡镇，依托建筑陶瓷、煤矿等工业，形成了以工厂为核心的生活功能布局，镇中的服务设施齐全，包括电影院、供销社等，同时还保留有当地约定俗成的月度集市。

图 5-11　齐齐哈尔第一重型机器厂厂区

图 5-12　齐齐哈尔第一重型机器厂生活区

工业遗存的整体保护

2.1　保护面临的一般问题

工业遗存体系的整体保护是在城市层面对工业典型工艺、代表产品、特征建筑与构筑物、生产与社会组织等工业遗存要素体系的完整保护，它们反映了历史城市工业发展的历史环境、时代脉络、社会组织等的变迁的地域特色的整体状态。落实在法定规划上可对应城市总体规划有关文化遗产保护的相关内容。

我国近现代历史发展与快速工业化过程中留下了丰富的工业遗存。目前，很多城市的主导产业的转型与升级使工业遗产保护面临巨大挑战。从工业区自身困境看，首先，随着城市功能结构的调整，旧工业区所在城市建成区对环境、交通的要求已不适合工业发展，而旧工业区的高地价可以有效解决外迁后生产技术升级的需求。内因和外因促使产业空间进行调整；其次，旧工业区大多处于城市中心地带，生产、生活和公共服务区域交错，市政基础设施陈旧落后，严重影响城市功能的提升与环境的改善；此外，旧工业区内的建筑主要为工业厂房与辅助生产用房（办公、居住、基础设施等），往往存在厂区规模巨大、土地与空间利用效率低、厂区导致周边城区的道路密度低等问题；最后，旧工业区多承担重工业生产或生产工艺落后，对环境的污染日益成为社会关注的重要问题。随着城市扩张，这些污染严重的企业已与城区缀合成片，严重影响城市其他功能的正常开展。一些大型的钢铁企业等开始搬迁，原有的工业用地被置换成更符合城市发展的建设用地，更新改造迫在眉睫。

从外部困境看，很多既有工业厂区及其遗存的价值未得到认同。中国工业遗存的历史仅百年或更短，许多工业场所在人们心目中仅是生产及劳动就业地。老旧的工业区、工业厂房容易被视为城市发展的障碍。

　　针对这种情况，国家和地方政府陆续制定出台了一系列保护政策，如 2006 年国家文物局发布的《关于加强工业遗产保护的通知》、2007 年北京市工业促进局发布的《北京市保护利用工业资源发展文化创意产业指导意见》、2017 年工业和信息化部、财政部发布的《关于推进工业文化发展的指导意见》等。2017—2019 年，工业和信息化部先后公布了三批、共 102 处国家工业遗产。2018 年还出台了对应的《国家工业遗产管理暂行办法》，对其概念、重点保护遗存、认定程序、保护管理等进行了规定。2006 年中国工业遗产保护论坛发布的《无锡建议——注重经济高速发展时期的工业遗产保护》，提出应将重要工业遗产及时公布为文保单位或一般不可移动文物。2012 年，中国城市科学研究会历史文化名城委员会工业遗产保护研讨会发表《杭州共识》[45]，提出工业遗产的保护应纳入历史文化名城保护管理体系。

　　2007 年，全国第三次文物普查工作正式启动，数百项工业遗产列入三普名单中。先后批复的广州、昆明、常州、长春、济南等城市的历史文化名城保护规划中，均将工业区与工业遗产保护作为重要内容。

　　目前，国家已陆续公布了三批国家工业遗产名录，并制定了相应的认定标准和管理办法，还编制了《工业遗产保护与利用导则（征求意见稿）》（2014）、《中国工业遗产价值评价导则（试行）》（2014）等。在地方层面，部分城市如铜陵、保定都先后公布了地方的工业遗产名录并制定了相应的管理办法，北京市编制了《北京市工业遗产保护与再利用导则》（2009）。

　　尽管近年来我国工业遗产保护工作已取得一定的成效，但由于我国工业遗存数量和规模巨大，分布面广，整体工作还面临很多困难。比如相关的法律、法规需要完善，在技术上对成区、成规模的工业遗产的保护与利用尚缺乏系统的规范与指导。

　　由于历史原因，部分旧工业区存在建设管理不完善等问题。旧工业区的企业大多建于计划经济时期，厂区占地面积较大；后经历经济政策调整、国有企业改革等，经常会存在不同的土地用途以及复杂的产权主体与利益关系等。这使老旧工业区在土地变性、出让、出租等改造利用环节中面临重重阻力。

　　此外，相关企业的经济压力也是工业遗产保护遇到的主要矛盾之一。例如在济南市 21 处建议工业遗存涉及的企业中，10 个已破产，2 个负债严重，仅有 9 个能够维持正常生产，多数老国企的社会、经济负担沉重，这些直接导致很多工业遗存面临被拆除的压力[46]。

2.2　整体保护的体系

工业遗存体系的整体保护可从外部环境与内在联系两个方面加以阐释。外部环境指工业遗存的建成环境与人文环境。内在联系指在特定时空中，在时间、空间与门类等方面具有关联性的物质与非物质遗存所构成的体系性网络。无论是时间上前后演变的联系，还是工业体系内部的关系，均是构建工业遗产网络历时、共时的重要基础。本小节分别从历时性、共时性、共生性三个角度进一步阐释遗产网络的完整性保护。

建成环境与人文环境的完整性保护　建成环境指人工建设、改造形成的各种建筑物和场所[47]，这里特别指那些可以通过规划、政策等直接干预的物质环境。工业遗存的整体建成环境包括空间格局、功能布局、整体风貌等。人文环境指由群体共识而形成的、需通过物质载体传达的非物质环境。人文环境反映了一个地区的社会组织、文化结构、政策水平等。工业遗存的整体人文环境包括生产技艺、社会组织、文化习俗及生产生活场景等。在规划中，对人文环境的保护主要指对人文环境物质载体的保护。

比如，景德镇老城的建成环境就完整地反映了古代至 1950 年代以前，传统陶瓷业从原料运输、窑作生产到销售等环节的完整产业链，其中包括沿昌江分布的码头、渡口，古镇中心区的瓷业管理机构、商铺、会馆，以及围绕御窑、民窑发展起来的居民区等。中华人民共和国成立后，国有陶瓷业的建立、新的生产技术与社会组织方式的引入，开始塑造着新的建成环境秩序。目前保留较为完整的现代的建国瓷厂与其北侧传统的徐家窑并置的格局，见证了 1950 年代初景德镇现代陶瓷业的重要历史转折，而宇宙瓷厂（今陶溪川）则是 1950 年代国有陶瓷业在东部新区发展的重要见证。从 1950 至 1980 年代初，陶瓷业的交通方式由原来的水路改为水路接公路的方式，铁路的修缮与建设进一步带动了东部新区陶瓷业的发展。[48]保留至今的万能达陶瓷厂的老建筑、建于 1980 年的东部货运车站等记录了这一时期的发展。

1950 年代社会主义计划经济的模式不但塑造了景德镇现代陶瓷业的生产空间，还影响了城市生活的方方面面。一方面，陶瓷业的发展带动了城市东部新区的发展；另一方面，每一个陶瓷厂周边都发展出与之相配套的居民区及服务配套设施等。这是"工厂办社会"时代空间格局的特点（图 5-13）。在生产技术方面，景德镇不仅具有传统瓷业留下的手工技艺传承系统和传统民窑，而且积累了机器生产时期各技

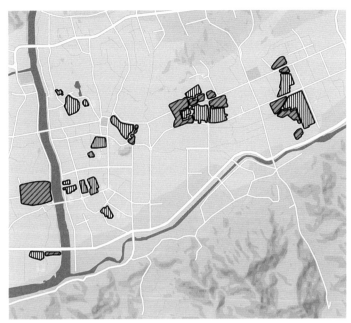

图例：
▦ 工厂厂区
▨ 厂办生活区

图 5-13　景德镇厂区与
厂办生活区

术阶段主要生产线的遗存，从 1950 年代早期燃煤的圆包窑直至 1990 年代初最先进的燃气窑等。

又如在陕西铜川市黄堡镇，在千年古代陶瓷业的基础上，1930 年代初出现了建筑陶瓷厂，近代工业的发展促进了黄堡镇的繁荣。到了 1940 年初，黄堡镇已拥有 26 家商店，涉及百货、粮食、药材、饭馆、旅馆、染坊等多个门类，早期形成的集市传统延续至今。[49]中华人民共和国成立后又发展出电用陶瓷厂，以及煤矿、纺织、灯泡厂等。黄堡镇镇区也因此进一步扩展，成为这一工业镇生活服务的中心。今天 1950 年代建的电影院、供销社的建筑遗存尚在。

历时性：工业代际发展的完整性　工业遗产网络的历时性指不同时期的工业企业代际发展表现出的体系完整性，物质载体在城市工业发展的不同阶段中存在着差异。

例如，耀州窑[50]遗址中心窑场所在地——陕西省铜川市黄堡镇，无论是从时间维度还是空间维度，均体现了工业遗存的历时性特征。时间维度上，它涉及不同时期窑址及其反映的陶瓷业发展脉络。黄堡镇包含了从唐代、经历明代迁址、民国新式工厂兴起、1949 年后工业发展的历史，一直延续至今。空间维度上，表现为遗存的纵向分布，包括地下不同时期的文物埋藏，如唐、宋、金、元时期的地下窑址及其地下瓷业堆积形成的文化层；也包含了地上的不同类型的地上遗存，如已发掘的唐三彩窑址与唐宋时期耀州窑遗址。此外，还有近代发展起来的机械、纺织等新式工厂，现代建成的建筑陶瓷厂、电瓷厂等工业区，以及黄堡街、黄堡电影院、供销社等反映厂办社会的生活场所（图 5-14）。

　　再如，青岛近现代工业始于 1897 年，经历了德占时期、日占与国民政府统治时期、1949 年后三个历史时期。对应的工业遗存突出反映了各个时代工业发展的典型性，反映了不同时期的社会背景与工业发展重点，表现出工业遗产网络的历时性特征。在地域上，工业遗存形成三个历史时期的三大工业聚集区。其中，德占时期工业遗存位于以大港为核心的南部，以青岛啤酒厂、四方机车厂等食品制造与机械制造为主；日占与国民政府统治时期的工业遗存位于中部，以钟渊纱厂、国棉五

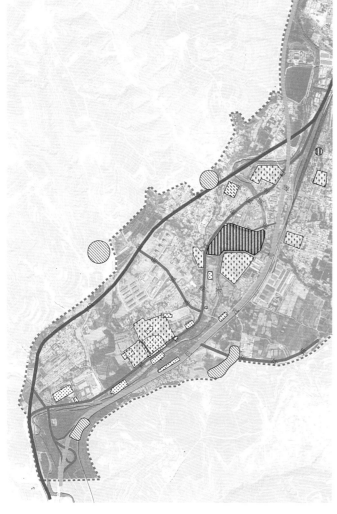

图例：
唐宋金元—窑址
陶瓷原料产地
明代—黄堡寨
民国—近代新式工厂
1949 年后—现代工业

图 5-14　耀州黄堡镇不同时期工业遗存沿河分布

厂等纺织工业为主；1949 年后的工业遗存集中在北部，以钢厂、碱厂等重工业、化工企业为主。此外，青岛工业发展脉络与城市空间历史演变过程高度同步，工业遗产网络的历时性也一定程度反映了城市发展的历时性。

　　又如，贵阳市小河地区的三线发展历程是我国三线历史的真实写照。小河地区的工业遗产网络的历时性反映在四个重要时期：第一，前期建设为小河地区打下重要工业基础。1938 年，国民政府兵工署四十四兵工厂（矿山机器厂前身）自南京迁建，成为小河地区第一家大型工业企业。1958 年全民大办工业，贵阳市在整合 40 多家公私合营小厂的基础上成立了 6 家国有企业，建立了 2 家其他所有制企业。第二，三线时期沿海企业迁至小河地区使其工业初具规模。1964 年，三线建设启动，贵州华阳电工厂、贵阳黔江机械厂、贵阳轴承厂、贵州柴油机厂四家企业进驻。第三，三线进城使小河地区成为贵州三线建设最集中的区域。1980 至 1990 年代，十余家老的三线迁调企业落户小河地区，经过整合后成为以机械工业为主的工矿企业集中区。第四，三线改制，企业优胜劣汰。到 1990 年代中期前后，大部分企业生产经营困难。通过改革、改组、改制，一批国企情况好转，仍有一批处在困境中（图 5-15）。[51]

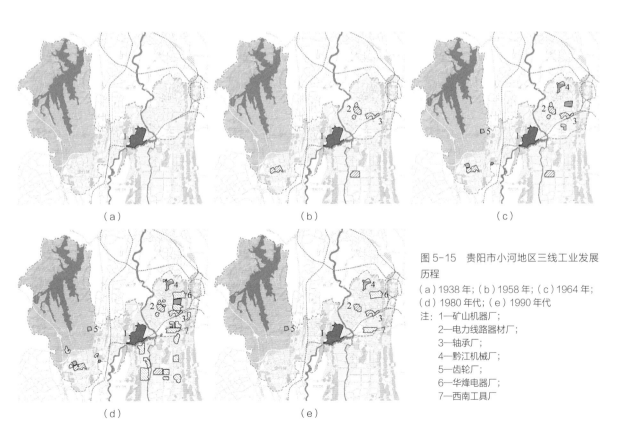

（a）　　　　　　　　（b）　　　　　　　　（c）

（d）　　　　　　　　（e）

图 5-15　贵阳市小河地区三线工业发展历程

（a）1938 年；（b）1958 年；（c）1964 年；（d）1980 年代；（e）1990 年代

注：1—矿山机器厂；
　　2—电力线路器材厂；
　　3—轴承厂；
　　4—黔江机械厂；
　　5—齿轮厂；
　　6—华烽电器厂；
　　7—西南工具厂

共时性：工业产业协作、链条的完整性　工业遗产网络的共时性指同一历史时期工业产业之间的相互作用所表现出的体系完整性。其中，产业内部相对完整的产业链条体现了产品生产过程的连续性；产业间的协作形成的产业体系则体现了产业上下游的关系。共时性的物质载体是历时性结构化的体现，反映了一个时期内产业发展的特征。

例如，景德镇的"十大瓷厂"反映了中华人民共和国成立后这一特定时期陶瓷产业发展的特征，代表了共时的历史。1949 年后，陶瓷产业实施社会主义改造和现代化建设，景德镇瓷业被国有化，经历了辉煌的"十大瓷厂"时期[52]。在这个阶段，"十大瓷厂"完成了所有制的更替，实现了"以煤代柴"的生产技术革新。"十大瓷厂"各司其职，生产不同类型的瓷器，其中诞生了如"毛泽东瓷""尼克松杯"等一系列具有时代特色的艺术作品，代表了同时代较高的陶瓷产业与艺术成就。

再如，济南市是中国近代首批自开埠城市之一，众多的工业企业如山东机器局、大槐树机车工厂等重工业及成丰面粉厂、成计面粉厂、仁丰纺织厂等轻工业，共同反映了开埠以后工业发展的共时特征。与景德镇的同类工业产业形成的遗产体系不同，济南的工业企业间存在显著的产业上下游关系。如山东机器局的成立带动了当地轻工业发展，实现了由手工业到机器工业的转型。如成丰面粉厂开创了济南生产"机制面粉"的先河，泺源造纸厂是近代山东第一家机器生产的纸厂，同时也是中国最早一批机制造纸厂（图 5-16）。

又如，贵阳市的诸多工业企业集中体现了我国三线建设时期以重工业、军事工业为主的工业特征和"靠山、分散、隐蔽"的地理布局特点。贵阳在贵州三线工业布局中起配套支撑作用，当时由于备战需要，从贵阳市内迁来了仪器仪表、电器制造、机械制造等分厂，以便组成配套工程。同时，近郊的小河、白云、清镇等因三线工矿业发展成为老城周边的卫星城镇。小河地区现存的 7 个工厂也存在上下游产业链关系，形成以矿山机械厂为核心、齿轮厂、轴承厂等机械配件工业为辅的工业体系。

共生性：资源聚合下的多门类产业完整性　由于地域等原因，工业企业之间可能会分享共同的自然或社会资源，企业共同发展。这些工业企业间不一定存在直接的历程发展关系或产业链关系，而是通过共同的资源存在较强的联系。这就构成工业遗产网络共生性的另一特征。

例如，铜川市黄堡镇在自然禀赋与瓷业传承的基础上，在民国之后逐渐发展成多产业工业体系的城市。黄堡镇具有丰富的矿产资源和水资源，包括煤炭、水泥配

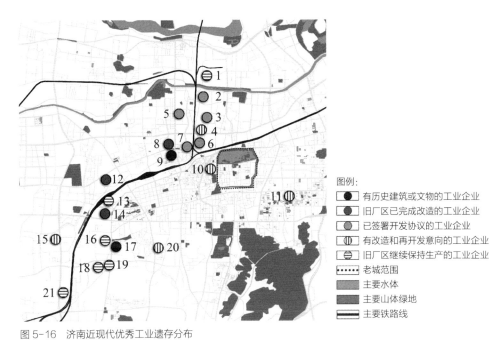

图 5-16　济南近现代优秀工业遗存分布

注：1—山东机器局；2—国棉一厂；3—济南毛巾总厂；4—济南针织厂；5—国棉二厂；6—国棉三厂；7—国棉四厂；8—济南啤酒厂；9—成丰面粉厂；10—泺源造纸厂；11—济南机动脚踏车厂；12—"一五"时期苏联援建机车库；13—济南大槐树机车厂；14—济南皮鞋总厂；15—济南变压器厂；16—济南第二机床厂；17—济南试验机厂；18—济南第一机床厂；19—山东电力设备厂；20—济南重汽离合器厂；21—山东建筑机械厂

料用黏土、陶瓷用黏土、金属等矿产，并有漆水河流经[53]。黄堡镇的工业大多因自然资源而聚集。如丰富的煤炭、坩土、水源为宋代时耀州窑的创烧提供了良好的水运道、充裕的制瓷原料和燃料等自然资源。近代以来，以工业化的新式陶瓷厂、煤炭、建材为主，各类工业带动黄堡镇步入新阶段的发展，"自二十八年（1939年，笔者注）同官煤矿开采，造纸厂、铁工厂、水泥厂、瓷场先后在镇成立，及三十一年陇海路咸同支线开车后，市面骤繁。"[54]1949年后，铜川市的工业发展进入新的时期，转变为以生产煤炭、建筑陶瓷等为主的新的工业城市，漆水河岸分布有建筑陶瓷厂、纺织厂、染织厂、电石厂、灯泡厂、电瓷厂、黄堡火车站等工业企业和设施。不同历史时期的各类工业因自然资源而实现工业聚集，体现出共生性的工业遗产网络特征（图5-17）。

再如，贵州小河地区内三线工业的大量迁入和工业的持续发展与小河地区优良的区位条件密不可分。小河地区是省会贵阳市的卫星城，与老城区距离较近。铁路、公路、航空交通形成完善的交通网，区域用地较开阔且地势较平坦，地质、水文、气候等条件都适宜建设工业区。

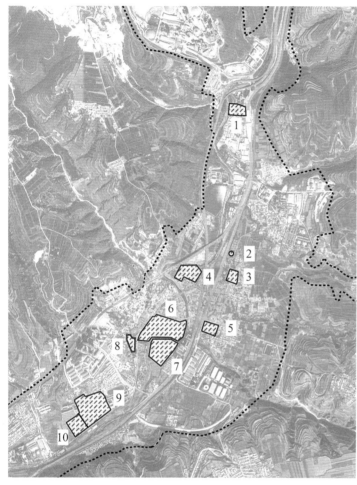

图 5-17　耀州黄堡镇现存主要工业企业
注：1—电石厂；
　　2—黄堡火车站；
　　3—建筑材料公司；
　　4—染织厂；
　　5—金属材料总公司；
　　6—建筑陶瓷厂；
　　7—纺织厂；
　　8—石油开发公司；
　　9—电瓷厂；
　　10—灯泡厂

2.3　整体保护的方法

　　正如其他类型的遗产保护工作一样，工业遗存的保护也应首先确定保护对象，具体步骤包括普查、筛选、认定、评价、确定保护身份等五个阶段。

　　对于很多城市而言，开展工业遗存普查，摸清家底是一项基础工作，一般包括以下三方面的内容：①整理当地近现代工业发展的史料、文献等，查阅相关厂史、厂志等；②对现存的工业遗存资源进行普查、记录并建档，对重要的历史工业建筑进行测绘；③建立完整信息表并留档。城市范围内的近现代优秀工业遗存普查摸底工作是后续政策研究、保护规划编制、保护利用管理等工作的基础与重要依据。

　　根据普查结果，重点调查工业企业中的建、构筑物和设备、设施等物质遗产内容，进行初步价值判断[55]。比如，济南市近现代优秀工业遗存的筛选标准确定为："民国至 1949 年后'二五'时期修建，具有突出的历史价值、科学技术价值、社会文化价值、艺术审美价值和经济利用价值，建筑区域位置位于中心城区、建筑质量较好、具有较大的再利用价值或整治改造技术可能性的工业厂区"[56]（表 5-1）。青岛市则建立了一套衡量青岛市工业遗产价值的参照系，作为从 600 多处工业企业中筛选青岛市工业遗产的依据。该参照系主要以工业企业各类价值为依据，选择评价因子，建立评价体系，确定工业遗产的范围。[57]

　　在评估筛选的基础上，政府等有关部门有序建立城市近现代工业遗存名录，并对社会公示，征求产权人意见，最后由政府批准公布。

济南市近现代优秀工业遗存（部分）档案示意　　　　　　　　　表 5-1

行政区划	企业名称	历史名称	始建时间	价值评估	工业遗存资源
天桥区	山东化工厂	山东机器局	1875 年	是洋务运动影响下山东近代工业开端的见证	目前仅存工务堂、火药库和洋式大枪厂，为厂史档案室所用
	成丰面粉厂	成丰面粉厂	1921 年	开创了济南生产"机制面粉"的先河；厂区建筑保存相对完整，是济南近代工业的重要标志	历史建筑包括制粉楼、原料库、成品库等，巴洛克建筑风格鲜明，现已被列为济南市优秀近现代建筑
	山东造纸总厂东厂	泺源造纸厂	1906 年	近代山东乃至长江以北第一家机制纸厂，也是中国最早一批机制造纸厂	近代工业建筑中，仅剩日占时期的一栋办公楼，质量一般
	国棉一厂	成大纱厂	1915 年	前身是鲁丰纱厂，是济南开埠后纺织业的先驱。1949 年以后成为当时山东省最大的棉纺织企业	厂区内保留工业遗存包括建厂初期的配电楼和中华人民共和国成立初期建设的纺纱车间
	国棉二厂	国棉二厂	1958 年	中华人民共和国成立初期的大型纺织企业，大尺度的纺纱车间保留完整	保留有中华人民共和国成立初期的纺纱车间
	国棉三厂	仁丰纱厂	1932 年	济南近代著名的民族工业企业，建厂初期生产的"美人蜘蛛"牌面纱在当时很有影响力	基本延续建厂初期的规划，工业遗存主要包括建厂初期办公用房和中华人民共和国成立初期纺纱车间
	国棉四厂	成通纱厂	1932 年	济南近代著名的民族工业企业	现存工业建筑大部分为 1949 年以后所建，近代工业建筑遗存仅保留了建厂初期的机修车间以及锅炉房

行政区划	企业名称	历史名称	始建时间	价值评估	工业遗存资源
天桥区	济南元首针织股份有限公司	济南针织厂	1958年	中华人民共和国成立初期的重要纺织企业，厂区建筑风貌统一，历史厂房保留较为完整	厂区格局和主要厂房保存较为完整
	济南毛巾总厂	济南第一针织厂	1956年	中华人民共和国成立初期的重要纺织企业，厂区建筑风貌统一，历史厂房保留较为完整	厂区格局和主要厂房保存较为完整
	济南啤酒厂	济南酒精厂	1942年	"趵突泉"牌啤酒在济南有较大影响和较高品牌价值	保留有历史工业建筑老啤酒罐，厂区建筑已完成改造

建立工业遗存价值评价体系，对工业企业的建、构筑物和设备、设施等进行包括历史、科技、社会、文化、艺术等方面的综合评价，确定纳入遗产范畴的工业遗存价值载体。比如，北京市相关的工业遗存评价内容包括历史价值、科学技术价值、社会文化价值、艺术审美价值。每项评价内容下又包含若干分项内容，如历史价值包括"时间久远程度""与历史事件、历史人物的关系"等分项，科学技术价值包括"行业开创性和工艺先进性""工程技术"等分项。[58]

确定了价值体系后，应将城市范围内的工业遗存按不同主题进行分类，使各价值主题有具体的承载体。比如，吉林市《吉林历史文化名城保护规划》在调研和价值评价的基础上，确定了吉林碳素厂厂址、新中国制糖厂等工业建筑及附属物等114处遗产。长春市《长春历史文化名城保护规划》则将长春第一汽车制造厂、吉林柴油机厂、长春电影制片厂等物质载体作为历史城区工业文化的重要保护内容[59]。《济南历史文化名城保护规划》根据济南工业文化遗产的价值特点，将山东机器局、大槐树机车工厂、成丰面粉厂、成计面粉厂、仁丰纺织厂等开埠后保留至今的老工业厂房等，列为济南近现代重要工业遗产[60]。

在工业遗产价值的评价基础上确定工业遗产对象后，可根据遗产的现状，对工业遗产再利用进行综合评估，为下一步的保护和再利用决策和方案提供参考。工业遗产再利用评价包括区位、建筑质量、利用价值、技术可行性等方面。这四个方面下又设分项内容，包括地域优势、交通条件、资源在特色空间结构中的地位以及建、构筑物的结构安全性、完好程度、空间特征、产权等。[61] 在此基础上，确定历史城市中工业遗产的整体保护框架、策略以及更新方式，并将相应的工作纳入城市总体规划、分区规划，提出相应的规划控制、引导要求，为工业片区、街区层面的保护价值评估、保护范围划定等工作提供依据。

　　例如，青岛市的《青岛胶济铁路沿线工业文化与遗存保护与利用规划》提出了保护工业遗产格局完整性的保护框架，市域范围内保护内容涵盖了沿胶济线发展的城市工业遗产的历史脉络与格局以及产业片区中典型性的产业门类，并突出了纺织、酒类、机车制造三大特色工业文化。保护规划提出了分类保护的原则，其中：①具有突出代表性、历史格局保存完整的工业遗产类的项目，以格局整体保护为主，如四方机车厂、青岛啤酒厂等；②具有代表性、保留部分历史格局的工业遗产类的项目，以局部保护为主，原则上至少完整保留1处功能区，如国棉一厂等；③工业资源类的工业用地更新项目，保护代表性工业构筑物、生产设备等片段。[62]

　　工业遗存根据尺度的不同，又分为工业片区、街区层面与工业厂区、建筑层面，将在3、4两节分别加以讨论。

03

工业片区、街区的总体保护与利用

3.1 工业片区、街区的形式与价值特点

在历史城市中，有些工业用地规模较大，包括了工业生产和配套的办公、居住等综合功能，它们共同构成工业片区或工业街区。这些老旧工业片区对城市发展的空间格局、交通、产业、环境等都具有战略性的影响。工业片区指连缀成片或相对分散的、较大范围的工业地带，如昆明钢铁厂及其生活区占地共 10 平方公里，是一个相对独立的片区，而上海杨浦滨江老旧工业带长达 15.5 公里，景德镇的"十大瓷厂"及其在历史上带动发展的周边区域共同形成城市的老旧工业区。工业街区指以街区为单位的较为集中的工业区域，如长春第一汽车制造厂历史文化街区、吉林市江北工业遗产传统风貌区等。其中，有的工业街区因价值突出被划为历史文化街区或不可移动文物。

工业片区、街区层面的保护与利用规划，首先要与城市总体规划和分区规划相结合，在确定保护对象和整体保护策略的基础上，进一步对工业集中地带进行更深入的资源调查、价值评估、现状评估，细化保护区划方案，结合分区规划对用地、道路交通、环境整治与生态恢复、产业构成、人口规模、市政服务设施、发展分期等，提出保护、更新、改造要求与部署，为具体地段的详细规划指明方向，并提出总量控制目标。

有的工业片区由单一工厂及其相关区域构成。如昆明钢铁厂包括工厂及生活区，与安宁市主城区隔川相望。辖区人口 11.2 万人，职工住房、交通设施、环境卫生等生活后勤保障设施完善，是"工厂办社会"的典型（图 5-18）。再如长春第一汽车制造厂历史文化街区，其生产、生活区是当时我国最大的工业区及配套居住区之一，生产与生活服务区紧密结合，"邻里单元"模式的空间格局独特完整，具有鲜明的时代特征。

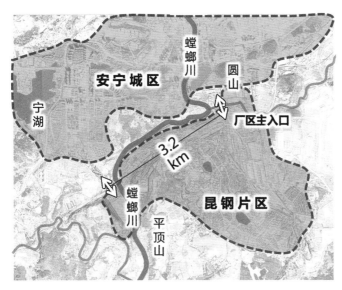

图 5-18 昆明钢铁厂与安宁市
主城区位置关系

　　还有的工业片区、街区则由若干工业企业及其配套生活区构成集中或分散的工业地带。吉林市哈达湾工业区属于集中分布的类型，该工业区在"一五"期间形成吉林钛合金厂、吉林碳素厂、吉林松江水泥厂等原料加工重型工业项目集群，这类工业集群规模大、独立于城市建成区，是我国东北重工业区的典型形态。又如，宁波甬江北滨江码头片区集中了宁波北站货场、白沙中心粮库、宁波食品冷冻总厂、宁波海洋渔业总公司等工业企业，是典型的港口工业聚集区（图 5-19）。分散分布类型的例子如景德镇的"十大瓷厂"，它们分散地分布在城市建成区中，生产不同品类的陶瓷，各个厂区周边往往有集中的生活区域，它们共同构成景德镇现代瓷业体系。再如贵阳市小河地区的矿山机械厂、华烽电气厂、西南工具厂等工业企业，在城区范围内形成完整的产业链空间。

　　对于工业片区、街区尺度下的遗产价值评价，需要从片区角度出发，突破工业区的边界，树立综合、关联的遗产价值观，构建遗产资源网络。只有这样才能完整地保护遗产的历时性、共时性的价值，为阐释城市工业化发展历程中丰富的多层次记忆打下基础。

　　首先，由毗邻工业厂区及其配套区构成的集中工业区，其遗产的特点在于综合性。例如昆明钢铁厂，生产区占地 4 平方公里，生活区 6 平方公里，二者共同构成了完整的昆钢工业区。在工业区内，仍保存有体现完整工业发展脉络的工艺流程，其中包括原料开采、原料加工、烧结、高炉焦化、产品运输等全链条的工艺流程空间及设备。生活区则包括了"工厂办社会"时期的完整要素，包括厂办

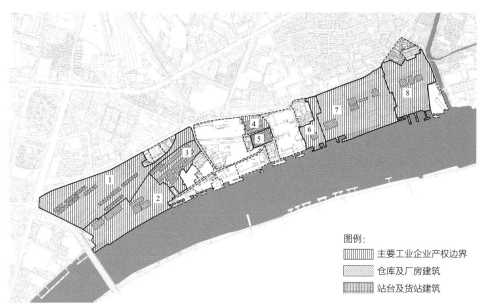

图 5-19　宁波甬江北集中工业地带
注：1—宁波北站货场；2—镇海港埠公司宁波经营部；3—白沙中心粮库；4—盐业有限公司；5—特产棉花集团公司白沙仓库；6—宁波食品冷冻总厂；7—宁波海洋渔业总公司；8—丰群食品有限公司

购物中心、体育馆、图书馆、小学、中学、交通设施以及环境卫生等生活服务设施。不同生产、生活单元在同一地域内实现工业社会的自行运转，是这一遗产综合价值的重要特征。

　　针对昆钢工业遗产的特征，《昆钢工业遗产保护利用规划》提炼出昆钢四个方面的主要价值：一、昆钢在家国安危的时代背景下建设发展，在西南地区一直具有辐射东南亚经济社会的影响力，体现了重要的历史价值。二、其在钢铁工业的技术创新、可持续发展等方面的巨大创新贡献，体现了其科技价值。三、多民族融合的"工厂办社会"、对西南地区经济社会作出的贡献，体现了其社会价值。四、钢厂选址的山水环境、自然资源的低消耗、近代百年间形成的大型工业遗产景观，体现了其文化艺术价值（图5-20）。

　　其次，对于那些空间上虽不相连，但具有内在产业联系、并共同反映城市工业发展脉络的工业厂区及配套区，保护价值的评价应突出各单元或组团之间的关联性。例如，景德镇的十余家大型国营瓷厂，虽然各处于不同的区位，但它们有明确分工，记录了不同时代陶瓷技术发展的特点，也反映了不同时期陶瓷业发展与城市之间的不同联系等。它们共同构成一个完整的陶瓷业遗产体系，也是景德镇全谱陶瓷遗产链条中的重要一环。如景德镇老城区的建国瓷厂、"三红一光"[63]二组团反映了利

图 5-20　昆钢工业遗产景观

用老城的民窑改造发展现代陶瓷工业的历史；而 1950 年代到 1970 年代发展起来的景陶厂组团则带动了城市南延东扩。此外，不同时期的瓷厂还体现了从柴窑、煤窑、气窑、电窑技术发展的全过程。不同陶瓷厂因生产的产品的年代与需求不同，清晰反映了产品品类、销售途径，以及社会消费乃至国际关系变化的历史画面。比如，中华人民共和国成立初期，瓷器贸易以政府接待用瓷和内销为主，建国瓷厂、人民瓷厂等都是当时生产传统瓷窑的突出代表。到了 1950 年代末、60 年代初，国际贸易逐渐回暖，陶瓷产品开始外销，宇宙瓷厂、红旗瓷厂、为民瓷厂等随之建立，成为生产西式咖啡具、西餐具的主要场所。

虽然单一瓷厂的厂区各有原料、成型、烧炼、彩绘的完整流程，但从工业片区的层面看，这些陶瓷厂共同构筑了陶瓷生产上、下游完整的产业链条。如陶瓷机械厂主要生产球磨机、搅拌机等陶瓷生产必备的机械设备，而艺术瓷厂专攻粉彩艺术与技术，是彩绘的专业场所。

景德镇现代陶瓷工业遗产体系的价值可归纳为四个主要方面：一、见证了中国乃至世界最完整、最丰富的古代陶瓷产业发展史。二、1950 年代到 1990 年代初，保留的完整的陶瓷生产工艺、不同时代的烧窑技术遗存，反映了这一历史时期中国陶瓷业技术发展的完整过程。三、从 1950 年代至 1990 年代初，陶瓷业的遗存反映了陶瓷工业企业的发展与转型的历史过程，及中国社会主义计划经济时期到改革开放初完整的社会历史阶段的制度变迁。四、各时期的代表产品反映了各时期中国陶瓷艺术的较高水平。

3.2　保护规划方法

在价值评价的基础上，对工业片区、街区内的工业遗存结合保护、利用管理方面的要求，选取能够反映价值的典型遗产要素，确定保护等级，提出不同的保护要求与措施。例如，在《昆钢工业遗产保护与利用规划》中，经过详细的价值评估与对象筛选，将三至六号高炉、三号烧结机主厂房与环冷机、炼钢主厂房等 17 处建筑与设备、构筑物确定为重点保护对象，料场熔剂筛分室、四烧结配料室、六高炉矿槽、烧结厂房风机房、附属办公建筑、铁前卸货站台等 21 处要素列为一般保护对象；在总体层面，提出保护因生产线而形成的厂区格局，保留体现完整产业链的物料传输中重要工序节点的设施与设备，以及保护北岸与高炉等设备对应的 3 条视廊，加强视觉景观联系。[64]

又如陕西铜川市黄堡镇《耀州窑大师创意园片区整体建筑与环境提升规划》，除对地下文物埋藏区、地上文物展示区、近现代工业区提出保护要求外，还强调保护黄堡镇老镇区与景观环境的重要性，建立了一个全谱系的遗产要素网络的保护框架。[65]

工业片区、街区一般范围较大，且往往存在统一的规划格局，包括空间结构和功能布局等。格局保护是从整体空间上对历史信息与完整性的保护。例如，长春第一汽车制造厂具有典型的生产与生活相对独立的功能分区的空间布局。其中，厂区以汽车制造流程为布局特点，而宿舍区则完整体现了邻里单元的小区规划特征。为了整体保护长春第一汽车厂这一独特工业遗产区，《长春市历史文化名城保护规划》将一汽生产区和生活区划为除长春老城历史城区外的、相对独立的历史城区，提出保护工业生产区和生活区紧密结合的空间格局的要求[66]（图 5-21）。

吉林市哈达湾工业片区是中华人民共和国成立初期吉林市规划建设的规模较大的重工业片区。片区的中央大道、方格路网以及"工厂办社会"的空间形态等特征鲜明，是吉林城市特定历史阶段的城市文化、城市记忆的典型片区[67]。哈达湾工业区通过对控制性详细规划的调整，实现了工业区建成环境的整体保护。原控规方案与工业遗产的保护对象存在根本冲突，原控规的路网改变了整个片区的格局，大部分不可移动文物面临被破坏的危险。同时，工业区内各工厂之间权属边界也难以按照原控规进行分期实施。为保护片区的整体格局与历史环境特征，《吉林市历史文化名城保护规划》依据工业遗存状况，对路网骨架进行重新梳理，以实现工业遗存的整体保护。调整后的路网骨架延续了厂区中轴大道等重要特征，保留了工业区的货运铁路线、架空蒸汽输送管道等特征景观，并做到与外围道路的有机衔接（图 5-22）。

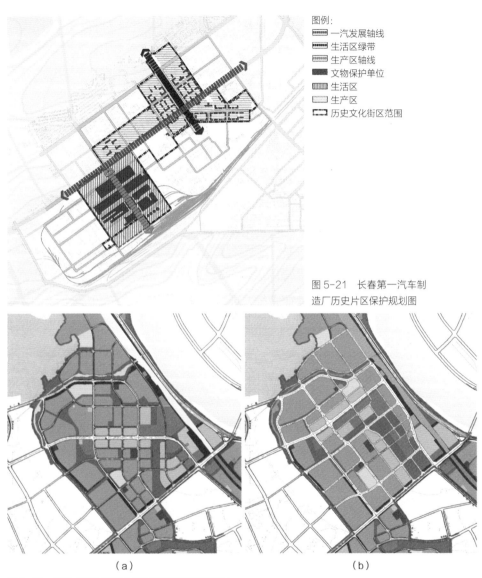

图例：
▨ 一汽发展轴线
▨ 生活区绿带
▨ 生产区轴线
■ 文物保护单位
▥ 生活区
▢ 生产区
▢ 历史文化街区范围

图 5-21　长春第一汽车制造厂历史片区保护规划图

（a）　　　　　　　　　　　　　　　　　　（b）

图 5-22　吉林市哈达湾工业片区控规调整前后对比
（a）原规划结构；（b）调整后规划结构

　　街道肌理反映了工业区当时的规划与建筑类型特征，包括街道格局、建构筑物布局等。《长春市历史文化名城保护规划》将长春第一汽车厂及生活区划为历史城区的同时，强调要保护整个片区中工业生产和配套生活服务区布局的整体关系，保护东风大街、创业大街等的道路风貌以及整体鱼骨状路网格局。保护生活区"邻里单元"模式的空间完整性，历史街道的格局、走向、尺度、名称，以及整体风貌等。

再如，吉林哈达湾工业区的中央大道是厂区重要历史轴线。因此，规划依托工业区内碳素厂、铁合金厂原本的轴线，重塑片区空间结构，将其更新为哈达湾景观大道——承载哈达湾工业文明记忆的特色景观中轴，使之成为市民休闲游憩的城市绿带与特色城市景观（图5-23）。

对于成片保护的片区，应依照《城市紫线管理办法》规定，划定相应保护与控制范围，一般应包括核心保护范围和建设控制地带，必要情况下可在保护范围外单独划定风貌协调区。如长春第一汽车制造厂历史文化街区的核心保护区范围，以第一汽车制造厂主要厂房和生活区为主，作为保护与展示中国汽车工业发展活态历史的重要空间载体；将周边后来建成的其他生产、生活区所形成的完整片区划定为建设控制地带，并要求建设控制地带内新建建筑的外观应与街区传统建筑风貌相协调，建筑色彩以红色调为主，建筑的高度、体量应与核心保护范围相协调。对于没有法定地位的保护区片，可以参照紫线管理办法划定保护、控制范围（图5-24—图5-26）。

对于划为历史文化街区、文物保护单位的工业片区，应明确提出相应的法定保护对象的保护与控制范围，提出相应的保护要求。如《长春历史文化名城保护规划》对第一汽车制造厂历史文化街区提出，要严格保护2处全国重点文物保护单位、1处市级文物保护单位、5处尚未核定公布的不可移动文物的本体及周边环境[68]。再如《吉林市历史文化名城保护规划》对哈达湾工业区提出，严格保护由日伪时期办

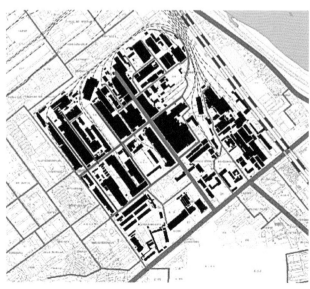

图5-23　哈达湾工业区肌理

图例：
■ 保护建筑
■ 保留建筑
▨ 整体改造
▢ 历史文化街区核心保护范围
▢ 历史文化街区建设控制地带

图5-24　长春第一汽车制造厂历史文化街区紫线图

图 5-25　长春第一汽车制造厂厂区入口

图 5-26　长春第一汽车制造厂生活区

公楼、日本传统特色的传统建筑、新办公楼、化验室 4 栋建筑构成的一处不可移动文物 [69]。

　　工业片区的保护不但要保护其中的工业厂区，还要保护与之相关的整体环境。比如，贵阳小河地区的众多工业厂区建在"地无三尺平"的山区，当时工厂选址与布局都采取了因地制宜的方式，以达到"靠山、分散、隐蔽"的建设要求，这些工厂与自然山体构成了一个整体 [70]。再如，铜川市黄堡镇的建筑陶瓷厂临近漆水河，层叠的建筑与山体、河道共同构成了独特的地域工业景观。类似的工业片区的保护都强调了与工业相关的建成区及其依存环境的整体保护。

　　另外，工业片区不但包括了工业厂区内部的生产设备、建构筑物，还应包括与各厂区临近的原料产地、运输站场设施等，它们是整个工业片区结构完整的一部分，应该予以保护。《耀州窑大师创意园片区整体建筑与环境提升规划》提出，保护当时为支撑铜川煤矿业而建的老电厂、车站等重要的设施。同样，景德镇大陶溪川片区相关规划也提出保留北部的废弃货站和铁路的要求。

3.3　更新与利用方法

在保护的前提下，综合分析工业片区、街区所在区域的区位、活力、交通、建设限制因素等，提出工业遗产保护利用与城市发展规划。工业片区、街区的更新与利用应与城市总体规划、历史文化名城保护规划的要求相协调。如《吉林市历史文化名城保护规划》建议，在城市整体层面将哈达湾片区提升为吉林市的城市副中心，并加强松花江与两岸公共空间的联系，塑造良好滨江步行空间及绿色宜人景观。因此，哈达湾工业区将利用"一五"时期的工业遗产群作为片区的资源优势，塑造新中心的核心吸引力，提升滨江地区的公共环境，打造文化休闲中心、工业遗址公园等。

又如，《贵阳经济技术开发区工业遗产保护利用规划》在明确三线工业区的保护要求的前提下，在片区整体层面分析了未来更新与利用的优势与限制因素。比如，三线的厂区沿主要道路、轻轨线分布，具有便利的交通条件；小河地区西部的阿哈水库保护、城区内的山体林业对用地有明确限制等。考虑到小河地区位于北部的贵阳老城与南部花溪城区共同构成的城市发展带中，规划提出小河地区承接贵阳老城疏解功能，在未来与贵阳老城、花溪两大中心区一起，共同构成三线文化旅游片区，并将小河地区的三线工业区融入贵阳市域三线工业体系，实现三线工业旅游协同发展。规划在小河三线工业区所在城市地区确定了几大活力中心，为小河地区的工业片区的整体利用改造的综合定位提供了布局方向。[71]

从工业遗产所在片区明确遗产利用的规划定位还是较为宏观的，要进一步推动保护规划的落地，还应将遗产资源与其他特色资源统筹考虑，为项目落地实施提供具体措施建议。特色空间规划是通过道路、视廊、景观、积极的城市界面、交通设施等的综合组织，将文化遗产、商业空间、开放空间、良好的服务设施等资源串联起来，并实现城市资源结构化的过程，它强调遗产资源之间的联系及其与城市的互动关系。通过特色空间规划，可增强文化遗产与人群的互动，使资源融入城市经济与生活，发挥自身的最大效用。

例如，景德镇针对"十大瓷厂"工业遗存保护利用的规划设计，系统分析了其所在城市区域的各类资源，包括水系、山体、绿地、古窑址、工业厂房、传统民居、传统街巷、非物质文化遗产等。通过城市设计，规划形成了特色空间结构，确定了以山川河流为依托的风光活力带、以道路串联的历史陶瓷生产与现代陶瓷生产的传承走廊。在此基础上，规划根据"十大瓷厂"各自区位、功能定位等，将其分别定位为城市级商业活力中心、城市文化中心、城市景观空间、艺术工坊与社区中心等职能，并以此带动周边老城片区的更新与发展（图5-27、图5-28）。[72]

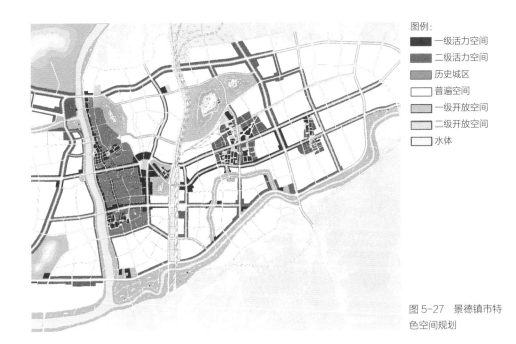

图例：
■ 一级活力空间
■ 二级活力空间
▨ 历史城区
□ 普遍空间
▨ 一级开放空间
▨ 二级开放空间
□ 水体

图 5-27　景德镇市特色空间规划

图例：
▨ 城市文化中心
▥ 城市商业中心
▦ 城市开放空间
▤ 艺术工坊
▦ 邻里中心

图 5-28　景德镇"十大瓷厂"功能规划图

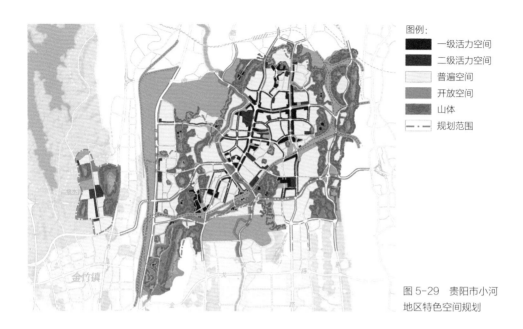

图例：
- ■ 一级活力空间
- ■ 二级活力空间
- □ 普遍空间
- ▦ 开放空间
- ▨ 山体
- ─·─· 规划范围

图 5-29　贵阳市小河地区特色空间规划

又如，《贵阳经济技术开发区工业遗产保护利用规划》在特色空间结构的基础上，结合遗产与遗存资源的特点以及上位的发展定位，细化了工业片区各厂区的功能定位，提出了遗产利用与更新的不同功能模式，其中包括文创体育、休憩康体、居住服务与产业中心四种模式（图5-29）。[73]

在特色空间结构确定的前提下，要特别强调片区内部、片区与城区的关系。如吉林市的哈达湾工业区相关规划建议，整体兼顾厂区中轴大道与外围路网的联系，促进工业遗存在交通、功能、景观环境等方面的衔接与融合，实现了分散与集中相结合的保护利用方式[74]。

除常规的城市规划措施以外，工业棕地可能因原生产活动土地污染，比如钢铁企业在生产、冶炼环节中产生重金属污染，在烧结、焦化等工序产生有机物污染等，原场地的保护利用、改造还需要进行环境风险评价。这方面的工作应通过分析调查土地现在污染状况，合理界定未来土地适宜的使用性质，并以此为依据提出是否需要进行场地土壤修复等专项治理措施，及相应的生态修复方案（表5-2）。

《昆钢工业遗产保护与利用规划》根据工业用地污染评估与治理的要求，结合厂区逐步搬迁的特点，提出"分区推进、先治后建"的建议。例如，螳螂川滨水带长期位于工业区边缘，存在水质差、流速快、堤岸形态生硬等多种问题。规划生态治理措施提出，应根据堤岸不同分段的特征，对两岸堤岸进行不同形式的加固等，并通过上游水利协调和局部湿地建设控制螳螂川水系的流速，净化水质。[75]

钢铁行业常用土壤修复方法　　　　表 5-2

钢铁行业工艺	污染程度	修复方法
原料堆场	轻度	换土法 + 异位热脱附
球团场 / 烧结	中度	原位生物修复 + 阻隔
焦化	重度	异位热脱附 + 生物修复 + 固化稳定化
炼铁	中度	原位固化稳定化
炼钢	中度	异位热脱附 + 固化稳定化

　　由于工业片区、街区面积较大，涉及用地功能置换、整体交通组织、地块划分、综合开发、权利与责任分配等，其遗产保护利用与整体更新一般需要采用综合的运营模式与资金支持计划，所以分期建设在所难免。以景德镇陶溪川片区为例，整个项目大致分为两期，陶溪川一期文创街区的目的是增强城市活力，带动形成城市东部以文创、商业、休闲娱乐和居住等功能高度混合的城市副中心，同时解决过去景德镇众多艺术创意人群的巨大综合需求难以得到满足的矛盾。二期则旨在发展以玻璃等材料的多元艺术产业空间为主，加强整个片区文化创意产业的根基与聚合度，整体带动大陶溪川片区近 2 平方公里的建设与发展。

04

工业厂区、建筑保护与利用

4.1 建筑与风貌保护

工业厂区是工业生产的基本空间单元。工业厂区层面的保护与利用是在城市或片区层面的宏观保护利用策略基础上，对工业厂区进行再利用评估，确定厂区内需要保留、整治和拆除的建、构筑物，提出保护利用、业态分布、环境景观整治的综合详细方案。

工业厂区可以是单一工厂的工业片区中从事工业生产的一部分，也可以是工业集群中的一个独立厂区。工业厂区中通常具有反映完整工艺流程的空间，拥有相对明确的厂区边界。如景德镇为民瓷厂，完整地包含了原料、成型、烧炼和彩绘等空间。经历改制后，有些工业厂区已经不再进行集中的工厂式的生产，而是分包给个人企业，转向了个人小作坊生产，但仍保留了原来生产的建、构筑物（图5-30）。

工业厂区层面的保护与利用规划要深化遗产价值的研究，详细分析评估厂区内建、构筑物和设施设备、景观环境等要素的历史信息载体的质量、开放空间和建筑空间的特征等，确定具体的保护措施和技术方案，同时结合特色空间规划对相关资源的定位以及厂区具体的区位条件等，细化功能与不同业态的规模和空间点位，提出厂区整体的详细利用和更新改造方案。

首先要对各类建筑进行综合评价，深化文物建筑、历史建筑的价值挖掘，详细记录价值载体及其面临的风险。同时对其他建筑进行深入调查，调查信息应包括：建设年代、建筑风貌、建筑质量、建筑高度、空间与结构形式等，它们与遗产整体价值的关系，为厂区的保护与更新的具体方案提供依据。在此基础上，分别对文物建筑、历史建筑、风貌建筑等提出保护、展示的重点、结构加固的原则；根据建筑空间的特征提出适宜的功能类型，及对未来再利用中可能发生的变化的管控要求等。

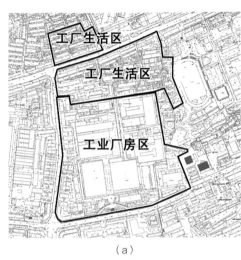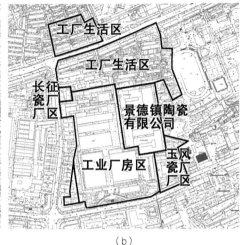

图 5-30　景德镇为民瓷厂历史与现状功能对比
（a）历史功能；（b）现状功能

　　对于历史、科技、艺术价值较高的文物建筑及内外空间特色鲜明的建筑，要坚持保护优先，以最小干预的原则考虑未来的修缮与改造利用方案。历史建筑的保护原则以保留建筑外观特征与岁月痕迹为主，内部可以局部更换结构、调整平面布局，以适应新的功能的需要。要谨慎对待风貌建筑的保护与利用更新，要深入分析它们对整体价值的贡献，因为它们是构成厂区整体风貌和工业遗产价值内涵的重要基底。工业建筑往往跨度较大、层高较高，建筑和构筑物具有一定的时代、工艺代表性。对于这些风貌建筑要保留有价值特色的细部构件，改造利用过程中应尊重原有肌理、工艺流程、工业建筑特点等，在此基础上提升建筑的功能适用性和舒适度、提高节能效率。

　　工业厂区的建筑风貌是工业遗产的重要方面，它既是其中重要文物建筑不可分割的环境，也是城市整体特色的组成部分。一个厂区的建筑风貌主要由厂区的空间格局、建筑体量、风格、色彩、材料等构成，在工业厂区遗存保护中应最大限度地保护有遗产价值的厂区的原有风貌特征及其周边城市环境。

　　例如，铜川市黄堡镇的建筑陶瓷厂厂区工业建筑以青砖与钢板水泥架构建筑为主，外立面特色风格强烈，建筑结构清晰，布局结合生产流线需求。部分区域分布有红砖混凝土建筑，相关规划提出保护这一风貌特点。

　　再如，长春第一汽车制造厂生活区内的建筑以 1950 年代的清水红砖墙、绿檐灰瓦、木屋架、坡屋顶、翘檐斗栱出檐为主要特征，建筑呈院落单元式布局，时代特征明显。厂区部分建筑红色清水砖墙，附有黄色线条装饰。《长春历史文化名城保护规划》提出，严格保护全国重点文物保护单位第一汽车制造厂厂区及生活区建、构筑物，控制文物保护单位周边建筑的高度、体量、色彩、形式，使周边建筑与街区传统风貌相协调。核心保护范围内翻建、新建、扩建建筑应严格履行文物保护法规的手续要求，并应与街区传统风貌相一致。

又如，吉林江北工业遗产传统风貌区的保护片区主要由以工业时期配套的行列式住宅楼构成。保护规划提出应严格控制郑州路两侧的建筑退线的尺度，以保护路北侧的特色风貌建筑，并控制新建建筑的体量、尺度、建筑风格、色彩与之协调，以突出宽宏大气的工业厂区街道环境特征。

4.2　景观保护与整体环境提升

工业厂区所在地段的地形、地貌环境是工业厂区景观环境的重要组成部分，也是城市重要的绿化景观资源。比如景德镇的艺术瓷厂建于松涛公园边，它是当年利用和改造山丘地形建成的，至今保留有山体。再如，贵阳小河地区的众多工业厂区均结合地形建造，[76]这些环境要素都应结合未来的利用、更新与厂区的整体景观设计予以保留、利用（图 5-31）。

除地形、地貌外，老工厂一般绿化较多，也成为工厂环境的一大特点，保护与利用好这些绿化空间对历史记忆和未来的环境改善都十分重要。比如，《长春历史文化名城保护规划》要求保护生活区内的大树等历史环境要素，保持生活区绿树成荫、环境宜人的良好景观。景德镇陶溪川一期项目也保留了所有现状大树。

除了建筑与环境特色要素以外，厂区中一般还有很多具有代表性的生产空间，它们生动反映了当时工业的技艺水平，它们与建筑、环境共同构成工业历史景观。例如，铜川市黄堡镇的建筑陶瓷厂拥有两部分相对独立、完整的工艺流程空间组团，反映了陶管、地砖等建筑陶瓷在生产过程中进料、加工、制泥、成型、烧制、切割研磨等一系列工艺流程。其中，非临河的厂区组团较临河厂区组团而言，拥有成体系的大型机械设备流线、更具冲击力的工业景观。针对这一资源与环境特点，《耀州窑大师创意园片区整体建筑与环境提升规划》提出，将其作为工业遗产展示片区，对生产设备、老工业流程进行保护和展示，展示历史场景（图 5-32）。

在保护具有地方特色和历史记忆的工业景观的同时，还要积极提升老厂区外部

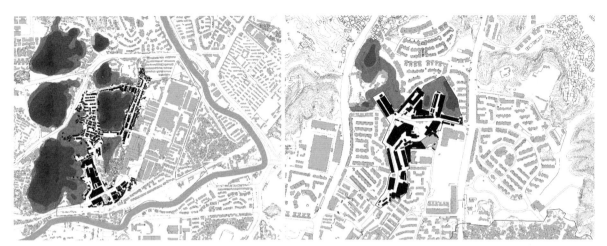

图 5-31　贵阳小河地区工业厂区布局示意图

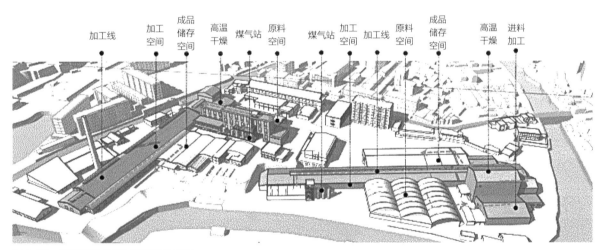

图 5-32　建筑陶瓷厂工艺流程空间示意图

空间的品质。由于工业建筑与厂区的原有环境是为生产服务的，一般缺乏城市环境所需的亲和力，与城市生活需求差距较大。如何在保护工业厂区风貌的前提下，通过改造提升使之成为既有特色、又有活力的城市环境，是工业遗产保护利用的重要任务。首先，要根据更新改造后的功能、步行空间规划等，组织积极的开放空间及界面，并将富有工业特色的建、构筑物串联起来，形成叙事性强、生动宜人的环境。比如景德镇陶溪川一期项目，在确定了南北主要街道后，设计加强了两侧的乔木绿化，引入了溪流，并在主要广场的烟囱前设计了水池，丰富了景观空间，改善了公共活动环境，同时在当地夏天炎热的气候条件下也可调节厂区的微气候，大大提高了环境的舒适度。其次，设计将南北大街两侧的原封闭的工业厂房的立面适当打开，使之形成功能和视线可交互的界面，从而改变了原来工厂外部空间的消极面貌，极大地增强了厂区的环境吸引力，实现了工厂向城市公共环境的转变（图5-33）。

　　另外，一些废弃的工业场地可以结合工业遗产改造为城市绿地、公园、广场等休闲开放空间[77]。整个大陶溪川的规划设计保留了几处类似的开放空间，并将它们与城市绿化系统连成一体，提升整个地区的生态环境（图5-34）。

图 5-33　景德镇陶溪川
工业厂房立面改造设计

注：
1—叠水溪流；
2—雨水花园；
3—植被缓冲带；
4—雨水储水池；
5—调蓄池；
6—植草沟；
7—下沉式绿地；
8—生物滞留地；
9—雨水湿塘

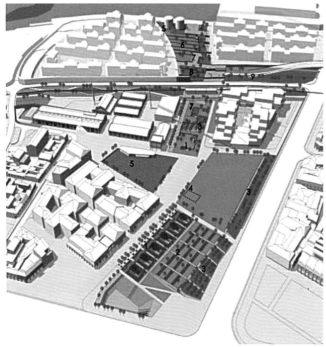

图 5-34　景德镇大陶溪
川内海绵公园生态系统

　　工业厂区由于其特殊的工艺流程等而呈现独特的景观与历史信息，钢铁厂的高炉与冷却塔、一般工厂的烟囱等，都可以成为一个地区的标志物。比如，保留下来的首钢高炉已成为北京一处新的地标，而景德镇的陶溪川文创街区保留所有烟囱也成为整个区片的视觉焦点（图5-35）。

图 5-35　景德镇陶溪川工业景观空间再造

　　在景观提升的同时，要提高工业厂区的可达性，使之与城市道路衔接，全面融入城市。例如，杨浦滨江工业区打通了原城市道路与河岸的交通联系，贯通了滨江道路。有的厂区可能因为各种因素不能形成完全开放的城市街区，这时应做好厂区道路与城市道路的衔接，方便从城市进入厂区，同时坚持公交优先、步行友好的原则，组织好厂区内部与厂区周边的道路交通联系（图5-36）。

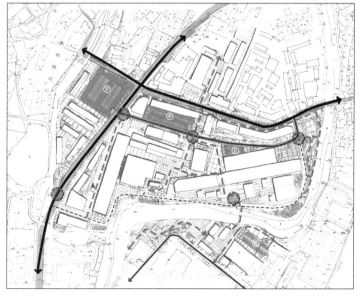

图例：
━━━━　城市道路
━━━━　外围车行路
－－－－　内部限时车行路
－－－－　步行路
◎　主要交通节点
Ⓟ　停车场

图 5-36　耀州黄堡镇建筑陶瓷厂交通规划
注：《耀州窑大师创意园片区整体建筑与环境提升规划》提出打通建陶厂两条内部服务性道路，并与外围城市道路相连。设有内部限时车行道路，平时以步行为主，应急时可作为消防车道及内部服务道路。内部交通基于厂区原有肌理及节点布局组织主要步行交通流线。

虽然工业厂区内的一些设施可以沿用，但很多需要根据未来的新功能加以改造提升，尤其是对一些原有涉及工业废弃物等有毒物质的运输管道等必须进行改造，并对有安全要求的设施采取必要的防护措施。另外，对于一些明敷的管线也应在可能的情况下改为入地，有条件的可以采取综合小管沟的方式等[78]。

4.3 功能与业态的落位

厂区保护与利用规划的一个重要工作就是，在深化遗产保护、整体提升厂区环境的同时，结合更详细的建筑空间、结构、质量等的研究，将上位规划确定的功能与业态细化到空间点位，并提出调整优化建议，指导具体的建筑保护、改造与利用设计。

例如，铜川市黄堡镇的建筑陶瓷厂位于公共服务设施、文化设施较为集中的黄堡街道，是居民重要的生活中心。《耀州窑大师创意园片区整体建筑与环境提升规划》建议，通过建筑陶瓷厂的利用、改造等完善镇中心区的各项功能。再如，贵阳小河地区矿山机械厂在城市特色空间规划中处于一级活力中心的范围，同时该片区有新增文化体育空间的诉求，所以规划结合厂区内大跨度厂房建筑，提出了建设大型文化与全民健身中心的设想。

除了根据上位的功能定位将一些大空间的老厂房改为影剧院、展览厅、艺术馆、博物馆等外，很多室内空间不大的厂房也可以改造为办公、酒店或公寓等。例如，在景德镇陶溪川一期的保护利用中，根据宇宙陶瓷厂中心的两个车间的内部空间特征与遗存情况，将其分别改为陶瓷博物馆和美术馆，成为整个厂区的功能中心（图5-37）；而将跨度小、层高低但空间布局灵活性高的锯齿形厂房改造为大师创意工作室，另外还将很多分布零散的小型厂房和办公楼等改造为特色餐厅和店铺等，形成功能多样的城市文化、商业中心[79]。上海国际时尚中心的改造也属后者的情况（图5-38）。

图 5-37　景德镇陶溪川美术馆交互界面处理

图 5-38　上海国际时尚中心

注释

[1] 中华人民共和国建设部. 城市规划基本术语标准: GB/T 50280—1998[S]. 北京: 中国标准出版社, 1998.

[2] 中国冶金建设协会. 工业企业总平面设计规范: GB 50187—2012[S]. 北京: 中国计划出版社, 2012.

[3] 《城市用地分类与规划建设用地标准》中对工业用地的定义: 工矿企业的生产车间、库房及其附属设施用地, 包括专用铁路、码头和附属道路、停车场等用地, 不包括露天矿用地. 中华人民共和国住房和城乡建设部. 城市用地分类与规划建设用地标准: GB 50137—2011[S]. 北京: 中国计划出版社, 2012.

[4] 同上.

[5] 参见《关于工业遗产的下塔吉尔宪章》(2003), 它是由国际工业遗产保护联合会 (TICCIH) 提出, 是目前国际公认的关于工业遗产保护的纲领性文件. 联合国教科文组织世界遗产中心, 国际古迹遗址理事会, 国际文物保护与修复研究中心, 中国国家文物局. 国际文化遗产保护文件选编 [M]. 北京: 文物出版社, 2007: 251.

[6] 2011 年 11 月, 国际古迹遗址理事会第 17 届大会通过 "关于工业遗产遗址地、结构、地区和景观保护的共同原则" ——《都柏林原则》. 其中相关内容表述为: "除了与工业技术、流程、工程、建筑和城市规划联系紧密的有形遗产, 工业遗产还包括许多无形遗产, 比如深植于工人群体中的技术、记忆和社会生活."

[7] 2006 年, 国家文物局在无锡举行首届中国工业遗产保护论坛, 形成的会议文件《无锡建议》首次在国内提出了工业遗产保护的概念.

[8] 许哲源. 哈尔滨市香坊旧工业区更新对策研究 [D]. 北京: 清华大学, 2016.

[9] 刘国良. 中国工业史 (近代卷) [M]. 南京: 江苏科学技术出版社, 1992.

[10] 刘克祥. 简明中国经济史 [M]. 长春: 吉林大学出版社, 1986: 294-356.

[11]《中国经济发展史》编写组. 中国经济发展史 (1840— 1949) [M]. 上海: 上海财经大学出版社, 2016.

[12] 祝慈寿. 中国近代工业史 [M]. 重庆: 重庆出版社, 1989.

[13] 同 [10]: 294.

[14] 季宏, 王琼. "活态遗产" 的保护与更新探索——以福建马尾船政工业遗产为例 [J]. 中国园林, 2013, 29 (07): 29-34.

[15] 季宏, 徐苏斌, 青木信夫. 工业遗产的历史研究与价值评估尝试——以北洋水师大沽船坞为例 [J]. 建筑学报, 2011 (S2): 80-85.

[16] 季宏, 王琼. 我国近代工业遗产的突出普遍价值探析——以福建马尾船政与北洋水师大沽船坞为例 [J]. 建筑学报, 2015 (01): 84-89.

[17] 同 [10], 333.

[18] 俞孔坚, 方琬丽. 中国工业遗产初探 [J]. 建筑学报, 2006 (08): 12-15.

[19] 北京清华同衡规划设计研究院有限公司. 昆钢工业遗产保护与利用规划. 2019.

[20] 同 [12]: 858-863.

[21]《中国经济发展史》编写组. 中国经济发展史(1949— 2010) [M]. 上海: 上海财经大学出版社, 2014.

[22] 同 [18].

[23] "小河区" 为历史行政划分, 2012 年贵阳市部分行政区划调整后, 改设为 "贵阳经济技术开发区", 由贵阳市花溪区管辖. 本章多涉及该地区的历史沿革, 因此保留 "小河" 的称谓, 以下统称为 "小河地区".

[24] 景德镇在 1949 年后兴起了十几个国营陶瓷厂, 一般简称为 "十大瓷厂".

[25] 参见《申报年鉴》中《全国各业工厂分类统计 (十九年)》资料. 申报年鉴. 民国文献资料丛编 申报年鉴全编 [M]. 北京: 国家图书馆出版社, 2010.

[26] 国际劳工局成例.

[27] 方书生. 近代中国工业分类研究 [J]. 中国经济史研究, 2016 (04): 115-126.

[28] 田和卿. 工业分类的商榷 [J]. 社会月刊 (上海), 1930-12, 第 2 卷第 12 号.

[29] 徐新吾, 黄汉民. 上海近代工业史 [M]. 上海: 上海社会科学院出版社, 1998.

[30] 刘大钧. 中国工业调查报告 [M]. 经济统计研究所, 1937.

[31] 刘大钧. 工业化与中国工业建设 [M]. 上海: 商务印书馆, 1946.

[32] 同 [10]: 294.

[33] 北京清华同衡规划设计院有限公司, 北京华清安地建筑设计有限公司. "一五" 时期苏联援建的 156 项重点工业项目现状调查及保护利用研究. 2016.

[34] 高继仁. 中国工业经济史 [M]. 郑州: 河南大学出版社, 1992: 233-237.

[35] 汪海波. 新中国工业经济史 [M]. 北京: 经济管理出版社, 1986: 351-355.

[36] 同上：411-432.

[37] 《都柏林原则》："研究和记录工业遗产和构筑物必须着重于它们的历史、技术和社会经济维度，以为保护和管理提供完整的基础。"同[6].

[38] 同[5].

[39] 贺鼎.景德镇历史城区传统瓷业遗产体系与保护对策研究[D].北京：清华大学，2016.

[40] 同[19].

[41] 刘伯英，李匡.工业遗产的构成与价值评价方法[J].建筑创作，2006（09）：24-30.

[42] 中国文物学会工业遗产委员会，中国建筑学会工业建筑遗产学术委员会，中国历史文化名城委员会工业遗产学部.中国工业遗产价值评价导则（试行）.2014：15.

[43] 季宏，徐苏斌，闫觅军.从天津碱厂保护到工业遗产价值认知[J].建筑创作，2012（12）：212-217.

[44] 戴茂林.鞍钢宪法研究[J].中共党史研究，1999（06）：38-43.

[45] 中国城市科学研究会历史文化名城委员会.杭州共识[Z].2012.

[46] 北京清华同衡规划设计研究院有限公司.济南历史文化名城保护规划.2016.

[47] Handy S L, Boarnet M G, Ewing R, et al.How the Built Environment Affects Physical Activity: Views from Urban Planning[J]. American Journal of Preventive Medicine, 2002, 23（2, Supplement 1）：64-73.

[48] 景德镇市地方志编纂委员会.景德镇市志（有史以来—1985）[M].1991：66.

[49] 余正东，田在养.同官县志[M].民国三十三年（1944年）.

[50] 耀州窑是我国六大窑系之一，经历了唐代至明代较长的历史阶段。

[51] 北京清华同衡规划设计研究院有限公司.贵阳经济技术开发区工业遗产保护利用规划设计.2016.

[52] 张杰，贺鼎，刘岩.景德镇陶瓷工业遗产的保护与城市复兴——以宇宙瓷厂区的保护与更新为例[J].世界建筑，2014（08）：100-103+118.

[53] 铜川市国土资源局.铜川市矿产资源总体规划（2016—2020）.2017：5-7.

[54] 同[49]：工商志.

[55] 刘伯英，冯钟平.城市工业用地更新与工业遗产保护[M].北京：中国建筑工业出版社，2009.

[56] 同[46].

[57] 青岛市城市规划设计研究院.青岛胶济铁路沿线工业文化与遗存保护与利用规划.2016.

[58] 刘伯英，李匡.北京工业遗产评价办法初探[J].建筑学报，2008（12）：10-13.

[59] 北京清华同衡规划设计研究院有限公司.长春历史文化名城保护规划.2017.

[60] 同[46].

[61] 同[58].

[62] 同[57].

[63] 当地对红旗瓷厂、红星瓷厂、红光瓷厂、光明瓷厂的统称。

[64] 同[19].

[65] 北京清华同衡规划设计研究院有限公司.耀州窑大师创意园片区整体建筑与环境提升规划.2018.

[66] 同[59].

[67] 刘丽娟，吴奇霖.老工业区工业遗产系统性保护利用的初探——以庆阳化工厂、哈达湾老工业区为例[A].中国城市规划学会、重庆市人民政府.活力城乡 美好人居——2019中国城市规划年会论文集（09城市文化遗产保护）[C].中国城市规划学会、重庆市人民政府：中国城市规划学会，2019：10.

[68] 同[59].

[69] 北京清华同衡规划设计研究院有限公司.吉林市历史文化名城保护规划.2015.

[70] 北京清华同衡规划设计研究院有限公司.贵阳经济技术开发区工业遗产保护利用规划设计.2016.

[71] 同上.

[72] 北京清华同衡规划设计研究院有限公司.景德镇陶瓷文化科技产业园项目概念规划.2012.

[73] 同[70].

[74] 北京清华同衡规划设计研究院有限公司，吉林市城乡规划研究院，北京华清安地建筑设计有限公司.吉林哈达湾工业遗产保护利用规划与重点地段建筑设计.2017.

[75] 同[19].

[76] 同[70].

[77] 中国建筑工业出版社，中国建筑学会.建筑设计资料集·第七分册[M].3版.北京：中国建筑工业出版社，2017：372.

[78] 中国城市规划设计研究院.安宁市昆钢本部片区控制性详细规划和城市设计.2019.

[79] 同[52].

历史城市保护
规 划 方 法

第 六 章

保护利用模式

01

保护利用的功能类型

1.1　以居住功能为主的保护利用

随着我国进入城市发展的新阶段，历史城市处理好保护和利用的关系，激发城市遗产资源的潜在价值，加强城市遗产的合理利用，促进经济社会的高质量发展，进而促进保护事业，已成为新时期城市规划建设的重要任务之一。不同的历史发展阶段，城市功能总是处于不断变化之中的，对城市历史文化遗产的保护利用要辩证地看待城市功能的延续和变化，既要尊重历史文脉，又要适应当前和未来的发展需要，使保护与利用具有可持续性。这是国际遗产保护领域的发展趋势，也是我国历史城市保护面临的新课题。

在历史城市、历史街区中，居住功能本身就是其特色传统功能的一部分，稳定的居民与社区是民俗节庆等非物质文化遗产与优秀传统文化得到真实传承的必要基础。长期居住于老城区的老住户及其祖辈参与或见证了历史街区的变迁，是街区、城市鲜活记忆的一部分，应积极改善其居住条件，在自愿的前提下，鼓励部分老居民继续在老城区生活。另一方面，随着社会经济发展、居民收入水平提升和产业结构转型，城市的功能（包括历史片区的功能）发展不断多元化、复杂化，城市历史文化遗产具有公共资源的属性，其功能的公共化也是一种趋势。一些城市的历史片区、有遗产价值的旧工厂区等面临部分或全部功能调整、人口疏解，也是城市整体发展的客观需要。可以说，历史城市在保护与发展进程中延续基本的传统功能是必持之本，历史城市的产业结构、部分街区与建筑的具体功能顺应时代发展做出相应调整变化，也是必然选择。

居住是历史城市的基本功能之一，历史城市片区的发展中保留一定比例的居民，对文化传承和生活延续性都有重要意义。中华人民共和国成立后的前三十年间，由于当时重生产、轻生活的政策，对住房新建和老城房屋维护的投入严重不足，包括历史城区在内的老城区很多房屋破旧、居住条件拥挤、市政基础设施落后、居住环境恶化，成为大部分城市面临的普遍问题之一，而且在一些地方一直持续至今。延续历史城市的居住功能，需要在国家相关法规政策的条件下，按照历史文化名城与历史文化街区等相关规定和要求，采取不同的方式改善提升居住生活环境。

根据《历史文化名城名镇名村保护条例》，除必要的基础设施和公共服务设施外，"在历史文化街区、名镇、名村核心保护范围内，不得进行新建、扩建活动。"[1] 所以在历史文化街区内，居住环境的改善应采取"小规模、渐进式"的模式。居住条件改善的主要方式包括：①通过完善各类管线敷设、增加厨卫设施等提升生活设施水平，解决居民在供电、供暖、供水、排污、厨卫等方面的基本生活需求；②按照分类保护的规划要求，分别采取修缮、改善、整治和更新等措施对建筑进行保护，在真实性、完整性原则下提高建筑的安全性和居住质量；③通过综合的政策，鼓励人均居住面积过小的家庭外迁，整体缓解保护区的居住人口压力。

绍兴市在 1999 年大规模旧城改造中提出，对一些老城片区进行保护整治而不是采取大规模更新改造的方式。2001 年开始，政府利用财政、世界银行贷款等资金，对历史片区的基础设施进行提升改造，并鼓励居民负担一部分改造费用，共同对房屋进行维护。该行动涉及仓桥直街、书圣故里等多个历史文化街区。保护工作按照"修旧如旧，风貌协调"的原则修缮老街、老宅，保留了绍兴水乡民情生活的原生态。除沿街引入少量商业店铺外，街区整体仍然保留了以居住为主的功能。其中，仓桥直街于 2003 年荣获"联合国亚太地区遗产保护奖"（图 6-1）。

扬州历史城区占地 5.09 平方公里，老城中有 400 余座历史价值很高的保护建筑，1—2 层传统庭院式民居建筑近 100 万平方米，居住着 1.9 万户、近 8 万人。[2] 从 2001 年起，扬州市政府通过财政、部分企业捐款、政府投资平台融资等方式投入大量资金，改善历史城区内公共配套设施，并对民居修缮进行补贴，使古城区 3050 户家庭的住房条件得到改善。扬州 2006 年被联合国人居署授予"联合国人居奖"。近几年又共有 570 户居民在政府补贴下对老房子进行修缮。

北京史家胡同位于北京老城的历史文化保护区中，历史上尤其是近现代以来名人荟萃，历史文化内涵丰富。2004 年史家胡同 24 号院（原 54 号院）修缮后被改作史家胡同博物馆[3]，一方面系统展示了史家胡同的历史以及曾经居住在这里的名人和普通老百姓的胡同生活；另一方面博物馆也成为社区居民开展公共文化活动的场所，带动了史家胡同以及东四南历史文化街区内的文化生活与社区氛围塑造，大

图 6-1　绍兴民居修缮

图 6-2　北京史家胡同民居修缮

大提升了居民的文化自豪感（图 6-2）。

　　平遥古城内传统民居众多，但大量民居因年久失修面临倒塌的危险。2012 年平遥县出台《平遥古城传统民居保护修缮工程资金补助实施办法》，对古城内私有产权的传统民居修缮进行资金补助，财政补助工程费用总额的三分之二，产权人承担三分之一。[4] 2013 年政府对补助政策进行了调整，根据民居价值和残损程度，补助额度分为九个等级，按每平方米 400—1400 元不等标准予以补助。同时，平遥县先后制定《民居修缮申报评定标准》《现场踏勘工作制度》《修缮方案编制要求》《修缮方案评审办法》《补助协议书》《施工责任书》《施工监督工作制度》等涉及工作全程的一系列配套制度，以辅助推进该项实施办法的执行。2012—2018 年间，财政投入补助资金 1000 余万元（包括修缮补助款、方案编制费、专家评审费、工程监理费等），修缮院落 76 处、民居 700 余间，受益居民达 600 余人。

图 6-3　北京菊儿胡同
"类四合院"

　　苏州在 1986 年城市总体规划提出"全面保护古城风貌，重点建设现代化新区"的建设方针，并将古城划分为 54 个街坊进行风貌控制[5]。1992 年，苏州市对 12 号街坊桐芳巷小区进行古城街坊"解危安居"工程试点，1996 年 7 月竣工，投资 1.5 亿元，拆除原有大部分房屋后在老基地上重新建造住宅。桐芳巷改造在规划设计上注重保留原有的街巷格局和里坊形式，对新建住房进行了有效的高度控制，整体上与古城风貌融为一体。1995 年在"重点保护、合理保留、普遍改善、局部改造"指导思想下全面启动了 10、16、27 号街坊改造。从 1997 年开始，进一步启动了七个街坊的改造。在当时历史时期开展的苏州古城街坊改造中考虑居民的回迁率，维持原有社会网络，旧民居改善可原地回迁安置，也可古城外异地安置。

　　清华大学从 1978 年开始，对北京市的旧城保护和整治问题进行研究，吴良镛院士提出了旧城"有机更新"思想，主张"保留好的四合院，拆除更新最破败的四合院（即'危积漏'地区）"。[6]菊儿胡同住房改造就属于在北京房改大背景下对破败四合院进行更新的一次试验，将原有危旧房屋拆除后根据改善居住环境和尊重旧城肌理的原则进行设计重建。工程通过"类四合院"探索了延续风貌，提高老城区住宅生活水平的途径[7]（图 6-3）。

1.2　以商业功能为主的保护利用

　　商业是历史城市的另一项基本功能。随着城市的不断发展，商业功能的类型和规模也处在不断变化中。历史城市中商业的发展，除注重保护和传承少量至今仍有生命力的老字号外，也需要根据社会经济的发展不断对商业功能进行调整。随着城市老区商业用地的加大，一些传统居住区和老旧工业区也在保护利用中改为商业用途。

　　历史城市中的一些传统居住区，往往因为其富有特色的传统建筑、厚重的文化底蕴和宜人的步行尺度，成为文化旅游、休闲观光、消费体验的目的地。随着城市的消费升级，更适合市场需求的商业经营活动可能会逐步置换原有居住功能，形成特色商业街区。这种商业化利用大致可以分为两种类型：一是沿街局部商业化利用，一是片区整体商业化利用。

　　沿街局部商业化利用一般出现在旅游目的地街区，商户购买或租用沿街的传统民居后，将其进行适当的维修和内部装饰后作为店铺使用。商业经营以地方传统文化作为依托，以出售地方特产、特色手工艺品或经营酒吧、茶室、咖啡厅、小吃店等对游客具有较强吸引力的业态为主。这些特色商业街往往还与城市特色景观环境或重要遗产资源等相结合，成为以吸引外地观光客及本地消费者的文化旅游休闲目的地，如苏州平江路和济南芙蓉街—百花洲等（图6-4、图6-5）。

图6-4　苏州平江路商铺

图6-5　济南芙蓉街—
百花洲商铺

图 6-6　成都宽窄巷子

　　片区整体商业化利用一般出现在城市的核心区域，一些面积较小的老建筑地段在保护利用中居住功能被完全置换，片区绝大部分建筑植入商业功能，成为展示城市传统风貌特色、吸引市民休闲娱乐的商业区。这种商业化利用在业态上更注重兼顾本地市民和外地游客的体验和消费需求，商业店铺以餐饮、购物、休闲等能吸引消费者停留的功能为主。它们通过独具特色历史文化氛围和时尚的商业功能吸引包括城市年轻中产人群在内的更广阔消费群体，如上海新天地和成都宽窄巷子。整体化商业利用的传统片区一般要突出历史文化特色，并将其作为商业街区的主题，将最有价值的建筑遗产赋予博物馆、非遗传习所等文化事业的功能（图 6-6）。

　　传统商业区业态提升也是加强遗产保护、提高利用效益的重要途径。历史城市中的一些历史地段曾是繁华的商业区，商贾聚集、商铺林立，孕育了许多知名的传统老字号。受中华人民共和国成立初期一些政策影响，传统商业的发展受到抑制，这些商业区的发展也陷入低谷。改革开放以来，随着社会经济的发展，商业发展又重新焕发出活力。近年来，随着城市产业的升级和旅游消费增长，历史城市中曾经繁华一时的商业区也面临业态更新提升压力。处于保护区内的传统商业区的商业功能复兴或提升主要体现在两个方面：一是恢复并发展部分传统老字号，传承非物质文化遗产；二是顺应旅游观光、休闲娱乐、消费体验的需求，发展多元化的新商业业态。

　　黄山屯溪老街原本是山区土特产集散地，茶号及各类商号云集。沿街商铺在近二十多年来的保护利用中，注重保护传统老字号，结合旅游发展需求，形成了以经营地方土特产、文房四宝和旅游商品为主的业态功能（图 6-7）。福州三坊

图6-7　黄山屯溪老街
商铺

图6-8　福州三坊七巷
南后街商铺

七巷是昔日老福州城市中心，南后街历史上曾是花灯、裱褙、书坊等福州传统手
工艺商业的聚集地，保护整治后注重地方特色产品的传承，在沿街商业发展中聚
集了大量经营地方特色产品和手工艺品的店铺（图6-8）。昆明文明街在明末清
初是集居住、商铺、戏院茶肆、行帮会馆等为一体的综合性街区，在近些年的保
护整治过程中，形成了地方特色产品、特色餐饮、咖啡茶室、手工艺品为主的业
态功能（图6-9）。

　　近年来，历史城市中一些工业遗存片区也通过商业化利用得到了较好的保护。
在历史城市中，很多近代与中华人民共和国成立初期、甚至1980年代前后的老旧
工厂随着城市中心区传统工业生产要素迁移与退二进三政策的推进，大量工厂不再

图 6-9　昆明文明街商铺

进行生产，面临被拆除或改造利用的问题。其中相当一部分工业遗存具有独特的风貌特色与场所氛围，也是城市发展特色商业的重要资源。在我国工业遗存的商业化利用处于探索中，目前主要有两种利用方式：一是作为城市综合性商业街区，二是作为综合办公、文体活动场所。

上海国际时尚中心是将原上海第十七棉纺织厂进行改造利用的一个综合性商业项目，保留了原厂区内始建于 1920 年代的锯齿形厂房及其附属建筑物。整个项目总占地约 12 公顷，建筑面积约 14.3 万平方米，2009 年开工，2013 年竣工。修缮更新后的厂房保留了红色的清水砖墙，体现了 1920 年代上海工业区的历史风貌。项目功能定位立足于纺织行业的转型升级，将传统的纺织工厂打造为以时尚秀场、餐饮休闲、创意办公等为一体的国际时尚中心[8]。该项目作为上海时装周、上海服装文化节的长期承办地，实现了老旧工厂的产业升级。

2022 年冬奥会组委会落户首都钢铁厂原厂区后，北京市对首钢旧厂区进行了改造利用。冬奥广场项目将位于首钢旧厂西北角的原一号和三号高炉附属供料区的转运站、料仓、筒仓和泵站等工业遗存进行改造利用，形成以办公、会议、展示功能为主的综合园区。[9] 北区项目将大跨度厂房改造为室内体育场馆，改造、加建后可以提供 4 块国际化顶级标准的训练用冰面，以满足首都体育馆在升级改造期间国家冬奥训练队相关项目的训练需求[10]。首钢旧厂区改造为冬奥会办公、训练园区，为老工业区找到了发展的新途径（图 6-10）。

图 6-10　首钢冬奥广场

1.3　以文化创意为主的保护利用

随着以文化创意为代表的第三产业在一些城市中的发展，除了新建写字楼和创意产业园区外，传统街区或工业遗存通过一定的更新改造，可以发展成理想的文化创意产业承载空间，为城市社会经济的持续发展注入了新的活力。

通过利用传统民居发展文化创意产业主要有三种方式：一是作为艺术家工作室、艺术品交易场所，具有一定的营利属性，这种方式离不开艺术家群体"自下而上"的力量对城市历史文化遗产进行改造利用；二是作为博物馆、展览馆，以公益性为主，注重对遗产本身的保护，展示的内容也与遗产本身的历史文化价值信息息相关，成为市民或游客阅读城市历史文化的重要场所；三是兼有前二者的混合方式。

上海田子坊始建于 1930 年，是老上海典型的里弄式传统街区。1998 年，以画家陈逸飞为代表的一些艺术家利用田子坊内的老厂房开办工作室，开启了田子坊文化创意产业发展的序幕，此后大批艺术家陆续进驻，逐步发展成为"艺术人士集聚地"。受街区内老厂房改造利用的影响，部分石库门里弄式住宅内的居民从 2004 年起也开始陆续将自己的住宅出租给艺术家使用。到 2009 年，田子坊内工厂区和居民区已入驻商户或工作室 200 余家，成为上海文化创意产业发展的聚集地之一。

济南曲水亭街是清末作家刘鹗笔下"家家泉水，户户垂杨"的泉城风貌的代表。2008 年以前，曲水亭街曾是"烧烤一条街"，相关业态不仅破坏了该地区的文化氛围，还对泉水环境造成污染。2011 年，政府取缔了曲水亭街泛滥多年的烧烤摊，鼓励和引导与传统民俗和文化创意相关的业态发展。2011 年，3 个艺术家租下了曲水亭街 13 号院，从事艺术创作活动，取得了很好的示范效果 [11]。在曲水亭街社区居委会的支持下，随后几年的时间内，这里陆续发展起来了二三十家如老济南艺术馆、老城故事照相馆等特色店铺，在传承、传播了地方民俗文化的同时，为历史文化街区营造了文化创意氛围（图 6-11）。

福州三坊七巷历史文化街区在保护利用中，结合街区的遗产价值与特点，将整个街区定位为社区博物馆。商业功能主要集中在南后街两侧，大量文物、历史建筑或重要传统建筑在修缮整治后成为社区博物馆的展示组成部分，对社会公众开放，其中包括：二梅书屋（福建省民俗博物馆）、严复故居、林聪彝民居（福州漆艺博物馆）、叶氏民居（福建省非物质文化遗产博览苑）、谢家祠（福建状元府艺术馆）、蓝建枢故居（闽都民俗文化大观园）、刘家大院（社区博物馆中心展馆）等（图 6-12）。

北京杨梅竹斜街片区位于大栅栏历史文化保护区，占地面积约 8.8 公顷。在该片区的保护利用过程中，由地方政府委托大栅栏投资开发有限公司（以下简称大投公司）在该地区实施人口疏解，将腾退回收的房源出租给愿意从事相关文化创意产业经营的商户，逐步培育片区的历史人文环境和文化创意氛围。为了保持街区安静宜人的气氛，凸显街区历史文化特色，大投公司对入驻杨梅竹斜街的店铺建立了严格的筛选机制，确保入驻店铺经营业态与胡同文化相协调（图 6-13）。

图 6-11　济南曲水亭街 13 号院

图 6-12　福州三坊七巷二梅书屋　　　　　　图 6-13　北京杨梅竹斜街

利用工业遗存发展文化创意产业也是近年来的一种有益模式。城市产业结构的调整和工业外迁使大量位于城市核心地段的工厂区处于闲置状态，其中的很多旧厂房、构筑物等风貌独特，具有一定的历史文化特色，它们所具有的区位核心、空间灵活和租金相对较低等优势吸引了艺术家入驻，成为文化博览、创意产业等的理想场所。一些工业遗存通过发展文化创意功能，已经成为工业旅游目的地。利用工业遗存发展起来的文化创意功能主要包括三种类型：一是作为工业遗产博物馆；二是作为城市文化艺术区和特色产业的聚集地；三是作为城市公园等开放空间。

青岛啤酒厂早期建筑是德国殖民时期最具代表性的工业遗产之一，现为全国重点文保单位。遗存包含早期的办公建筑和生产车间。青岛啤酒厂依托其早期建筑群建设青岛啤酒博物馆，将原办公建筑作为青岛啤酒百年历史的展览空间，原生产车间作为参观路线的一部分，与现在的生产车间交替组成生产流程的展陈路径。参观者可以直观地看到青岛啤酒过去与现在生产技术的发展与对比，感受青岛啤酒厂百年的历史（图 6-14）。

北京 798 艺术区的前身是国营 798 电子工厂，老厂房产权所有者为北京七星华电科技集团有限责任公司。从 1995 年开始，先后有中央美术学院雕塑系及部分艺术家通过与七星集团签订房屋租赁协议的形式入驻部分空置的厂房，作为艺术创作空间。七星集团为了缓解资金压力，2001—2003 年间将闲置厂房成规模租给艺术家和艺术机构。2003 年后，入驻的艺术家和机构逐渐增多，艺术家改造 798 厂区老厂房成为一种自发行动。随着艺术家工作室的不断聚集和艺术活动的不断举行，798 吸引了社会的广泛关注，文化创意功能也逐步走向多元化，博览展示、艺术品交易、城市休闲旅游等业态日益丰富并活跃起来。到 2009 年，798 艺术区除了有大批的画廊、设计机构和艺术家工作室外，还入驻了不少商铺和餐饮店铺等 [12]（图 6-15）。

图 6-14　青岛啤酒厂博物馆生产流线展示　　图 6-15　北京 798 艺术区

景德镇陶溪川陶瓷文化创意园区的前身是宇宙瓷厂，始建于 1949 年后社会主义改造和合作化运动中，是景德镇著名的"十大瓷厂"之一，也是中华人民共和国成立初期我国现代陶瓷工业建设辉煌时期的见证[13]。2012 年开始，由原江西省陶瓷工业公司改制而来的景德镇陶瓷文化旅游发展集团成立子公司，整体开发运营景德镇近现代陶瓷工业遗产综合保护开发项目。宇宙瓷厂片区保护改造工程完成后，逐步培育发展了多元化的文化创意功能，包括：①教育培训，引入中央美术学院陶瓷艺术研究院，成为国内陶瓷艺术教育培训的中心之一；②创业空间，将部分厂房改造为艺术家工作室，定期将室外开放空间搭建为陶瓷工艺品集市；③博物馆，将主厂房改造为陶瓷工业博物馆和美术馆；④生活服务，引入为艺术家、设计师、游客等服务的餐饮、酒吧、咖啡厅、酒店公寓等配套服务商业设施。通过几年的运营，陶溪川已经吸引了 5000 多名艺术家和创业者入驻，形成了具有相当规模的文化创意产业，成功地从一处废弃的旧工厂蜕变为极具影响力的文化创意园区，并带动了周边更大区域的发展，使景德镇实现了跨越式的发展（图 6-16—图 6-18）。

工业建构筑物在城市中也具有独特的景观风貌价值，旧工厂和工业棕地还常被改造成富有工业文化特色的城市绿地和游憩空间。例如，广东中山市对原粤中造船厂所在的工业废弃地进行景观修复，保护利用船坞、厂房、水塔等工业遗存[14]，将经过生态修复后的中山岐江公园建设成为国内第一个将生态循环利用与尊重工业历史相结合的城市公园（图 6-19、图 6-20）。上海市利用杨浦滨江长达 5.5 千米的

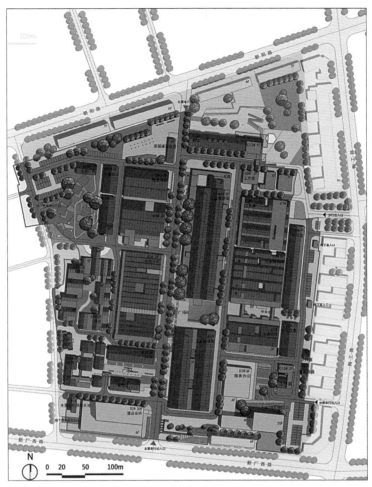

图 6-16　景德镇陶溪川陶瓷文化创意园区规划总图

图 6-17　陶溪川工业博物馆改造后街景

图 6-18　陶溪川工业博物馆改造后
室内实景

图 6-19　中山市岐江公园总体规划方案图

注：1—红盒子；
　　2—雾泉小广场；
　　3—树篱；
　　4—柱阵；
　　5—雕塑；
　　6—游艇俱乐部（后改为厕所）；
　　7—停车场；
　　8—划船码头；
　　9—栈桥；
　　10—桥；
　　11—码头；
　　12—灯塔（水塔再利用）；
　　13—骷髅水塔；
　　14—展示船艇；
　　15—茶室（后改为美术馆）；
　　16—游泳池（未建）；
　　17—亭；
　　18—喷泉；
　　19—湖心岛；
　　20—桥/水门；
　　21—生态驳岸；
　　22—南入口（龙门吊再利用）；
　　23—江岸；
　　24—环形步道；
　　25—西北入口

滨水码头及旧工厂区，通过建筑和景观的精细化设计将工业遗存进行串联，形成独具魅力的工业遗存博览带和健康活力带[15]（图6-21、图6-22）。唐山市将开滦煤矿经过130多年开采形成的大面积采煤沉降区进行生态修复[16]，保留、恢复原有景观要素，融自然生态、历史文化和现代文明为一体，打造滨水绿色长廊[17]，实现了从城市棕地到城市公园的转变。

图 6-20　中山市岐江公园建成后效果

图 6-21　上海杨浦滨江南段 5.5 千米总体规划图

图 6-22　上海杨浦滨江钢结构廊桥

1.4 小结

城市历史文化片区保护利用的功能类型并非固定不变，而且多处于混合多样的状态。比如，原本以居住功能为主的地区可能会逐渐发展出社区商业、城市商业，甚至变成城市旅游的重要目的地；又如，原本以艺术家聚集为主的文化创意场所，由于文化影响力和社会知名度提升，逐步发展为艺术品展示和交易场所，并配套发展出商业服务功能。保护利用中的一个普遍现象是传统的居住、生产功能的减少，消费体验、文化旅游、文化创意服务等功能逐渐增多；由此也产生一些潜在问题。针对这一现象，应当从以下两个方面进行辩证思考和把握：

一方面，应延续历史城市的居住功能，对保护利用中的过度商业化保持警惕，尤其是在历史文化街区，"维护社会生活的延续性"是保护利用的基本原则之一。在保护利用中，应该充分考虑本地居民的权益，调动本地居民参与的积极性，不能为了追逐短期的商业利益而强迫本地居民搬离，更不应该为了商业开发搞大拆大建。

另一方面，对有利于文化传承和创新的商业利用和文化创意等功能的发展，可以用发展的眼光积极看待，毕竟大量的城市历史文化遗产不能都通过博物馆式的方式进行保护与利用。随着我国经济社会的整体发展与提质，遗产的利用模式会越来越多元，比如工业遗存可能也会改为居住功能等，关键是我们要秉承可持续保护与利用的原则，坚守保护的底线，积极适应社会发展与变革的需求，使之融入当代生活。

02

保护利用的实施模式

2.1　政府主导，社会参与

作为一种综合的社会实践，城市遗产的保护利用实施模式具有鲜明的时代和地方特征，与具体城市的社会经济管理水平等密不可分。近四十年来，我国的城市保护实施模式在演变与现状下，多种模式并存的实际情况就反映了这一基本规律。

1990 年代，在城市进行大规模城市危旧房改造中，一些城市为了保护城市风貌特色和其中重要文物周边环境景观，在专家学者的呼吁下，改造规划在风貌传承方面做了一定尝试。这种由政府推动的特殊危改模式虽然与后来的历史文化街区保护所要求的"真实性"尚有差距，但在当时历史时期也是对老城保护利用的一种探索，从今天历史城市景观的视角来看，其政策、模式等仍具有一定参考价值。

在当时苏州古城街坊的改造中，规划通过提高居民的回迁率维持原有社会网络，改造工程在政府控制下由房地产开发公司实施。政府通过政策倾斜向建设单位提供银行贷款便利，免征部分税收；建设方则利用多种渠道筹措资金，并向居民出售房屋回收部分资金。旧街坊改造按照政府扶持，建设单位、产权单位、居住人三方共同承担的原则实施。回迁户按合理的比例分担配套费、基础设施费、厨卫设施成本费，超出原有面积的增加部分按分摊增加面积的相关费用负担。

北京菊儿胡同房屋改造探索了"住房合作社"的道路[18]，采取"群众集资、国家扶持、民主管理、自我服务"的模式，政府减免相关的市政费用，住房改造的成本由住户所在单位和住户分担。参与的住户拥有房屋产权，5 年后产权可以转让。由于各种因素，一期工程回迁率占 1/3，外迁住户获得住房补贴，原住民的生活条件得到改善。项目公司通过将部分房屋作为商品房出售，使资金得以周转，并保证公司获得一定的利润。

　　保护城市历史文化遗产是政府的责任，从 20 世纪末开始，一些比较重视历史文化遗产保护的地方，采用了政府支持、鼓励居民参与的方式，对传统建筑开展保护利用工作。由于开展时间较早，当时居民搬迁安置成本低，社会矛盾不尖锐。由于政府投融资平台尚未形成，所以政府多半采取直接支持的方式：一种是政府直接对居民维护修缮房屋进行补贴，如绍兴仓桥直街、临海紫阳街和扬州历史城区等；一种是政府通过适当调整规划控制指标，让居民在房屋更新利用中得到一定的实惠，如黄山屯溪老街等。

　　绍兴市从 2001 年开始对历史街区的基础设施进行提升改造，并与居民一起对房屋进行维护[19]。在历史文化街区的保护整治中，政府负责基础设施的改造工作。对于传统民居，政府与居民共同出资进行保护修缮，房屋翻修根据房屋的产权有不同的支持政策。对于私房翻修，政府和居民按照 55 ∶ 45 的比例共同出资；对于公房，居民完全不用负担任何费用。对于将房屋进行腾空翻修的住户，政府每月给予一定的住房补贴。由于绍兴的老房子质量相对较好，且人口密度适中，需要修缮的建筑中 80%—90% 都不用进行落架。政府对于房屋翻修费用来自当年的城市维护计划经费。同时，市政府设立"历史街区保护管理办公室"，对民居修缮中室内装饰、空调安装、店面标识等均作出明确规定，有效保护了历史街区的传统风貌特色。

　　国家历史文化名城临海古城内的紫阳街历史文化街区价值突出，街两侧存在较多私有产权的传统建筑，过去很难获得实质性的政策性补助，但居民财力有限，缺乏全面修缮的动力。2003 年临海市集中资金做试点，政府财政拿出 5000 万元专项资金，对紫阳街 600 余间 4.5 万平方米房屋进行整修。开始政府提出整修投入按比例由政府和临街居民共同承担的模式建议，但响应者寥寥。于是政府变通方法，决定临街 2 米进深的建筑的修缮全部由政府出资，其余部分由房主自行选择是否同步实施。同时，政府确定由有经验的施工单位向同意参与的房主提供优惠服务，内外同修，省工省时。改变方式后，有近九成居民选择了同步跟进。据统计，居民出资总额超过 5000 万元，相当于政府与居民各分摊一半共同投入了街巷的整修工作，基本实现了最初的设想。这种模式后来还被推广到其他街巷的修缮。[20]

　　扬州市从 2001 年起投入大量资金改善历史城区风貌环境，并按照"保护外部风貌，改造内部设施"的原则对民居修缮进行补贴[21]。具体政策如下：①居民维修老建筑屋面、墙体、外门窗等外部风貌，政府补贴维修费用的 30%，不超过 2 万元 / 户；②居民新建、改造生活必备的厨卫设施，政府进行额外补贴，其中厨房按 800 元 / 户，卫生间按 1000 元 / 户进行补贴。五年来通过政府和居民联手共出资 1.8

亿元用于住房维修。因文物保护或者违建拆除的需要，对外迁家庭给予安置或货币补偿，并安排经济适用房房源。这样改善了古城环境，修缮后的古宅等保护建筑向市民开放[22]。2006 年荣获"联合国人居奖"后，扬州市并未停止历史城区保护的努力，先后颁布了《扬州市历史文化街区保护整治实施暂行办法》（2006）、《扬州老城历史街区民居修缮导则》（2007）《扬州古城传统民居修缮实施意见》（2011），适当提高了居民修缮的补贴标准，进一步明确了补贴对象和范围。

黄山市从 1980 年代开始对屯溪老街进行保护更新，政府投资改善基础设施，整治环境，居民自己出资整饬店面[23]。对于传统民居，在保护的前提下，政府鼓励住户自己投资，按照规划进行维修和翻建，并开店经营。考虑到民居翻修中居民的实际利益，政府允许按照传统民居的原样进行适当改造。在翻修中房主可以根据旧建筑较高的净空，在商店后面适当降低层高，提加层数以增加面积。这样既保持了原有传统风貌，又满足了居民希望增建建筑面积的愿望，吸引居民投入保护改造活动。

2.2　政府引导，企业实施

在我国，国有企业在国民经济和城市发展中起着重要作用。在社会主义市场经济的制度下，国有企业在遗产保护利用中的角色也尤为突出。由于受国家相关法规的制约，地方政府除了对遗产保护的地区的基础设施的改善和受保护房屋的修缮进行补贴之外，不能直接进行投资建设。在这种情况下，地方政府组织国有企业通过市场机制作为实施主体，负责具体的投融资和建设管理运营工作成为一种必要的模式。对于一些面积不大的历史地段保护利用项目，地方政府往往组织由政府注资成立的平台公司作为实施主体，采用整体一次性或分期的方式实施工程建设，再通过招租的方式进行市场化运营，如苏州平江路。对于工业遗存的保护利用，一般通过原国有生产企业转型发展后作为实施主体，如景德镇陶瓷厂和上海国际时尚中心（原上海第十七棉纺织厂）。

苏州市从 2002 年开始按照市区两级财政 7：3 的比例出资对平江路历史文化街区的基础设施进行改善[24]，完成了主要街道和背街小巷的管线整理工作，并免费帮助居民修建了卫生间。街区基础设施改造基本完成后，区政府成立开发公司，利用房产与土地作为固定资产向银行抵押贷款，进行平江路两侧沿街片区的保护更新[25]。该街区内的传统住宅以公房为主，开发公司通过一定的补偿将平江路两侧部分公房（沿街第一进院落）内的居民逐步腾退，取得使用权后进行了沿街房屋的修缮并对外出租经营。

景德镇为改造利用废弃的工业厂房，实现传统陶瓷产业转型升级，激活城市发展活力，由陶瓷厂房业主原江西省陶瓷工业公司改制而来的景德镇陶瓷文化旅游发展集团成立子公司，整体开发运营景德镇近现代陶瓷工业遗产综合保护开发项目[26]。

为响应上海市政府"退二进三"发展战略，迎接 2010 年上海世博会，上海纺织集团决定对原有厂房进行改造利用[27]。传统的纺织生产基地在生产线转移到成本更低廉的地区后，通过产业转型升级，从制造向设计研发、营销展示、文化传播转型是世界纺织大国发展的共同经验[28]，巴黎、伦敦、米兰、纽约等大都市也是按这种模式逐步发展为国际时尚和时装中心。

在范围较大的片区，如果由国有企业实施，一般采用分期推进的方式进行，而后期的运营管理往往交由单独成立的街区管委会或者国有运营管理公司负责，如成都宽窄巷子和福州三坊七巷。

宽窄巷子的保护更新以政府为主导，先后由两家企业分别负责街区的建设和经营工作。2003 年成都市对 3 片保护区重新编制保护规划，成立成都少城建设管理有限责任公司承担宽窄巷子历史文化保护区的保护和建设工作[29]。由于在房屋腾退中遇到阻碍，原本计划整体实施的项目改为分批次推进[30]，最终于 2008 年 6 月竣工，成为"5.12"汶川地震之后，四川省振兴旅游业的重点项目。在此期间，成都市政府于 2007 年成立国有企业成都文化旅游发展集团有限责任公司，负责宽窄巷子的旅游开发和运营管理。青羊区政府组建"宽窄巷子历史文化保护区管理委员会"，负责宽窄巷子综合执法与监督管理。

三坊七巷 1992 年曾由房地产开发公司当作一般性旧城改造项目进行规划建设，原规划方案拟对片区内 42 处文物采取分片迁建集中保护，土地腾空后拟建设高层公寓。在专业人士和舆论的反对声中，该项目仅实施一期后便被叫停。福州市政府收回土地开发权，重新调整思路后成立三坊七巷管委会，负责三坊七巷保护改造、策划等各项统筹工作。管委会由区委书记任主任，原文物局局长任常务副主任。三坊七巷管委会成立后，2008 年又成立国有企业福州市三坊七巷保护开发有限公司，作为实体进行具体运作。项目委托清华大学重新研究编制街区保护规划，进行整体保护与合理利用。

除了全资国有企业外，其他所有制企业也是参与历史文化遗产保护利用实施的重要力量。这类企业的市场化经营程度高，能在社会公共事业与企业自身营利间进行更积极的探索。一些地方政府在遗产保护利用中探索与其他所有制企业合作，在工程实施和运营管理中都取得了较好的成效，如广州恩宁路永庆坊。

广州恩宁路骑楼街地处广州粤剧发源地西关，历史文化资源丰富，其中包括八和会馆、李小龙祖居、詹天佑故居等，地块内保留历史特色建筑面积近 12 万 m^2，约占现状总建筑面积的 55%。作为《广州城市更新办法》出台后的试点项目，恩宁路永庆坊的保护更新实施按照"政府主导、企业承办、居民参与"的原则组织。项目引入万科集团进行工程建设，并给予其 15 年经营权。[31] 本地居民可以在遵循总体规划控制和产业经营要求的前提下对建筑自行更新利用，或者出租给万科运营。项目二期进一步优化政策，政府将经营权延长至 20 年，主导制定实施方案，并成立包括社区、居民代表、商户代表、媒体代表、专家顾问等成员共同参与组成的议事委员会，加强对实施企业更新实践的规划管理。

虽然国有企业在历史城市保护与利用中的作用举足轻重，但民营企业也是一股极具潜力的力量，而且发展前景广阔。有的城市政府在编制保护规划后，将历史文化片区的保护更新整体交由民营企业负责实施。中标实施的民营企业负责对遗产片区进行保护更新等工程建设和保护利用等后期运营管理。对于规模较小或者居民腾退难度较低的片区，民营企业可以整体完成实施，如昆明南强街保护项目。规模较大且难度较大的片区，民营企业一般会分期分批次实施。这种模式的回报周期较长，民营企业介入的动机主要是通过遗产保护利用提升企业的知名度和品牌形象，并且为后续参与其他城市建设积累业绩与资历。

前述由国有平台公司推进实施的方式中，资金主要来自于国有企业的融资，除了少量的自身收益外，融资偿还实际由政府兜底。随着城市土地价值的提升，以及拆迁中容易出现的社会矛盾，国有平台公司的实施成本越来越高。为减轻融资与债务压力，国有企业的角色逐步由实施主体转为组织带动者。国有企业探索搭平台、重长效与综合运作，通过"小规模、渐进式"的方式，逐步推进片区内的腾退与传统建筑的保护利用，并与更为广泛的社会资本开展长期合作。

杨梅竹斜街片区总占地面积约 126 公顷，涉及居民约 2.5 万户，2010 年被列入四个老城改造新模式的试点项目。不同于以往屡屡发生的大拆大建，杨梅竹斜街项目的实施按照平等自愿、协议腾退的方式进行人口疏解和空间腾退。为解决初期居民投入有限和市场吸引不足的问题，项目启动资本由市、区两级政府筹措，指定相关国有企业作为市场化运作主体。政府前期资本投入不考虑短期回报，作为杠杆撬动其他社会资本的持续参与。[32]

2.3　政府与社会的积极互动

社会力量发起的保护利用，有些是出于对文化遗产的热爱，也有很多带有很强的个体逐利特征。如果任由发展，一些历史文化街区或者风貌保护区最后很可能发展成为成本低、周转快、易于形成规模效应的商业机器。毋庸置疑，这与历史文化遗产的保护背道而驰，这时就需要政府的介入与引导。从经济学意义上看，就是当市场在保护与利用方面失灵时，政府要鼓励那些能够传承历史文化、激发社区活力的业态进入并引导其良性发展。

济南曲水亭街在 2008 年以前曾是"烧烤一条街"，烧烤摊的泛滥不仅破坏了该地区的文化底蕴，而且还威胁到泉水环境。2011 年，济南历下区大明湖街道办联合公安、城管、工商等部门联合对曲水亭街的小吃摊进行了整顿。随后街道办对沿街商业店铺的发展进行了积极的业态引导，鼓励与传统民俗和文化创意相关的业态发展，并规定商户在入驻之前，需要将商业经营内容报街道办和社区居委会审查[33]，从此曲水亭街的面貌大为改观。

由于资金、法规、政策等方面的约束，社会力量对文化遗产正确的保护利用往往需要政府给予扶持帮助。政府一方面可以通过对市政基础设施等公共部分的提升改造提供直接支持，一方面可以对社会个体在保护利用中面临的政策法规风险提出切实可行的解决方案。政府对民间保护利用给予官方引导和确认，可以不断激励社会力量的持续参与，维护片区的活力和保护利用的可持续性，如北京 798 艺术区、上海田子坊。

北京 798 艺术区在 1995—2005 年间，处于自由发展阶段，旧厂房的改造利用属于民间艺术家的自发行为。2005 年开始，北京市政府积极介入 798 艺术区的保护更新，将园区内"包豪斯"风格建筑列为"优秀近现代建筑"，并将整个 798 艺术区列为首批文化创意产业集聚区之一。2006 年 3 月，北京市朝阳区政府联合七星集团成立 798 艺术区领导小组，以"协调、服务、引导、管理"为宗旨，共同推进艺术区文化产业的健康发展，798 艺术区逐渐形成了由政府和国有企业共同建设管理的模式。

上海田子坊的改造利用最早也是由民间艺术家发起的。2004 年，泰康路街道办成立泰康路艺术街管委会，负责 210 弄工厂区域招商和市场监督工作。同年，石库门原住户陆续自行改造自己的住房后出租，并自发组织了"田子坊石库门业主管理委员会"，管理居民自行出租公房给艺术家的"居改非"行为[34]。2008 年 4 月，由卢湾区常务副区长挂帅的田子坊管委会正式成立，田子坊从"民营"转为"合办"，正式纳入政府支持的轨道。管委会作为第三方，在平衡居民和商户之间，以及不同居民之间的利益分配方面发挥了重要协调作用；同时，卢湾区政府还投入了大量财政资金，用于田子坊市政设施和传统建筑风貌的维护保养。

随着社会经济水平的发展，关心文化遗产保护、对参与保护利用感兴趣的社会团体与市民越来越多，很多团体或个人希望通过正确的、甚至是高水平的文化遗产保护利用，实现精神与文化追求，体现团体或个人的价值观，取得更高质量的发展。从遗产保护的角度讲，大量小微主体以热爱和负责任的心态参与保护利用，有利于历史街区的多元文化传承与业态的丰富性。在这种情况下，亟需政府从制度层面予以创新，开拓社会团体或个人参与的有效途径，保障社会投入与运营的安全。比如，北京市西城区在文物建筑保护利用中，提出了直管公房腾退和"民营公助"的模式。

"十三五"期间，北京西城区从产权可控的直管公房入手，积极筹划并实施了共计 52 处文物腾退项目[35]。为积极推进腾退后文物的合理使用，西城区制定了《北京市西城区关于促进文物建筑合理利用和开放管理的若干意见》，并提出了"民营公助"的"政府 + 企业"的合作模式。在文物建筑的利用中，由政府让渡部分资源或低价收费，扶持社会机构自行运营。

2.4　保护利用实施模式的发展趋势

保护利用中实施模式同功能类型存在一定的对应关系（表 6-1）。在以居住功能为主的保护利用中，政府在其中发挥着至关重要的作用，居住功能的延续需要得到政府的资金支持。在以商业功能为主的保护利用中，主要由企业作为实施主体，政府发挥引导扶持作用。在以文化创意为主的保护利用中，社会自下而上的力量发挥着关键作用，政府或代表政府出资的企业起到引导带动或支持促进作用。应当看到，上述不同的实施模式，还都具有鲜明的时代烙印。

在"政府主导、社会参与"模式中，结合保护的危旧住房改造是 1990 年代大规模城市危改的产物，是在当时比较粗放、激进的城市更新建设历史阶段中对遗产环境恶化的一种干预和妥协措施。随着城市经济发展水平的提高、历史城市保护意识的增强、相关保护制度的完善，这种实施模式逐步淡出历史舞台。"政府补贴、居民参与"是今后政府主导模式发展的方向，在实施中需要充分尊重居民的利益和意愿，避免大范围的拆除重建。

　　在"政府引导，企业实施"模式中，无论是由国有企业还是民营企业作为实施主体，随着社会保护和居民权利意识的不断提高，片区整体实施遇到的社会矛盾和阻碍会越来越多，分期分批、逐步渐进的实施模式在操作上更为可行。在国有企业作为实施主体的项目中，政府资金会逐渐由全覆盖转向杠杆撬动，带动更多的社会资本广泛参与城市历史片区的保护利用，这也是顺应目前国家大力推动政府与社会资本合作（PPP）模式的必然选择。

　　在"政府与社会积极互动"的模式中，社会参与是历史城市保护利用中一股可贵的力量，但由于自身在资金、话语权、专业性方面存在的不足或缺陷，很容易受到商业力量的冲击，因此需要政府对社会自发参与的遗产保护利用行为给予重视和呵护。政府应当在环境改善、业态引导、社区治理等方面予以引导扶持，促进其健康发展。

保护利用中功能类型与实施模式对比　　　　　　　　　　表 6-1

功能类型	案例	实施模式
居住	扬州明清古城	政府支持，居民参与
	绍兴仓桥直街	政府支持，居民参与
	平遥古城	政府支持，居民参与
	北京史家胡同	政府给予发展扶持
	北京菊儿胡同	政府主导的危旧住房改造
	苏州古城街坊	政府主导的危旧住房改造
商业	广州恩宁路骑楼街	政府引导，国有企业实施
	苏州平江路	政府引导，国有企业实施
	上海新天地	政府引导，民营企业实施的危旧房改造
	成都宽窄巷子	政府引导，国有企业实施
	黄山屯溪老街	政府支持，居民参与
	临海紫阳街	政府支持，居民参与
	昆明南强街	政府引导，民营企业实施
	昆明文明街	政府引导，民营企业实施
	福州三坊七巷	政府引导，国有企业实施
	上海国际时尚中心	政府引导，国有企业实施
文化创意	上海田子坊	政府给予发展扶持
	济南曲水亭街	政府对业态进行引导
	福州三坊七巷	政府引导，国有企业实施
	北京杨梅竹斜街	政府引导，国有企业带动，社会资本广泛参与
	景德镇陶溪川	政府引导，国有企业实施
	北京市西城区文物腾退	政府发起，引导社会参与
	北京 798 艺术区	政府给予发展扶持

03

保护利用的资金来源

3.1 政府资金

历史文化名城保护工作是十分重要的公共事业，对于加强社区自豪感、文化自信、传承优秀传统文化、促进社会经济高质量发展都具有不可替代的作用，也是各级政府的重要责任，有力的资金投入是保护工作的基本必要保障。目前，我国历史文化名城的保护经费主要来源于各地的城市建设经费。随着国家对文化遗产保护的日益重视和整体经济实力的不断增强，各方面的投入也逐步增加与多元化。

经国务院同意，我国从"九五"期间开始设立历史文化名城保护国家专项资金，用于补助传统民居建筑的修缮和旧城区基础设施的改善[36]。国家在"九五""十五""十一五"时期分别投入国家级名城保护资金 13500 万元、8500 万元、62900 万元，"十二五"时期截至 2013 年共投入资金 92700 万元（表 6-2）。从"九五"时期设立名城保护国家专项资金以来，投入金额在 2007 年后有了相当大程度的提高（图 6-23）。

国家历史文化保护专项资金投入和使用情况 表 6-2

时期	金额（万元）	使用
"九五"时期 （1997—2000 年）	13500	补助涉及 22 个省（自治区、直辖市）122 个保护项目，其中，发改委补助 7500 万元，财政部补助 6000 万元
"十五"时期 （2001—2005 年）	8500	补助涉及 25 个省（自治区、直辖市）51 个保护项目，其中，发改委补助 7500 万元，财政部补助 1000 万元
"十一五"时期 （2006—2010 年）	62900	补助涉及 28 个省（自治区、直辖市）198 个保护项目，其中，发改委补助 6 亿元，财政部补助 2900 万元
"十二五"时期 （2011—2013 年）	92700	用于历史街区、镇村的保护设施建设以及保护规划编制

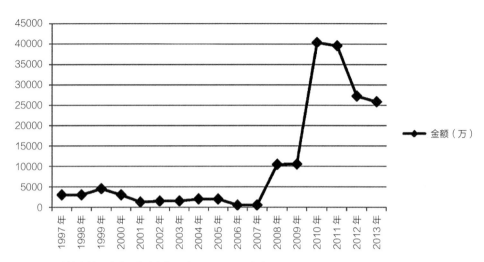

图 6-23　名城保护国家专项资金变化图（1997—2013 年）

目前共有 31 个省（自治区、直辖市）获得过国家级历史文化名城保护专项资金，其中获得亿元以上的有山西省、安徽省、湖北省、重庆市、四川省和云南省。但是必须认识到，虽然自"九五"时期以来，国家投入名城保护的资金绝对金额不断增加，但总数面向广泛分布的历史城市来说仍然十分有限，平均每个省（自治区、直辖市）自"九五"时期以来获得的国家名城保护资金不足一个亿。

国家专项补助的设立与使用提高了地方政府的保护积极性，产生了良好的社会经济效益。这笔数量有限的国家历史文化名城保护专项资金，不仅有效支持了一部分历史文化街区保护实施工作，改善了历史街区的历史环境和传统风貌，提升了街区内居民的生活条件和周围环境，而且对于提高地方政府保护意识，带动相关投入，促进地方经济的发展，都起到了重要带动作用。同时，专项基金的落实还吸引了大量社会资金投入历史文化名城保护建设工作。从国际与地区的成功经验来看，长期设立并逐渐增加专项保护资金是非常必要的。

《历史文化名城名镇名村保护条例》中规定："地方的历史文化名城保护资金要纳入本级政府的财政预算"。在国家专项基金的基础上，作为历史文化名城保护的责任主体，各地地方人民政府也积极拓展资金筹措渠道，扩大历史文化名城保护的资金来源。例如，扬州、常州、广州等地通过地方立法或出台地方管理办法设立政府补贴等，对非国有历史建筑修缮提供一定比例的资金补助，促进了一大批地方历史建筑的保护修缮工作。再如，绍兴、福州等地利用基础设施改善、城市基本建设等资金，大力推动历史建筑修缮与环境整治，累计投入数十亿元，当地多个历史文化街区的建筑与环境得到了极大的改善。

　　由于地方财政配套资金规模有限，政府除承担在市政基础设施建设、人口腾退、违章房屋拆除等方面的必要支出外，主要通过资本金注入的方式撬动金融机构融资和吸引其他社会资本参与（表6-3）。

部分城市地方财政资金投入情况　　　　　　　　表6-3

项目名称	金额	用途	资金撬动效应
苏州古城街坊	约1.5亿元	12号街坊的桐芳巷小区更新改造	—
绍兴仓桥直街	4000万元以上	市政基础设施提升改造 民居修缮补贴	居民承担私房房屋修缮费用的45% 世界银行贷款
黄山屯溪老街	不详	市政基础设施提升改造	居民投资
扬州明清古城	—	市政基础设施提升改造 民居修缮补贴	居民承担房屋维修费用的70%（特困户50%） 政府平台公司投融资
北京什刹海	不详	违章建筑拆除 市政基础设施提升改善 沿街的危房维修 沿街有价值的遗迹进行了修缮和保护	个体经营者投资
苏州平江路	不详	市政基础设施提升改善	政府平台公司投融资
宁波南塘老街	不详	人口腾退	政府平台公司投融资
昆明文明街	不详	周边道路等市政基础设施建设	实施主体民营企业投资
上海田子坊	2008年后每年1000万	市政基础设施维护等	个体经营者投资
北京798艺术区	不详	市政设施、文化环境提升改造	个体经营者投资

　　在我国目前的财税体制下，地方政府的事权主要资金来源于地方财政，仅靠地方政府当期的财政收入和中央转移支付往往不能满足基础设施建设等支出需求，更不用说用于历史文化名城或街区的保护。名城保护资金在地方政府财政预算中的占比很少，资金缺口较大，如果地方政府想在短期内实施保护利用的重大项目，就需要向银行等金融机构进行融资。具体操作一般是由政府注资或委托成立一家平台公司作为资金承接主体，再由平台公司开展融资工作。扬州古城、苏州平江路、宁波南塘老街、成都宽窄巷子、北京杨梅竹斜街、福州三坊七巷等保护利用项目的实施都是由地方政府的国有平台公司通过市场化融资改善名城保护资金缺口的问题。

世界银行、国家开发银行等开发性、政策性金融机构也是遗产保护和城镇化发展领域融资领域的重要力量（表 6-4），地方政府可以向这些金融机构申请获得大额、长期、低息贷款。这类融资形成的政府负债由政府在未来若干年的财政支出中安排预算资金负责偿还，贷款还款来源一般是在未来年度政府给予的各项补贴或者列入预算的政府购买服务资金，政府还可以通过发行定向债券置换到期的贷款本息。这种资金渠道的本质是将政府未来财政收入提前到今天使用，通过今天的投资改善环境为未来创造更多的财政收入，解决短期内政府资金不足的问题。

全国部分地区通过政策性、开发性金融机构筹措保护资金情况　　　　　　表 6-4

地区	资金筹措
绍兴	1998 年，世界银行 3777 万美元贷款；2003 年，世界银行 4400 万美元
阳朔	2005 年，国家开发银行 6200 万元贷款
天津	2002 年，国家开发银行等 22 亿元贷款

3.2　企事业单位资金

用于城市传统建筑保护的企事业单位资金，主要是作为传统建筑中公房产权单位针对自有公房的修缮维护，一部分来源于单位自有资金或政府专项拨款，一部分来自单位自身的房租等收益。直管公房由地方房管所定期投入资金对破损、毁坏的房屋进行整治，由于我国的直管公房长期执行较低的房租，房管所对公房的维修支出主要依赖政府拨款。对于单位自管公房，则由产权所属单位负责房屋的日常维护。不同单位由于经营情况和房屋政策的不同，对自管公房的维护投入差距较大。

在一些工业遗产的改造利用项目中，资金由工厂的原国有生产企业承担。这类国有企业通过改制转型，成立独立的子公司作为项目实施主体。企业一般由地方国资委注资，再通过市场化融资筹集项目建设资金。例如，在景德镇陶溪川陶瓷文化创意园区项目开发中，成立于 1964 年的江西省陶瓷工业公司是旧厂房的产权人，该企业 1991 年改制后成立景德镇陶瓷文化旅游发展有限公司，2012 年成立全资子公司景德镇陶邑文化发展有限公司负责景德镇近现代陶瓷工业遗产的综合保护开发项目。在上海国际时尚中心项目开发中，上海纺织控股（集团）公司成立上海十七棉投资发展有限公司作为实施主体。

由于这类遗产保护项目受到地方政府的鼓励与支持，企业贷款的还款来源中除了项目自身收益产生的现金流外，可能还有政府购买服务资金，这与地方政府通过平台公司融资的方式有类似之处。

在我国以公有制为基础的市场经济体制下，民营企业的融资难度一般比国有企业高，获得政策性低息贷款难度大，因此对资金投入产出的回报率也会有较高的要求。民营企业参与文化遗产保护利用，其资金回报模式一般有两种：一种是通过保护利用片区周边地块的开发获取溢价收入，如上海新天地项目等；一种是通过打造文化影响力和品牌形象形成无形资产，增加其他板块的盈利能力或增强参与其他项目开发的机会，如昆明文明街和南强街项目等。

3.3　社会资金

从国际经验看，非政府组织的资助是城市遗产保护资金来源的重要渠道。我国在这方面尚处于起步阶段，部分城市通过与非政府组织的合作，得到了资金援助，还在保护利用实施过程中得到了专业指导，并借助非政府组织的影响力和号召力在推动遗产保护中获得了更广泛的社会共识。这类资金（表6-5）一方面来自呼吁名城保护的社会精英人士设立用于名城保护的基金，如上海阮仪三城市遗产保护基金会等；一方面来自国际机构，如英国王储慈善基金会对北京史家胡同博物馆修缮的资助，挪威外援署（RONAD）基金对西安遗产保护的资助，美国全球遗产基金会（Global Heritage Fund）对丽江古城保护的资助等。

个体经营者是遗产保护利用中的实际经营使用者，他们一部分来自艺术家群体，一部分来自个体商户及本地业主，这两类群体的需求既有共性又有差异。共性是二者都看重遗产片区的历史文化氛围和建筑空间的灵活可变性。二者的不同在于，艺术家看重低廉的房租与氛围，因此排斥商业化带来的租金上涨；而商户看重城市消费和文化旅游的市场前景，所以欢迎商业化带来的客流和消费能力。城市历史文化

全国部分城市通过非政府组织渠道获得保护资金情况　　表6-5

地区	资金筹措
上海	上海阮仪三城市遗产保护基金会
北京	英国王储慈善基金会
西安	1997年，挪威外援署（RONAD）基金
丽江	2002年开始，美国全球遗产基金会（Global Heritage Fund）资金

遗产不排斥商业化利用，但过度商业化对遗产保护和文化传承产生较大负面影响。保护利用中必须平衡好不同个体经营者的诉求，才能吸引个体经营者长期可持续的资金投入。

在很多遗产地，居民也是资金的重要来源之一。由于遗产保护具有较大的外部效应，提高居民参与的积极性需要给予居民一定的补偿。这主要有三种方式：一是由政府或产权单位对房屋维修改造的费用进行补贴资助，如北京菊儿胡同、北京南池子、绍兴仓桥直街、扬州明清古城、临海紫阳街等；二是由政府通过规划指标的奖励，在传统风貌保护的前提下，允许居民在房屋维修改造中适当增加住房面积，获得更大的发展权益，如黄山屯溪老街等；三是政府通过建设社区博物馆、搭建社区自治机制等方式，增强居民的文化自豪感和社区归属感。

3.4　保护利用资金筹措经验与存在问题

在过去二三十年历史城市保护利用过程中，我国已逐步形成"政府＋企事业单位＋社会资金"的多元化资金来源渠道，为城市历史文化遗产的保护利用提供资金支持。同时，企业在融资方面也不断探索创新，从最初的依靠政府补贴，到通过政府购买服务以及向银行融资，再到通过打造提升文化品牌等无形资产进行市场化融资。在企业不断拓展融资渠道的同时，遗产自身的价值也越来越得到资本市场的认可。但是，资金筹措在不断积累经验的同时，还存在不少亟待解决的问题，名城保护资金保障不足仍然是制约名城保护工作有效开展的主要瓶颈之一。

首先，中央专项资金有限，地方名城保护配套资金水平存在很大地区差异。虽然《历史文化名城名镇名村保护条例》中规定地方的名城保护资金要纳入本级政府的财政预算，但由于各地政府财力和重视程度不同，不确定性较大，许多地方的名城保护资金尚没有形成制度化的保障机制。在首都北京，地方政府对名城保护十分重视，"十一五"时期地方用于旧城房屋解危、院落修缮和街巷整治的资金为29亿元；2003—2009年投资100多亿，用于旧城保护区的基础设施改造。近几年，北京市政府加大历史街区基础设施改造和历史建筑修缮的资金投入，近3年来这一领域的资金总投入达到330亿元。[37]但并非每个地方政府都有如此大的意愿和能力保障名城保护的资金投入，一些地方政府对于名城保护的地方配套资金落实推动不足，使历史城市片区环境改善成效不大。

　　其次，企业（尤其是民营企业）、个体经营者投资参与保护利用中，如果陷于对资金短期回报的追求，就会导致遗产不当修缮、过度商业化利用，甚至对遗产本体造成不可逆的破坏。

　　另外，来自社会的名城保护资金投入不稳定、缺乏产权保护和激励机制，"自下而上"的力量和资金投入还比较薄弱，保护利用仍然过度依赖政府或企业的主导。

　　本章从功能、实施、资金来源的角度讨论了城市历史文化遗产保护与利用的不同模式，需要强调的是历史城市往往具有相当规模，不同街区的遗产价值与具体问题都不同，具体操作过程中往往存在不同的操作模式，甚至有时是多种模式并举，即便在同一街区内也很可能采取混合模式，以应对不同保护级别、功能与产权的地块保护更新或建筑保护利用过程中的复杂问题，还需要针对不同历史城市、历史地段不同的特点有针对性地进行保护与利用模式上的探索。

注释

[1] 参见《历史文化名城名镇名村保护条例》（2008）。曹昌智，邱跃.历史文化名城名镇名村和传统村落保护法律法规文件选编 [M].北京：中国建筑工业出版社，2015：34-39.

[2] 王虎华.2500 年的文化名城：扬州古城保护与复兴之路 [M].扬州：广陵书社，2016.

[3] 胡同博物馆留住老北京乡愁 [N].北京日报，2014-05-16.

[4] 平政发 [2012]22 号《平遥古城传统民居保护修缮工程资金补助实施办法》.2012-3-15.

[5] 史建华，盛承懋，周云，等.苏州古城的保护与更新 [M].南京：东南大学出版社，2003.

[6] 吴良镛.北京旧城居住区的整治途径——城市细胞的有机更新与"新四合院"的探索 [J].建筑学报，1989（07）：11-18.

[7] 吴良镛.从"有机更新"走向新的"有机秩序"——北京旧城居住区整治途径（二）[J].建筑学报，1991（02）：7-13.

[8] 袁静.工业遗产建筑再利用的探索——从上海第十七棉纺厂到上海国际时尚中心 [J].建筑技艺，2017（04）：114-115.

[9] 薄宏涛.从高炉供料区到奥运办公园区——首钢西十冬奥广场设计 [J].建筑学报，2018（05）：34-35.

[10] 薄宏涛.百年首钢的凤凰涅槃——首都城市复兴新地标的营造历程 [J].建筑学报，2019（07）：32-38.

[11] 段文.新制度经济学视野下历史街区保护复兴——以济南为例 [D].北京：清华大学，2016.

[12] 刘明亮.北京 798 艺术区——市场化语境下的田野考察与追踪 [M].北京：中国文联出版社，2015.

[13] 张杰，贺鼎，刘岩.景德镇陶瓷工业遗产的保护与城市复兴——以宇宙瓷厂区的保护与更新为例 [J].世界建筑，2014（08）：100-103+118.

[14] 俞孔坚，庞伟.理解设计：中山岐江公园工业旧址再利用 [J].建筑学报，2002（08）：47-52.

[15] 章明，张姿，张洁，等.涤岸之兴——上海杨浦滨江南段滨水公共空间的复兴 [J].建筑学报，2019（08）：16-26.

[16] 胡洁.唐山南湖：从城市棕地到中央公园的嬗变 [J].风景园林，2012（04）：164-169.

[17] 胡洁.山水城市·梦想人居——中国城市可持续发展探索 [J].建筑技艺，2015（02）：64-71.

[18] 吴良镛.菊儿胡同试验的几个理论性问题——北京危房改造与旧居住区整治（三）[J].建筑学报，1991（12）：2-12.

[19] 绍兴市历史街区保护管理办公室.绍兴仓桥直街历史街区保护 [J].城市发展研究，2001（05）：61-65.

[20] 根据临海市古城保护管理委员会原主任许丛伟介绍情况整理。

[21] 扬州：联合国人居奖城市 [EB/OL]. (2009-03-19) http://www.p5w.net/zt/dissertation/finance/200903/t2233709.htm.

[22] 杨正福 . 扬州古城保护案例荟萃 [M]. 扬州：广陵书社，2015.

[23] 朱自煊 . 屯溪老街保护整治规划 [J]. 建筑学报，1996 (09)：10-14.

[24] 阮仪三，刘浩 . 苏州平江历史街区保护规划的战略思想及理论探索 [J]. 规划师，1999 (01)：47-53.

[25] 顾秀梅，胡金华 . 苏州平江历史文化街区管理和发展研究 [M]. 苏州：苏州大学出版社，2015.

[26] 景文 . 陶溪川：展现瓷都魅力 塑造城市灵魂 [N]. 中国文化报，2013-01-19.

[27] 周雯怡，皮埃尔·向博荣 . 工业遗产的保护与再生 从国棉十七厂到上海国际时尚中心 [J]. 时代建筑，2011 (04)：122-129.

[28] 吴光玉，斯叶华，王爱兵 . 关于建立上海国际时尚中心的基本思考 [J]. 上海纺织科技，2010，38 (05)：1-4.

[29] 刘伯英，黄靖 . 成都宽窄巷子历史文化保护区的保护策略 [J]. 建筑学报，2010 (02)：44-49.

[30] 刘伯英，林霄，弓箭，等 . 美丽中国·宽窄梦——成都宽窄巷子历史文化保护区的复兴 [M]. 北京：中国建筑工业出版社，2014.

[31] 陈楚宇 . 广州恩宁路永庆坊微改造模式研究 [D]. 广州：华南理工大学，2018.

[32] 段文，魏祥莉，余丹丹 . 文化创意引导下的历史文化街区保护更新——以北京杨梅竹斜街为例 [A]. 中国城市规划学会、贵阳市人民政府 . 新常态：传承与变革——2015 中国城市规划年会论文集（ 08 城市文化 ）[C]. 中国城市规划学会、贵阳市人民政府：中国城市规划学会，2015：4.

[33] 段文 . 新制度经济学视野下历史街区保护复兴——以济南为例 [D]. 北京：清华大学，2016.

[34] 孙施文，周宇 . 上海田子坊地区更新机制研究 [J]. 城市规划学刊，2015 (01)：39-45.

[35] 西城直管公房文物腾退比例达九成 [N]. 北京青年报，2019-07-12.

[36] 仇保兴 . 风雨如磐——历史文化名城保护 30 年 [M]. 北京：中国建筑工业出版社，2014.

[37] 根据《小城镇建设》杂志 2010 年对住房和城乡建设部城乡规划司副司长孙安军（时任）的采访，详见 2010 年《小城镇建设》第 4 期有关内容。

第 七 章

历史城市的保护管理

01

相关法律、法规的管理

1.1 历史文化名城保护的法律、法规体系

历史城市是一种复合的活态遗产类型，涉及社会、经济、文化等各个方面，矛盾错综复杂，法律、法规的健全及其管理与执行是可持续保护利用的基础。目前历史城市在我国还不是法定保护对象，尚无与之直接相关的法律、法规。历史文化名城是历史城市的优秀代表，受到国家法律、法规的保护。本章讨论关于历史城市保护的管理，主要是针对历史文化名城的相关内容。由于历史文化名城涉及成片的建成遗产与一般的不可移动文物，所以与其保护管理相关的法律、法规就与文物保护、城乡规划建设两个行业密不可分。本章主要从行政和技术两个方面讨论历史文化名城保护管理的法律、法规、政策等。

1982 年的《中华人民共和国文物保护法》（以下简称《文物保护法》）最早提出了历史文化名城的保护概念，1984 年国务院公布的《城市规划条例》中，明确了历史文化名城保护管理的基本要点。1980 年代之后，关于历史文化名城保护的法律、法规不断发展完善。2008 年国务院出台《历史文化名城名镇名村保护条例》，对名城、名镇、名村保护管理进行了全面规定，补全了我国历史文化名城保护的法律缺环，也推动了多个省、自治区、直辖市以及其他有地方立法权的城市颁布地方性历史文化名城保护条例。2008 年国务院的条例对于名城保护的规划编制、保护内容与保护范围、保护措施、违法责任追究等方面提出了一般基础性规定。随后各地陆续出台的保护条例进一步扩展了保护对象与要求，提出更具针对性的保护措施，丰富了法定保护体系。

除了通过立法程序颁布的法律、法规以外，许多城市还通过地方规章、部门规定等方式，明确了具体行政管理部门与名城保护的相关职责、管理程序以及办事管

理要点，加强名城保护管理的效力。

目前全国层面已经有历史文化名城保护相关法律《文物保护法》《中华人民共和国城乡规划法》（以下简称《城乡规划法》）两部、国务院法规《历史文化名城名镇名村保护条例》一部，据住房和城乡建设部统计，截至 2019 年，已有 12 个省（自治区、直辖市）颁布了省（自治区、直辖市）级历史文化名城（名镇名村）保护条例，制定了城市级保护法规[1] 的历史文化名城已达 109 个。这些历史文化名城保护相关的法律、法规、地方规章、部门规定也影响了省级历史文化名城、非历史文化名城的历史城市在历史文化遗存保护、城市优秀文化传承方面的立法工作。

我国历史文化名城保护的相关法律、法规、办法等由国家或地方立法机构、政府或主管部门颁布施行，用以界定保护概念、明确保护措施、确定各方权责，包括法律、法规、地方规章、行业规范等。目前已形成以《城乡规划法》《文物保护法》和《历史文化名城名镇名村保护条例》即"两法一条例"为主干，包括相关部门管理与技术规章、地方法规的法律、法规体系。

（一）**国家层面的法律、法规**　1982 年 11 月，第五届全国人民代表大会常务委员会第二十五次会议通过的《文物保护法》中正式提出"历史文化名城"的法律名称，具体定义是"保存文物特别丰富，具有重大历史文化价值和革命意义的城市"[2]，并规定由国务院核定公布。自 1994 年起，建设部、国家文物局制订了包括《历史文化名城保护规划编制要求》等一系列文件，进一步明确了保护规划的内容、深度及成果，促使规划编制及保护管理向规范化、体系化迈进。

2002 年修订的《文物保护法》增加了"保存文物特别丰富并且具有重大历史价值或者革命纪念意义的城镇、街道、村庄，由省、自治区、直辖市人民政府核定公布为历史文化街区、村镇，并报国务院备案。"[3] 的条款，提出历史文化街区、村镇保护的要求，使历史文化名城保护体系得到进一步完善。

2008 年 1 月 1 日颁布实施的《城乡规划法》，明确将保护自然与历史文化遗产列为城市总体规划、镇总体规划的强制性内容。同年 4 月，国务院又批准颁布了《历史文化名城名镇名村保护条例》，对历史文化名城、名镇、名村的申报、批准以及规划和保护作了具体规定，是目前历史文化名城保护管理最重要的法规依据。

（二）**部门规章、技术规范与重要文件**　住房和城乡建设部（前身建设部）作为历史文化名城保护主管部门，为落实法律、法规实施，陆续出台了多项技术规范与规章等，以指导相关技术工作与管理。

2002 年 8 月出台的《城市规划强制性内容暂行规定》，首次将历史文化名城保护的规划措施确定为城市总体规划等法定规划的强制性内容，并规定了相应的控制内容与指标。2003 年 11 月 15 日制定的《城市紫线管理办法》，明确了城市紫线是指国家历史文化名城内的历史文化街区和省、自治区、直辖市人民政府公布的历史文化街区的保护范围界线，以及历史文化街区以外经县级以上人民政府公布保护的历史建筑的保护范围界线。该办法规定，在编制城市规划时应当划定历史文化街区和历史建筑的紫线，并对城市紫线范围内的建设活动实施监督、管理。[4]

　　2005 年当时的建设部制定了《历史文化名城保护规划规范》[5]，对历史文化名城、历史文化街区和历史建筑等的保护规划的内容、目标、规划重点以及深度要求等，提出了技术规定和统一标准，保证了历史文化名城、历史文化街区保护规划的科学合理和可操作性。[6]

　　2012 年年底，住房和城乡建设部、国家文物局联合下发了《关于印发〈历史文化名城名镇名村保护规划编制要求（试行）〉的通知》。2018 年，国家标准《历史文化名城保护规划标准》颁布施行。

1.2　国家、省一般性相关保护法规

　　2008 年由国务院颁布的《历史文化名城名镇名村保护条例》（以下称《条例》）是由国务院制订的针对历史文化名城、名镇、名村保护的全国性行政条例。《条例》为历史文化名城保护做出了统一的底线性规定，对《城乡规划法》《文物保护法》的相关定义、保护原则进行了进一步细化、解释与规定。《条例》自颁布之日起，就成为历史文化名城保护最重要的法规依据。

　　历史文化名城的基本定义由《文物保护法》第十四条进行了规定：保存文物特别丰富并且具有重大历史价值或者革命纪念意义的城市，由国务院核定公布为历史文化名城。[7]《历史文化名城名镇名村保护条例》按照这一定义以及《文物保护法》提出的原则性保护要求的基础上，提出了具体的保护管理要求。

　　首先，《条例》第七条规定了历史文化名城的基本构成要素：

　　"（一）保存文物特别丰富；（二）历史建筑集中成片；（三）保留着传统格局和历史风貌；（四）历史上曾经作为政治、经济、文化、交通中心或者军事要地，或者发生过重要历史事件，或者其传统产业、历史上建设的重大工程对本地区的发展产生过重要影响，或者能够集中反映本地区建筑的文化特色、民族特色。"[8]《条例》

进一步规定，"申报历史文化名城的，在所申报的历史文化名城保护范围内还应当有 2 个以上的历史文化街区。"[9]

《条例》对名城申报与批准的法律程序作出详尽规定，包括申报条件、应提交的材料等相关要求；还规定，申报历史文化名城，应由省、自治区、直辖市人民政府提出申请，报国务院批准公布。[10]

《条例》明确规定，历史文化名城应编制专门的保护规划，并规定了保护规划编制、审批和修改的程序，以保证保护规划的科学、规范和公开。一是明确保护规划的编制主体、编制时限和审批主体。历史文化名城保护规划由历史文化名城人民政府组织编制。保护规划的组织编制机关应当自名城批准公布之日起 1 年内编制完成，并报省、自治区、直辖市人民政府审批。[11]二是明确保护规划的期限和编制。历史文化名城保护规划的规划期限应当与城市总体规划的规划期限相一致。保护规划报送审批前，保护规划的组织编制机关应当广泛征求有关部门、专家和公众的意见；必要时，可以举行听证。[12]三是强调了保护规划的权威性。保护规划的组织编制机关应当将经批准的保护规划予以公布，经依法批准的保护规划不得擅自修改，并规定了严格的修改程序。[13]

在历史文化名城的保护原则和内容方面，《条例》规定，应整体保护历史文化名城，保持其传统格局、历史风貌和空间尺度，不得改变与其相互依存的自然景观和环境。[14]

保护范围内的建设活动管理方面，《条例》规定在保护范围内从事建设活动，应当符合保护规划的要求，不得损害历史文化遗产的真实性和完整性，不得对其传统格局和历史风貌构成破坏性影响。禁止在保护范围内进行开山、采石、开矿等活动；进行其他影响传统格局、历史风貌或者历史建筑活动的，应当制定保护方案，依法审批并办理相关手续。[15]《条例》要求，对历史街区、村镇的核心保护范围内的建筑物、构筑物，应分类采取相应措施进行保护、整治等，并明确核心保护范围内建设活动的审批程序。[16]

《条例》针对历史建筑的保护提出，城市、县人民政府应当对历史建筑设置保护标志，建立档案；历史建筑的所有权人应按照保护规划的要求，负责历史建筑的维护和修缮，县级以上地方人民政府可以给予补助。[17]《条例》还对涉及历史建筑的建设活动与管理程序进行了严格规定。

在国家推行历史文化名城、名镇、名村的保护制度同时，很多省、直辖市参照国家的政策精神，逐步建立了省一级政府的相关保护制度，从而扩展了保护对象，丰富了保护制度。比如：

福建省早在 1999 年就公布了 4 个省级历史文化名城，先后又公布了多批省级历史文化名村、名镇和传统村落，这对保护地方丰富的城乡历史文化遗产发挥了重要作用，也成为中国遗产保护体系的重要补充。福建省还颁布了《福建省历史文化名城名镇名村和传统村落保护条例》（以下简称《福建省条例》），赋予省级历史文化名城、名镇、名村明确的法定地位。《福建省条例》明确规定"历史文化名城、名镇、名村分为国家和省历史文化名城、名镇、名村"[18]，为该省可以从国家、省两级分别开展历史文化名城镇村保护工作提供了法规支持。其次，根据福建省的现状情况规定，省级历史文化名城的申报条件基本参照国家级名城的条件，但对历史文化街区的数量要求改为 1 个。最后《福建省条例》规定了省级历史文化名城、名镇、名村的申报与批准公布程序。同样，《浙江省历史文化名城名镇名村保护条例》也将省级历史文化名城列为法定保护对象。

与国家的《条例》相比，地方法规强化了在实施中解决利益冲突的法律依据问题。城乡历史文化遗产的保护不仅仅是保护建构筑物建成环境，更是保护与延续城乡居民实际生活的场所，其保护工作离不开原住居民的参与和支持。比如，《福建省条例》规定，历史文化名城、街区、名镇、名村，传统村落和历史建筑的保护与利用，应当保障原住居民合法权益；不得以保护利用为由强制将原住居民整体迁出。因保护工作影响原住居民生产、生活或者导致其权益受损的，应依法通过协商，采用征收安置、住房保障、宅基地置换、适当经济补偿等方式予以安排居民的安置问题。[19] 同时，还要求地方政府应统筹安排建设用地指标，优先保障因保护规划的实施而需要进行的住宅建设。

这些地方法规为大量无法达到国家级标准的历史城镇村文化遗产的保护提供了有力的法律保障，也补充了大量针对地方现状特点的有效保护措施，促进了地方对城乡文化遗产抢救与保护工作。相关的地方法规等成为国家历史文化名城保护法律、法规的重要补充。

为了维护历史文化名城保护的严肃性，国家与地方的法律、法规都对破坏历史文化名城、街区以及历史建筑等行为制定了专门的处罚条款。全国层面的《文物保护法》规定，如果"历史文化名城的布局、环境、历史风貌等遭到严重破坏"，在程序上可由国务院"撤销"历史文化名城的称号[20]。相应地《历史文化名城名镇名村保护条例》规定，在"保护不力使其历史文化价值受到严重影响"的条件下，批准机关应当采取将其列入濒危名单的措施，并责成所在地城市、县人民政府限期采取补救措施[21]；并规定被列入濒危历史文化名城的地方城市政府应予以通报批评，并对直接负责责任人员给予处分的处罚。针对破坏历史文化名城、名镇、名村格局产生严重后果行为的，如开山采石、占用受保护园林绿地、修建有严重污染的工厂等，《条例》规定，可由县、市城乡规划部门责令制止违法行为，责令责任单位（人）恢复原状并承担恢复费用，后果严重的并可处以罚款。《条例》还规定损坏或擅自拆除、迁移历史建筑的相关责任单位（人）也应恢复原状，并可处以罚款。《条例》还对破坏历史建筑以外建筑等其他损坏历史风貌的行为规定了相应的处罚要求[22]。

　　各地方历史文化名城保护条例也根据各省、市（县）的社会、经济发展水平与保护管理的重点，有针对性地制订了相关法律责任的规定。例如，上海市为加大对私自拆毁优秀历史建筑行为的处罚力度，在地方条例中规定，擅自拆除优秀历史建筑的可由市、区（县）房屋土地管理部门，除责令其限期改正或者恢复原状以外，并以该优秀历史建筑重置价作为基准，可处以三到五倍的罚款[23]，大大加大了对这类行为的处罚力度。又如，广州市为有效制止大量老旧建筑遭无序拆除以及保护不力的问题，在地方条例中明确规定，如未按照程序或标准完成历史建筑及历史风貌区等认定的、未按时完成保护规划编制的、未按照计划完成历史建筑修缮计划的，应对地方城乡规划、房屋、城管及属地街道（镇）责任人员追究行政责任。又如，阆中市为严格保护古城风貌，在地方古城保护条例中规定，阆中古城保护管理机构可对不符合法规要求的店招、旗幡、门面装修等的，予以责令改正或者拆除[24]。

　　国家与地方相关法律、法规的处罚条款，为文物、历史文化名城、名镇、名村的保护提出了法律保障，也为国家及地方政府相关部门开展历史城市的保护的监督等工作提供了法律依据。

1.3　因地制宜的地方性法规

　　（一）突出地方特点的地方性保护法规　　上海和福州是第二批历史文化名城，都具有地方立法权，它们的文化遗存多样而丰富。由于国家的名城保护条例的保护要求比较高，不能适用于两市更广泛保护的要求；为此两市结合自身建成遗产的特点和现状条件，出台了具有自身特点的相关法规，以保护一批风貌较完整的历史地段和历史建筑，同时留有一定的政策空间，鼓励适当的更新改造。

比如，《上海市历史文化风貌区和优秀历史建筑保护条例》（以下简称《上海条例》），除规定了一般的保护对象与保护措施以外，还包括了一些反映地方特色的内容，如以下几个方面：

（1）强调优秀历史建筑的保护。上海的历史城区主要由近代各国租界组成，其中古城占整个城市的面积比例较小。整个历史城区不像其他传统城市那样，具有相对完整的格局与风貌，但不同时代、风格的代表性建筑众多、特色突出。为适应这一遗产特点，《上海条例》突出了风貌区和历史建筑的保护。条例规定，建成三十年以上、有一定特色代表性的建筑，可以列为优秀历史建筑，予以保护。这更符合上海作为近代城市的历史文化名城的特点。

（2）根据上海历史环境特色，提出"风貌保护道路""风貌保护街坊"等特色保护内容，强调了街道、街坊以及河道等的风貌景观的保护与传承。

（3）针对风貌区和优秀历史建筑的保护，《上海条例》对行政管理部门、建筑所有人和使用人等的义务作出了详细的规定。如"市和区、县规划管理部门负责本辖区历史文化风貌区的规划管理"[25]、"市和区、县人民政府应当提供必要的政策保障和经费支持"[26]等。

（4）设立专家委员会，负责历史文化风貌区和优秀历史建筑的认定、调整及撤销等有关事项评审，为市人民政府决策提供咨询意见。[27]

（5）规定相关建设行为的管理程序，明确管理部门职责，其中涉及历史文化风貌区和优秀历史建筑的认定、调整或撤销、恢复或调整建筑的使用性质、内部设计使用功能等行为的管理。

福州市颁布的《福州市历史文化名城保护条例》也针对自身建成遗产的特点与实际情况，制定了以下内容：

（1）提出了"历史文化风貌区"和"历史建筑群"等地方性的保护对象，将一些不满足国家或省级历史文化街区标准的历史地段纳入保护体系。

（2）规定"风貌区和历史建筑群、历史建筑的保护范围包括核心保护范围、建设控制地带；必要时，可以在建设控制地带外划定环境协调区"[28]。还提出了相应的控制要求。这些法定区划的相关法规有效地保护了城市的历史风貌与环境景观。

（二）地方法规对保护程序的完善　虽然地方法规可以对一些本地特有的保护元素进行立法保护，但由于地方具体情况十分复杂，同一部法规很难涵盖所有问题，为此有的地方法规在编制时侧重程序与体系的建构。比如《南京市历史文化名城保护条例》（以下简称《南京条例》）就强调了保护程序与保护层级方面的内容。

（1）《南京条例》规定了历史文化名城各级法定保护对象及相应的规划、保护、利用和管理的要求。

（2）除国务院和省政府公布规定的保护对象以外，南京市的保护名录还包括地方政府公布的保护对象。包括具有地方特色的历史风貌区、古镇、古村、历史街巷等，补充了上位法的规定，拓展了保护体系。

（3）建立规划控制制度。《南京条例》规定，"具有一定保护价值但尚未列入保护名录的建筑物、构筑物，由市、县城乡规划行政主管部门公布为规划控制建筑"[29]，暂不作为法定保护对象，但通过规划程序管控的方式，对其进行合理保留和管控，保证其未来列入法定保护名录的可能性。《南京条例》还规定了相应的控制要求和审核程序。这样的地方法规丰富了保护体系的层次和完善了相应的管理程序。

1.4　针对历史建筑保护的地方法规

历史建筑是历史文化名城、历史文化街区等的基本要素。作为全国性的《历史文化名城名镇名村保护条例》，由于要顾及各个方面，所以在历史建筑保护操作方面的具体规定较少。许多历史建筑、传统风貌建筑由于保护级别过低、缺乏直接适用的法规制度，长期面临年久失修、被拆除破坏的威胁。因此，很多地方为了加强历史建筑的保护与利用管理，通过立法或出台专项管理规定等，加强相关工作。在这方面，福州和广州在保护制度化、规范化方面走在了全国的前列。

福州市的《福州市历史文化名城保护条例》（以下简称《福州条例》）对历史建筑的保护内容主要包括以下两个方面：

（1）提高科学管理水平。《福州条例》规定，"市人民政府应当根据保护名录建立档案数据库，并及时更新。市城乡规划主管部门应当会同文化（文物）、住房保障和房产管理等主管部门建立历史建筑档案数据库。"[30]以此为据，福州市历史建筑主管部门开展了历史建筑的数据库及数字管理平台建设工作，以提高历史建筑的科学管理水平。

（2）规范历史建筑的修缮。《福州条例》规定："对历史建筑进行修缮，改变历史建筑使用性质，或者在历史建筑上设置牌匾、空调设备、外部照明等设施，应当报城乡规划主管部门会同同级文化（文物）主管部门批准。"[31]

广州市除颁布地方条例外，还出台了专门的政府规章——《广州市历史建筑和

历史风貌区保护办法》(以下简称《保护办法》),在历史建筑的保护制度设计方面进行了以下探索与创新:

(1)结合广州近现代城市特色,《保护办法》提出了"应保尽保"的原则,有效加强了近代、当代遗产的保护,并将历史建筑认定的年限由一般(如杭州、天津、武汉、成都等)的"50年以上",缩短为"30年以上"。

(2)建立征收前普查机制和预先保护制度。针对很多历史建筑在未认定前缺乏保护身份,在城市更新、房屋征收过程中易遭受拆除破坏的情况,《保护办法》提出,在征收房屋前,有关部门应当向保护部门报告确认该地块历史建筑、历史风貌区的普查情况;尚未进行普查的,保护主管部门应当会同有关部门组织区(县)政府在征收前完成调查工作;并严格规定,未完成调查的,不得开展房屋征收工作。保护办法还建立预先保护制度,任何个人、单位都有权向保护部门报告有价值的建筑,保护部门在收到报告后,应立即对其采取预先保护措施,在规定时限内,经调查与专家评审,确定其保护身份。只有经专家评审认定不予保护的方可解除预先保护;经评审确定应予以保护的建筑,在设定的预先保护期限内不得拆除,且应在期限内完成保护身份确认程序。[32] 通过以上规定,在传统片区房屋被征收、拆除前设置严格的程序规定与有效保护手段,防止有价值的建筑对象被随意拆除。

(3)充分考虑历史建筑保护对产权人经济利益的考虑与补偿。一方面,《保护办法》对被列入征收范围的自有历史建筑规定了自行保护和被征收后纳入地块统一保护两种方式,历史建筑所有权人拥有自主选择权,"不同意被征收或者改造的,应当按照保护要求自行合理利用"。这样充分给予历史建筑所有权人自主权益保障,避免强制性的房屋征收带来的冲突矛盾激化;另一方面,考虑到部分所有权人因房产划为保护建筑不会被拆除,错误担心得不到征收补偿而采取"偷拆、抢拆"等不理智行为,《保护办法》还规定"历史建筑的所有权人同意被征收的","对历史建筑所有权人给予与其他建筑所有权人同等的补偿",充分保障历史建筑所有权人各方面的经济利益。《保护办法》"只征不拆,同等补偿"[33] 的制度设计,在市场经济条件下,使保护管理机制更适应经济利益规律,作出了不少创新探索。

02

历史城市保护的技术管理

2.1 全国性规划技术规范与保护底线

历史城市保护的首要措施是科学编制、实施保护规划。保护规划是一项十分专业的技术工作，是历史文化名城保护开展科学有效管理的重要依据。

为了保障保护规划的科学性、规范性与可操作性，经过多年的探索，国家主管部门制订、颁布了多个技术规范与标准，用于指导保护规划的编制工作。主要技术规程、规范和标准包括：《历史文化名城名镇名村保护规划编制要求（试行）》（2012年）（以下简称《编制要求》）、《历史文化名城保护规划规范（征求意见稿）》（2017年）（以下简称《规范》）和《历史文化名城保护规划标准GB/T 50357—2018》（以下简称《标准》）。

《规范》与《标准》主要内容总体一致，均由总则、术语、历史文化名城、历史文化街区、文物（和历史建筑）五个部分组成。总则明确提出了编制保护规划的原则、主要内容及一般的技术程序。历史文化名城、历史文化街区与文物（和历史建筑）三个层次的相关条款，分别提出相应的技术要求。这些技术要求包括：一般规定、保护界限划定、格局与风貌保护控制、保护与整治措施及道路、市政等工程规划等。《规范》与《标准》对保护规划编制的一般性技术概念作出了进一步约定。《规范》与《标准》还明确要求进行高度控制规划，以保护历史文化名城的格局风貌，并对历史文化名城、历史文化街区的保护规划编制提出规范性要求。

2012年发布的《编制要求》除了针对历史文化名城、历史文化街区保护规划以外，还针对历史文化名镇、名村保护规划提出了规划编制方法与要求，并针对镇、村与城市发展不同的特点，提出农田乡土景观保护、新镇（村）发展与老镇（村）发展协调等村镇规划特有的内容。

这些规范性文件针对名城、名镇、名村的保护规划编制，提出了统一的技术框架和深度要求，对于在全国范围内，规范、科学地开展历史城市保护规划编制，提供了重要的技术指导，保障了技术管理的有效性。但由于以上规范、标准、编制要求等要适用于全国的总体情况，很多内容是框架性的，许多细节有待各地方在具体规划编制过程中进行深化和探索。

2.2　以保护规划编制加强技术管理

在历史城市中，尤其是历史镇、村、街区这些历史要素集中分布的片区，各项法规为保护规划的编制提供了依据，同时，通过规划的编制与技术成果又可将规范、条文抽象的要求、规定落实到可操作的技术要求及明确的图纸等技术文件中，为保护工作提供具体技术支撑。

以《绍兴蕺山历史文化街区保护规划》[34] 为例。绍兴是我国首批历史文化名城，城市历史格局较完整，古城内有多个历史文化街区，蕺山街区是其中的优秀代表。《绍兴蕺山历史文化街区保护规划》（以下简称《保护规划》）在街区的遗存分布与现状问题分析的基础上，提出了具体的保护要求与规划管控策略。保护规划按照条例、规范的要求，对街区内的各类遗产要素进行了逐一评估，按照《条例》与《规范》要求，将要求要素分解细化为建筑、院落、街巷、历史环境要素、非物质文化遗产等六大类、二十余项，分类提出保护措施。例如，《规范》要求对历史地段内不同建筑采取保护、修缮、整治、保留等分类措施。据此《保护规划》将各类措施与具体建筑等对号，通过图纸加以标定说明。比如，在管控规定方面，根据《规范》的相关要求，《保护规划》提出了分层次、过渡协调的建设高度管理规定；在建设管理方面，《保护规划》提出新建或改建建筑应采取坡屋顶、地方传统白墙黑瓦的建筑形式等要求，确保法规提出的保护要求的落实（图 7-1）。

2.3　整合多样保护要素的技术管理手段

乌镇位于浙江省嘉兴市桐乡市，是我国 2003 年首批公布的 10 个历史文化名镇之一，历史悠久，文化价值突出。作为水网街巷密集的历史地段，乌镇的重点保护片区包括有数量众多、类型丰富的保护要素，其中包括大量传统建筑、历史街巷、水岸

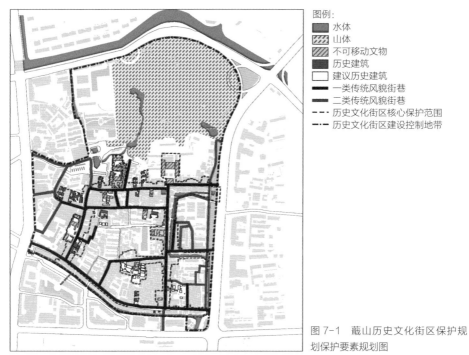

图 7-1　戳山历史文化街区保护规划保护要素规划图

图例：
■ 水体
▨ 山体
▨ 不可移动文物
■ 历史建筑
□ 建议历史建筑
━ 一类传统风貌街巷
━ 二类传统风貌街巷
－－－ 历史文化街区核心保护范围
－·－ 历史文化街区建设控制地带

埠头、古树等。同时，重点保护区又是居民生活的地方，保护与利用的关系错综复杂。

如何落实有关法规对建筑、肌理、格局等的保护要求，对众多遗产保护要素的准确认定是保护规划的首要任务。按照浙江省保护《条例》的要求，为配合《乌镇历史文化名镇保护规划》方案[35]，相关部门还组织编制了《分地块保护与整治控制图则》《建筑保护图则》等规划方案，旨在以街块为单位，全面详细地列出保护与建设中需要遵守的具体要求（图 7-2）。

《分地块保护与整治控制图则》（以下简称《图则》）将相关区划、传统建筑、街巷格局、历史环境等的控制要求综合反映在同一张图纸中，为保护规划提供准确、有效的技术解读。《建筑保护图则》和《街巷环境保护图则》将建筑、街道、肌理格局的保护要求细化到数十个保护要素上，并将它们分别标识在片区图纸上。例如，《图则》将街道空间保护的要求细化为：街道边界、界面建筑、广场轮廓、树木、其他环境要素等多个要素，并将它们在《街道环境保护图则》中进行分类标明。这些图则还针对乌镇的水乡特点，重点加强对临水景观的管控，开展了对滨水建筑、驳岸砌筑、沿河广场、埠头、石阶、水边座凳等环境元素的标示保护（图 7-3、图 7-4）。

在保护规划中增加图则的内容，细化和明确保护要素及相关保护与控制要求，为后续的保护实施提供了准确、清晰的图纸依据，有助于保护技术管理工作的落实。

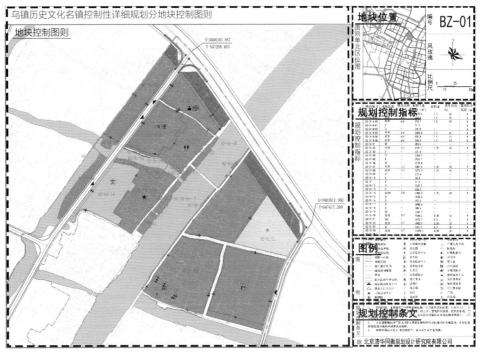

图 7-2　乌镇历史文化名镇分地块控制图则示例

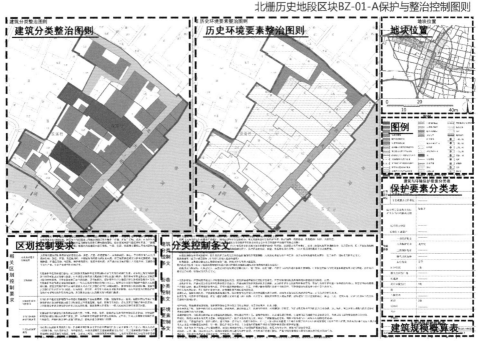

图 7-3　乌镇历史文化名镇保护与整治控制图则示例

图 7-4　乌镇历史文化名镇推荐历史建筑和推荐近现代工业遗产保护图则示例

2.4　与详细规划相结合的技术方法

　　历史街区的保护规划是法定保护规划，是保护地段内各类实施行为的基本依据。在很多省、市，历史地段（镇、村、历史文化街区）的保护规划都需由省级人民政府批准，批准后不得随意修改，管理比较严格。但作为居民生活的区域，历史街区或地段内部的建设活动十分复杂，历史街区保护规划的编制需要对实施工作的管控预留一定弹性。所以，如何既保持法定规划刚性，又可实施落地，是历史街区或历史地段保护规划的重要任务。

　　《福州上下杭历史文化街区保护规划》[36] 的编制在这方面进行了有益的探索。街区位于福州城市中轴线南段、闽江北岸，是福州历史文化名城最重要的三片历史文化街区之一。街区内传统建筑密集，街巷、河岸空间丰富，特色鲜明。福州地方规划部门在编制上下杭街区保护规划的同时，同步开展了街区周边的整体城市设计与面向实施的详细规划工作，以兼顾街区保护利用及整个区片域未来发展建设的需求，城市设计及详细规划统筹考虑上下杭街区与周边地区在用地、交通、文化展示等多方面的关系，实现片区与周边的联动，利用历史街区外围片区安排部分疏解安置空间，提高街区规划的可实施性。街区的详细规划，根据保护规划关于街区内院落保护信息，如历史功能、建筑形式及社会文化底蕴等，对不同的院落或建筑提出不同的改造、利用模式建议。详细规划设计重点研究街区在格局肌理、建筑高度、建筑风貌、街巷尺度、滨河景观空间环境等方面的整治实施意向，并将目标落实到建设指标；最终配合保护规划形成整治规划图则及管控指标体系（图 7-5）。

　　这样的工作方法以城市设计为平台，以保护规划为纲领，通过面向实施的详细规划确定实施路径，利用规划的综合手段、形象化的实施意向，引导、协调保护工作中各利益相关方的核心诉求。这种方法避免了过去保护规划实施性弱的问题。一是通过城市设计与详细规划，将法定的保护规划要求落实到空间上；二是通过面向实施的详细设计，结合保护与利用的具体要求，深化研究，提高了保护规划作为技术管理工具的可操作性。

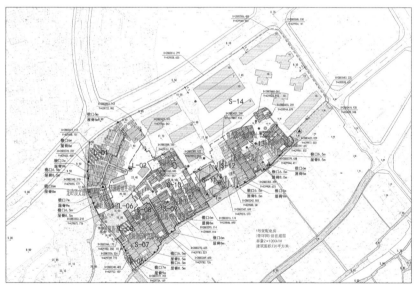

（a）

用地编号	用地性质	用地面积	容积率	檐口限高	出入口	备注
L-01	R\B1\A9	6859	1.4	厚高\7m	详见图则	不可移动文物3处、建筑面积796㎡、室外休息驿站1处
L-02	B1	2800	0.3	厚高\7m	详见图则	公共卫生间1处
L-06	G1\B1	1643	——	厚高\7m	详见图则	
L-08	R\B1	523	0.4	厚高\7m	详见图则	不可移动文物1处、建筑面积178㎡、已烧毁
S-06	G1\B1	151	1.7	7m	详见图则	
S-07	R\B1	2413	1.4	厚高\7m	详见图则	
S-08	A7\R	1887	1.3	厚高	详见图则	文物保护单位1处、建筑面积3359㎡
S-09	R\B1	2298	1.5	厚高	详见图则	文物保护单位1处、建筑面积2907㎡、古树2棵
S-10	A7\B1	5227	1.2	厚高	详见图则	文物保护单位1处、建筑面积1876㎡、不可移动文物2处、建筑面积2068㎡
S-11	R	1993	1.0	厚高\7m	详见图则	变配电房、公共卫生间、休息驿站各1处、地块更新建筑退地块红线1m
S-12	R	2476	1.2	厚高\7m	详见图则	
S-13	A7\B1\R	6134	1.2	厚高	详见图则	文物保护单位1处、建筑面积2810㎡、不可移动文物2处、建筑面积2709㎡、古树4棵、大树1棵
S-14	R	30948	——	9m	详见图则	大树1棵、地块更新建筑退学军路与高顶路红线9m、其他退地块边界1m

（b）

图 7-5　福州上下杭历史文化街区保护整治修建性详细规划控制图则
（a）控制图则；（b）地块指标表

03

保护管理机制

3.1 主要管理模式与特点

除了基础性的法规制度保障、技术规范的支撑外，政府或相关机构对保护对象及相关行为的行政管理也是历史城市保护管理的重要方面。

目前《文物保护法》与《历史文化名城名镇名村保护条例》等明确规定了历史文化名城保护管理的行政主体，即历史文化名城、名镇、名村所在地人民政府。我国多个历史文化名城所在城市都相应出台了有关规定，明确了地方人民政府是保护本地方历史文化名城的责任主体，由地方政府承担保护责任，指派有关部门具体负责办理，安排具体任务并开展保护工作。

保护管理工作复杂，需要各部门的通力协作。按照有关法律、法规，历史文化名城、历史文化街区的保护由省或市地方人民政府确定的保护部门会同文物部门共同负责管理。而城市历史文化遗产包括多种元素、多种对象，城市街区中有的建筑是历史建筑、有的是不可移动文物，涉及的许多环境要素，可能还包括树木、河道等，它们分别由规划、房屋、文物、园林、水务等不同部门分别管理。历史文化名城保护的具体行政部门在各级人民政府的统一领导下，开展部门合作与协调工作，实现最终的行政管理。

目前各个城市协调合作机制模式不尽相同。有的地方是政府指定的部门，如城乡规划或住房城乡建设部门牵头负责相关的规划，建设审查城乡建设管理工作，其他相关问题采取部门协调或市政府专题会议的方式协商解决。有的地方则采取如下几种管理模式：

第一种模式是由地方政府成立专门负责历史文化名城、历史文化街区的保护管理机构，例如福州市设有历史文化名城保护管理委员会、阆中市设有古城保护管理办公室等。它们都在本部门内综合处理部分与历史文化名城、历史地段、历史建筑保护相关的规划、建设、事前审查等工作。如遇到需要超出其事权范围的问题，它们再提请市级政府研究决策。

福州历史文化名城的管理协调机构为福州市历史文化名城管理委员会，为福州市政府的派出机构。管委会的主要职责为统筹规划、综合协调福州历史文化名城，尤其是各类历史地段与历史建筑的保护、管理和利用工作；工作事项涉及同级政府部门时，向同级政府部门申请许可，最终报市政府审批。又如丽江历史文化名城的管理机构为丽江古城保护管理局。古城管理局负责古城的运营管理、保护修缮、品牌运营等综合工作，在部门内完成相应的行政审批。

这种管理模式责权相对清晰，有固定的人员编制与办公场所，且易于形成高水平的管理队伍，但由于机构为市政府的下属部门，对同级的文物、住建、园林等部门无法进行直接协调。当遇到超出该部门职权范围的事项时，需要提请市政府进行协调。一般协调周期长，沟通形式复杂，管理可能出现相互掣肘、管理失效的局面。

第二种模式是由地方政府设立市（县）级的历史文化名城保护委员会，直接由市政府、甚至市委主要负责人任管委会主任。委员会由建设、规划、文物、园林、财政等相关部门共同组成。委员会定期召开会议，对涉及保护的有关事项讨论与决策。由于有城市主要领导直接参与决策，这种方式对一些复杂问题的解决比较有效。此外，与历史文化名城保护管理有关的机制性工作还包括资金筹措、监督管理等，国家、各地方政府也出台了一些相关措施，以推进工作的开展。

像平遥县等许多历史城市，都建立了历史文化名城合作管理机制。平遥是第一批国家历史文化名城，古城也被列为世界文化遗产。2004 年，为进一步提高平遥古城的保护管理工作的整体水平，平遥县组建成立了"平遥古城保护管理委员会"及其办公室。组成部门主要包括：建设局、规划局、文物局，与古城保护工作有所联系的房管、财政、交通、消防部门，以及其他一些配合辅助部门。这些互相平级的政府机构共同形成了一个分工合作的管理委员会，由县长任管委会主任，进行统一决策协调。此外，管理委员会人员还包括部分遗产保护专家作为公众意见代表（图 7-6）。

该机制并不占用政府编制，但协调能力较强，且在历史地段保护利用的重大事项上，具有顶层设计的优势。目前该机制也被许多历史文化名城采用。广州还通过地方条例，将这样的委员会确定为法定机构。

第三种模式是结合以上两种模式形成综合的管理机制，如扬州等历史文化名城，**在此不再展开。**

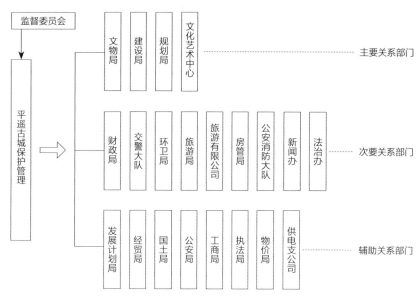

图 7-6　平遥古城保护管理委员会职能单位等级划分

3.2　管理事权的系统化与规范

　　无论采取以上哪种管理模式，具体的管理工作都需要由多个管理部门与人员执行，明晰职责，事权就变得十分重要。在这方面，曲阜历史文化名城就做了有益的探索。曲阜的孔庙、孔府、孔林为世界文化遗产，也是我国第一批历史文化名城。其保护对象、管理权限相互交错，为了解决由此产生的遗产管理中的主要问题，曲阜市组织编制了《曲阜"三孔"世界文化遗产管理规划》（以下简称《管理规划》）[37]。在已有遗产保护规划的基础上，《管理规划》梳理了遗产地保护、控制、发展的各区域、要素的相关管理事项；基于政府事权清单，明确了各区域、要素和事项的管理部门；结合古城现状管理机制的特点，因地制宜地提出了"法律、法规——管理要素和标准——管理协调机制——资金保障——管理事项——执行部门"的管理闭环。这一机制明确了与历史文化名城保护管理和世界文化遗产管理相关各部门的分工与职责，为遗产地的保护建构了有效的事权协调机制。

　　《管理规划》汇总了世界文化遗产保护、名城保护等相关的国际、国内 27 余项法律、规章，重点从真实性和完整性的保护、遗产区和缓冲区的协同管理、管理规划的法定地位、保护目标、内容、范围、标准等方面提出了相关建议，并明确要求将其纳入到地方保护管理条例中。

在管理要素和标准方面,《管理规划》梳理了 18 部相关规划,针对各规划在遗产地保护要素和保护标准存在的差异,提出了统一保护、控制要素和标准,形成 9 大类保护要素、3 大类控制性要素,明确了 83 条保护管理标准(图 7-7)。

图 7-7　保护、控制、发展的各要素与要素涉及事项

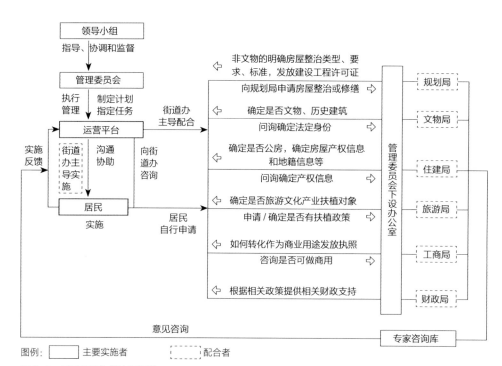

图例：☐ 主要实施者　┆┄┆ 配合者

图 7-8　民居建筑修缮流程指引

　　在管理事项和执行部门方面，《管理规划》基于管理要素，结合部门责权清单，分析文物保护单位、街巷、民居建筑等要素在未来保护、发展中可能存在的矛盾，明确了保护管理事项；并在梳理未来管理涉及的主要部门和配合部门的基础上，明确了部门责权。以民居建筑修缮的管理为例，《管理规划》确定由领导小组确定修缮原则，管委会制定详细工作计划，并指导缓冲区运营平台组织所有权人进行建筑修缮。运营平台协调社区、街道、规划、文物等部门，配合居民对建筑进行修缮，并在修缮实施前、中、后全程引入专家咨询机制，形成民居建筑修缮的多部门管理协调机制（图 7-8）。

3.3　保护监管机制与技术探索

　　过去三十多年我国城市化发展迅速，历史文化名城的保护需要面对各种复杂的情况，国家通过法律制度的建设对保护的实践起到了重要的指导与保障的作用，如何使国家层面的法律、法规有效落实，促进保护事业的发展，还需要国家等各级层面的监管与相应的技术手段的支撑。

为加强历史文化名城、镇村的保护管理工作，住房和城乡建设部与国家文物局于2011年和2017年组织了两次国家保护工作评估检查。

第一次评估检查在2011至2012年初进行，评估检查分为四个阶段开展：第一阶段，各历史文化名城自查形成自评估报告；第二阶段，各省（市、自治区）开展省（市、自治区）内的检查，与名城、名镇名村自查报告一并报住房和城乡建设部与国家文物局；第三阶段，住房和城乡建设部会同国家文物局组织专家组分赴各地进行重点检查；第四阶段，住房和城乡建设部会同国家文物局汇总、分析检查情况，形成检查评估报告。检查发现，山东省聊城市、河北省邯郸市、湖北省随州市、安徽省寿县、河南省浚县、湖南省岳阳市、广西壮族自治区柳州市、云南省大理市，因保护工作不力，致使名城历史文化遗存遭到严重破坏，名城历史文化价值受到严重影响。[38]2012年11月7日住房和城乡建设部与国家文物局决定，对以上八个城市予以通报批评，要求涉及的省、市政府进行专项整改。

第二次评估检查在2017年末至2019年中进行，整个评估检查分为三个阶段开展：第一阶段，各历史文化名城开展自查评估，并将基础数据上报汇总；第二阶段，组织各省住建厅、文物局跨省进行互相检查评估；第三阶段，住房和城乡建设部与国家文物局组织专家组，对14个历史文化名城进行重点抽查，其中包括成都、广州、武汉、青岛、太原、洛阳、荆州、佛山、赣州、咸阳、聊城、敦煌、武威、阆中等。这次评估检查总结了我国历史文化名城、名镇、名村在丰富保护内容、完善保护机制、创新保护利用方法等方面的成效与经验，同时也发现一些主要问题，如地方政府的保护认识仍有待提高、建设性破坏频发、拆真建假现象突出、展示利用过度商业化等。经过检查评估，住房和城乡建设部与国家文物局对聊城、大同、洛阳、韩城、哈尔滨5个问题突出的城市予以通报批评，要求它们期限内完成整改，并将相关材料提交住房和城乡建设部、国家文物局进行评估复核。对于整改不到位的,住房和城乡建设部、国家文物局将采取通报批评、提请国务院列入濒危名录或撤销其国家历史文化名城称号。

两次评估检查总结了多年来历史文化名城保护工作的成绩与经验，发现了一些重要问题，提出了整改措施与要求。这些工作对各地的历史文化名城、名镇、名村保护工作起到了有力的监督作用。未来,住房和城乡建设部、国家文物局将建立"一年一体检、五年一评估"的历史文化名城名镇名村保护体检评估制度，全国的历史文化名城保护工作的评估检查将呈现常态化的趋势。同时，两部门还将建立历史文化名城名镇名村保护约谈制度，对保护工作不利的地方政府进行约谈，并根据个别历史文化名城遗产破坏情况采取通报批评、列入濒危名录、撤销称号等处罚措施[39]，进一步加大监督与对有关问题的处置力度。

由于我国名城遗产要素多，覆盖地域广阔，涉及社会经济的方方面面，有效的监督离不开高效的技术手段。当前，历史文化名城的保护与管理工作仍以纸质资料和单一统计数据相集合的传统方式为主，效率、准确度低，系统性差，难以满足遗产资源的信息管理、行政审批、保护监测等专业工作的需要，[40]也不利于国家层面的监督。与此同时，城市保护中日益增加的社会参与也迫切需要新技术手段的支撑。因此，基于数字化技术的历史文化名城保护管理系统的建设与应用成为行业模式的一次变革，将大大提升历史文化名城保护管理的水平。

福州市为了加强这方面的工作，开展了"福州历史文化名城保护管理平台"的建设工作。该平台是在福州城市大数据平台"数字福州"（智慧城市综合管理系统）的标准体系之下，利用"数字福州"提供的共享平台和计算存储资源，实现对于历史文化名城遗产资源全样本、全要素数据的整合管理。它一方面提升了历史文化名城保护管理的信息化与智慧化水平；另一方面也完善了"数字福州"（智慧城市）在历史文化遗产方面的数据基础。福州名城管理平台整合福州市各个历史文化街区、名村、名镇、历史建筑等各个层次、各类资料文档，构建了福州历史文化名城保护要素资料库，协助福州历史文化名城行政管理部门对名城资源进行全面摸底入账，利用移动数字平台进行巡查、审批管理，并为信息查阅、文化传播等提供支撑，以及完整的数据更新机制，从而提升了福州历史文化名城的管理水平与影响力（图7-9—图7-13）。

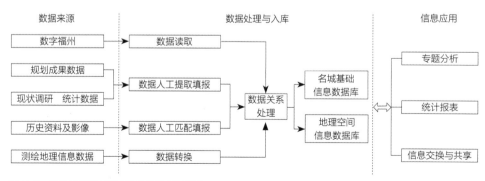

图7-9　基础信息管理子系统数据管理流程图

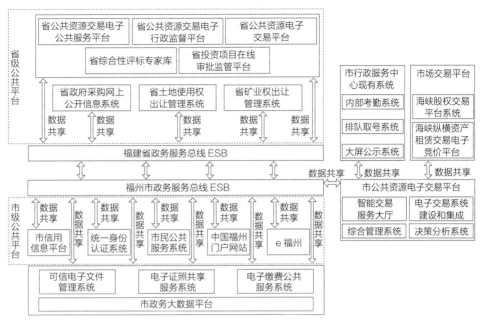

图 7-10　与各业务系统对接框架图

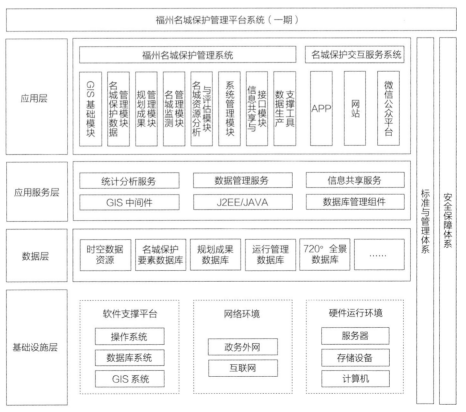

图 7-11　福州名城保护管理平台系统架构

图 7-12　福州历史文化名城保护管理平台界面图 1

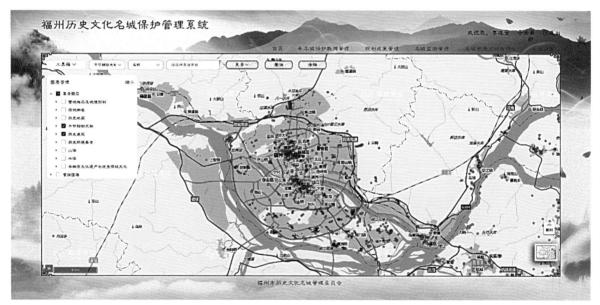

图 7-13　福州历史文化名城保护管理平台界面图 2

类似福州历史文化名城保护管理数字技术平台还为进一步跟踪监测管理提供了可能。清华大学团队结合国家自然基金项目，对喀什古城的保护开展了监测技术的研究[41]。研究采用 GIS 与遥感技术，构建了喀什老城遗产动态监测系统。该平台可为项目研究提供从数据采集、处理、管理、分析等支持。遥感影像以高分辨率影像为基础，经预处理的影像后可清晰反映历史城区保护范围内地物覆盖情况，可以采集范围内的开发建设活动信息。主要观测指标包括历史城区内的风貌建筑、历史文化街区、文物保护单位和道路等。通过遥感影像的信息对比，可以及时动态监测相关的变化，以便相关管理部门采取相应的跟踪评估，对老城范围内的建设行为、遗产对象面临的威胁等加以控制和引导并及时予以处置，进一步提高了历史文化名城保护管理的科学性与评估准确性。可以预见，随着我国国土空间监测数据的普及、历史文化名城保护管理平台的完善，以及全国数据的联网等，从不同层面对历史城市的保护利用管理将更加有效。

注释

[1] 住房和城乡建设部、国家文物局关于历史文化名城名镇名村保护工作评估检查情况的通报 . 2019-5-13.http://www.mohurd.gov.cn/wjfb/201906/t20190611_240820.html.

[2] 《文物保护法》1982 版,第八条 .

[3] 《文物保护法》2002 修正版,第十四条 .

[4] 参见《城市紫线管理办法》(2003)第三条。曹昌智,邱跃 . 历史文化名城名镇名村和传统村落保护法律法规文件选编 [M]. 北京:中国建筑工业出版社,2015: 211-212.

[5] 2017 年住房和城乡建设部开始该《规范》的修订工作,并于 2018 年制定发布了《历史文化名城保护规划标准》。

[6] 参见《历史文化名城保护规划规范》条文说明。中华人民共和国建设部 . 历史文化名城保护规划规范:GB 50357—2005[S]. 北京:中国建筑工业出版社,2005.

[7] 《文物保护法》2017 修正版,第十四条 .

[8] 参见《历史文化名城名镇名村保护条例》(2008)第七条。同 [4]: 34-39.

[9] 同上 .

[10] 同上,第九条 .

[11] 同上,第十三条,第十七条 .

[12] 同上,第十五条,第十六条 .

[13] 同上,第十八条,第十九条 .

[14] 同上,第二十一条 .

[15] 同上,第二十三条至第二十五条 .

[16] 同上,第二十七条至第二十九条 .

[17] 同上,第三十二条至第三十五条 .

[18] 参见《福建省历史文化名城名镇名村和传统村落保护条例》(2017)第九条。《福建省历史文化名城名镇名村和传统村落保护条例》2017 年 3 月 31 日福建省第十二届人民代表大会常务委员会第二十八次会议通过 . http://www.fujian.gov.cn/zc/flfg/dfxfg/201704/t20170414_1200372.htm.

[19] 同上,第二十五条 .

[20] 同 [7],第六十九条 .

[21] 同 [8],第十二条 .

[22] 同 [8],第四十一至四十五条等 .

[23] 参见《上海市历史文化风貌区和优秀历史建筑保护条例》(2002)第四十二条。同 [4]: 87-92.

[24] 参见《四川省阆中古城保护条例》第四十三条。《四川省阆中古城保护条例》2004 年 7 月 30 日四川省第十届人民代表大会常务委员会第十次会议通过,2019 年 5 月 23 日四川省第十三届人民代表大会常务委员会第十一次会议修订 . http://www.

nanchong.gov.cn/news/show/92fa666d-e8f5-4a85-a35e-0f929a89a50b.html.

[25] 同 [23]，第三条.

[26] 同 [23]，第五条.

[27] 同 [23]，第七条.

[28] 参见《福州市历史文化名城保护条例》（2013）第十六条。同 [4]：116-120.

[29] 参见《南京市历史文化名城保护条例》第十五条。《南京市历史文化名城保护条例》2010 年 6 月 30 日南京市第十四届人民代表大会常务委员会第十七次会议制定，2010 年 7 月 28 日江苏省第十一届人民代表大会常务委员会第十六次会议批准. http: //www.jsrd.gov.cn/zyfb/hygb/1116/2010 09/t20100917_57833.shtml.

[30] 同 [28]，第十二条.

[31] 同 [28]，第二十四条.

[32] 参见《广州市历史建筑和历史风貌区保护办法》第十三条、第十四条。广州市人民政府令第 98 号《广州市历史建筑和历史风貌区保护办法》. 2013-12-24. http: //www.gz.gov.cn/zfjgzy/gzsrmzfbgt/zfxxgkml/bmwj/gz/content/post_4435000.html.

[33] 孙永生. 广州历史建筑和历史风貌区保护制度研究 [J]. 建筑学报，2017（08）：105-107.

[34] 北京清华同衡规划设计研究院有限公司. 绍兴蕺山历史文化街区保护规划. 2015.

[35] 北京清华同衡规划设计研究院有限公司. 乌镇历史文化名镇的保护规划. 2017.

[36] 北京清华同衡规划设计研究院有限公司. 福州上下杭历史文化街区保护规划. 2012.

[37] 北京清华同衡规划设计研究院有限公司. 曲阜"三孔"世界文化遗产管理规划. 2016.

[38] 建规 [2012]193 号《住房城乡建设部 国家文物局关于对聊城等国家历史文化名城保护不力城市予以通报批评的通知》. 2012-11-7. http: //www.mohurd.gov.cn/wjfb/201301/t20130121_212623.html.

[39] 住房和城乡建设部. 成效显著留遗产 直面问题促保护——两部门通报历史文化名城名镇名村保护工作情况. 2019-6-12. http: //www.mohurd.gov.cn/zxydt/201906/t20190612_240833.html.

[40] 北京清华同衡规划设计研究院有限公司. 福州历史文化名城保护管理系统. 2018.

[41] 清华大学. 喀什文化区聚落遗产保护与环境可持续发展研究. 2012.

历史城市保护
规 划 方 法

图表目录及资料来源

致

谢

本书研究立足于清华同衡规划设计研究院为主的清华团队在过去近 30 年间完成的 60 余项历史城市遗产保护实践项目，凝聚了集体的智慧与心血，其中包括北京国子监雍和宫历史文化保护区保护规划、济南历史文化名城保护规划、广州历史文化名城保护规划、福州三坊七巷文化遗产保护规划、景德镇近现代陶瓷工业遗产综合保护开发项目修建性详细规划等。主要参与人员包括刘岩、张弓、李婷、徐慧君、阎照等（项目主要参与人员名单附后）。

在相关项目研究中，很多合作单位给予了热情的支持与帮助，它们包括广东省城乡规划设计研究院有限责任公司、广州市城市规划设计所、济南市规划设计研究院、福州市规划设计研究院、北京华清安地建筑设计有限公司、承德市规划设计研究院、济南市园林规划设计研究院、泉州市城市规划设计研究院、吉林市城乡规划研究院、常州市规划设计院、安阳市规划设计院、武汉市土地利用和城市空间规划研究中心、银川市城市规划设计研究院有限公司等。

同时，很多地方的主管部门的领导、专家、技术人员等在项目编制和实施过程中给予了细心的指导，提供了大量珍贵的资料。

北京大学俞孔坚教授、同济大学章明教授为本书提供了珍贵的图像资料。

山东建筑大学赵亮副教授和他的学生为本书绘制了大量的插图。

在此，一并向他们表示衷心的谢意。

感谢中国建筑工业出版社对本书出版工作的关心和支持，他们在本书的编辑、校审、出版过程中付出了辛勤汗水，表现出高度的职业精神。

项目主要参与人员名单
（按姓氏笔画排序）

马 蕾	王亦聪	王和才	王思琪	王 哲	王 健	王晨溪
王 博	王 楠	王霁霄	王 曈	尹若冰	邓翔宇	厉奇宇
卢刘颖	兰昌剑	匡广佳	曲梦琪	朱静静	刘小凤	刘子尧
刘业成	刘 田	刘丽娟	刘 畅	刘 岩	刘垚森	刘俊宇
刘 娴	齐晓瑾	闫婷婷	孙祎曲	杜 芳	李庆铭	李明杰
李 牧	李波莹	李 奥	李善科	李 然	李 婷	李蓓蓓
李 磊	吴冬婷	吴奇霖	张小玢	张 弓	张 冲	张运思
张启瑞	张玮璐	张雨洋	张 洁	张倩倩	张 健	张惠娇
张 然	陆天培	陈 拓	陈 洁	陈 晗	邵 冰	罗大坤
岳博卿	周 立	郑卫华	郑 鑫	赵丹羽	赵 艳	赵 超
胡平平	胡 笛	柳文傲	段兴平	姜 滢	祝颖盈	贺 鼎
骆 文	秦 昆	袁路平	贾 宁	徐向荣	徐秀川	徐碧颖
徐慧君	高 洁	高 雅	郭 琪	陶 金	黄浩彦	黄 维
黄 琦	黄 琛	曹明睿	鹿 益	阎 照	董 雪	韩 旭
韩 霄	覃 茜	鲁 浩	解 扬	满 新	蔡 露	禤文浩
魏炜嘉						

主
要
作
者

本书主要作者：

本书由清华大学建筑学院张杰教授总统稿。

第一章 中国历史城市概况与特征：李旻华、沈斌、张杰、薛杨、张捷；

第二章 历史城市整体保护：张晶晶、张飏、牛泽文、张杰；

第三章 历史街区的保护：牛泽文、张杰、楼吉昊；

第四章 风貌环境整治：邓夕也、张杰、张捷、陈雪；

第五章 城市工业遗存保护与更新：许宁婧、张杰；

第六章 保护利用模式：段文、霍晓卫、许宁婧；

第七章 历史城市的保护管理：张飏、张晶晶、霍晓卫。

审图号: GS（2021）1352号

图书在版编目（CIP）数据

历史城市保护规划方法 = Urban Conservation
Methods / 张杰等著. —北京：中国建筑工业出版社，
2020.12
（城乡规划设计方法丛书）
"十三五"国家重点图书出版规划项目
ISBN 978-7-112-25793-5

Ⅰ.①历… Ⅱ.①张… Ⅲ.①历史文化名城—城市规
划—研究 Ⅳ.①TU984

中国版本图书馆CIP数据核字（2020）第267535号

责任编辑：杨 虹 周 觅
书籍设计：付金红 李永晶
责任校对：张 颖

"十三五"国家重点图书出版规划项目
城乡规划设计方法丛书

历史城市保护规划方法
Urban Conservation Methods
张 杰 霍晓卫 张 飏 等 著
*
中国建筑工业出版社出版、发行（北京海淀三里河路9号）
各地新华书店、建筑书店经销
北京雅盈中佳图文设计公司制版
北京雅昌艺术印刷有限公司印刷
*
开本：787毫米 × 1092毫米 1/16 印张：$22\frac{1}{2}$ 插页：8 字数：405千字
2020年12月第一版 2020年12月第一次印刷
定价：**128.00**元
ISBN 978-7-112-25793-5
（37049）

版权所有 翻印必究
如有印装质量问题，可寄本社图书出版中心退换
（邮政编码 100037）